有机缓蚀剂

邢锦娟　著

化学工业出版社

·北京·

内容简介

本书从金属腐蚀与防护的相关内容入手，介绍了金属腐蚀与防护的基础知识。然后系统介绍了目前国内外研究报告或商品中涉及的有机缓蚀剂的种类，包括有机羧酸（不含磷）及其盐类缓蚀剂、有机膦酸及其盐类缓蚀剂、有机胺类缓蚀剂、有机醛类缓蚀剂、席夫碱类缓蚀剂、有机杂环类缓蚀剂（五元杂环、六元杂环、苯并杂环等及其衍生物和嘌呤）、炔醇类缓蚀剂、有机聚合物类缓蚀剂、曼尼希碱类缓蚀剂、非杂环含硫化合物类缓蚀剂、金属有机配位化合物类缓蚀剂以及生物质提取物类缓蚀剂。此外，由于缓蚀剂的评价是筛选缓蚀剂的一种主要手段，本书还对有机缓蚀剂的实验室或工业评价方法进行了较为详细的介绍。同时介绍了有机缓蚀剂的复配技术，旨在介绍提升缓蚀剂的效果、开发专用缓蚀剂或达到节约成本等目的的有效手段。最后针对有机缓蚀剂的典型应用实例进行了简单介绍，加深读者对有机缓蚀剂的认识和理解。

本书适宜从事腐蚀与防护以及有机化学相关专业的科研人员参考。

图书在版编目（CIP）数据

有机缓蚀剂/邢锦娟著 . —北京：化学工业出版社，2024.2

ISBN 978-7-122-44553-7

Ⅰ.①有… Ⅱ.①邢… Ⅲ.①有机缓蚀剂 Ⅳ.①TE624.8

中国国家版本馆 CIP 数据核字（2023）第 233431 号

责任编辑：邢　涛　　　　文字编辑：王丽娜
责任校对：王　静　　　　装帧设计：韩　飞

出版发行：化学工业出版社
　　　　　（北京市东城区青年湖南街 13 号　邮政编码 100011）
印　　装：北京科印技术咨询服务有限公司数码印刷分部
710mm×1000mm　1/16　印张 13½　字数 212 千字
2024 年 2 月北京第 1 版第 1 次印刷

购书咨询：010-64518888　　　售后服务：010-64518899
网　　址：http://www.cip.com.cn
凡购买本书，如有缺损质量问题，本社销售中心负责调换。

定　　价：128.00 元　　　　　　版权所有　违者必究

前　言

　　金属材料是现代工业、农业、军事及日常生活中广泛使用的材料之一，但是在金属材料的使用过程中，普遍存在着腐蚀问题。尤其是随着金属材料使用时间的延长，腐蚀问题会日益加剧。腐蚀带来的不仅仅是材料的损耗、经济的损失，而且会引发重大的安全事故和严重的环境污染，因此对金属腐蚀防护的研究受到广泛关注。

　　纵观国内已出版的相关书籍，有关金属腐蚀防护或缓蚀剂方面的专著，尤其是对于金属腐蚀与防护方面的书籍内容较为深入和全面。但是有关缓蚀剂方面的书籍较少，而且现有的与缓蚀剂相关的书籍中主要是针对缓蚀剂的应用方面作介绍或简单介绍缓蚀剂的一些分类或常用的缓蚀剂类型，并未发现有机缓蚀剂的专著出版。有机缓蚀剂作为缓蚀剂的一种，广泛存在于商品化的缓蚀剂中或大多数的相关科研工作中，主要是一些有机化合物和有机聚合物。

　　本书的目的在于让读者充分了解到有机缓蚀剂作为缓蚀剂的一种主要且重要的缓蚀剂类别的一些相关内容，这对于行业内相关人员有效筛选适宜缓蚀剂，减缓金属腐蚀具有积极推动作用。本书从第1章介绍金属腐蚀与防护的相关内容入手，并引入了目前国内外由于腐蚀的相关案例。第2章系统介绍了目前国内外研究报告或商品中涉及的有机缓蚀剂的种类，主要包括有机羧酸（不含磷）及其盐类缓蚀剂、有机膦酸及其盐类缓蚀剂、有机胺类缓蚀剂，有机醛类缓蚀剂、席夫碱类缓蚀剂、有机杂环类缓蚀剂（五元杂环、六元杂环、苯并杂环等及其衍生物和嘌呤）、炔醇类缓蚀剂、有机聚合物类缓蚀剂、曼尼希碱类缓蚀剂、非杂环含硫化合物类缓蚀剂、金属有机配位化合物类缓蚀剂以及生物质提取物类缓蚀剂。第 3 章主要针对有机缓蚀剂的实验室或工业评价方法进行了介绍。为了有效提升缓蚀剂的效果、开发专用缓蚀剂或达到节约成本等目的而常采用复配技术，第 4 章就复配技术的相关机理和一些报道进行了阐述。第 5 章介绍了有机缓蚀剂的典型应用实例。

本书由辽宁石油化工大学邢锦娟撰写，在此对支持和帮助笔者的各位领导和同事表示衷心感谢。同时，对于各参考文献的作者表示诚挚的谢意！

本书可供精细化工、石油化工、材料化工、冶金工程、机械加工等行业部门的科技人员或技术人员阅读，也可作为高校内相关专业研究生的参考资料。

鉴于作者水平有限，书中难免存在一些不足之处，恳请各位专家学者和广大读者批评指正。

邢锦娟

目　录

第1章　金属腐蚀与防护 ——————————————————— 1

　　1.1　金属腐蚀概述 ———————————————————— 1

　　1.2　金属腐蚀防护技术 —————————————————— 2

　　　　1.2.1　合理选材 —————————————————— 2

　　　　1.2.2　介质处理 —————————————————— 2

　　　　1.2.3　电化学保护法 ———————————————— 3

　　　　1.2.4　金属表面覆盖保护法 —————————————— 4

　　　　1.2.5　化学转化膜保护法 ——————————————— 6

　　　　1.2.6　添加缓蚀剂 ————————————————— 7

　　1.3　缓蚀剂的基本概念 —————————————————— 7

　　　　1.3.1　缓蚀剂的定义 ———————————————— 7

　　　　1.3.2　缓蚀剂的特点 ———————————————— 7

　　　　1.3.3　缓蚀剂研究进展 ——————————————— 8

　　1.4　缓蚀剂的分类 ——————————————————— 10

　　　　1.4.1　按化学组分分类 ——————————————— 10

　　　　1.4.2　按电化学作用机理分类 ———————————— 11

　　　　1.4.3　按金属表面层特征分类 ———————————— 12

　　　　1.4.4　按缓蚀剂应用介质分类 ———————————— 14

　　　　1.4.5　按所保护的金属分类 ————————————— 19

　　1.5　缓蚀剂的选用原则 ————————————————— 19

　　参考文献 —————————————————————————— 22

第 2 章　有机缓蚀剂种类 — 23

2.1　有机羧酸（不含磷）及其盐类缓蚀剂 — 24

2.2　有机膦酸及其盐类缓蚀剂 — 26

2.3　有机胺类缓蚀剂 — 28

2.4　有机醛类缓蚀剂 — 30

2.5　席夫碱类缓蚀剂 — 31

2.6　有机杂环化合物类缓蚀剂 — 35

　　2.6.1　五元杂环化合物及其衍生物 — 35

　　2.6.2　六元杂环化合物及其衍生物 — 64

　　2.6.3　苯并杂环化合物及其衍生物 — 72

　　2.6.4　嘌呤 — 89

2.7　炔醇类缓蚀剂 — 90

2.8　有机聚合物类缓蚀剂 — 92

2.9　曼尼希碱类缓蚀剂 — 95

2.10　非杂环含硫化合物类缓蚀剂 — 97

2.11　金属有机配位化合物类缓蚀剂 — 99

2.12　生物质提取物类缓蚀剂 — 101

参考文献 — 103

第 3 章　有机缓蚀剂的表征和性能评价 — 127

3.1　常规表征测试法 — 127

　　3.1.1　重量法 — 127

　　3.1.2　大型仪器测试分析法 — 130

3.2　电化学测试法 — 142

　　3.2.1　极化曲线及测量 — 143

　　3.2.2　交流阻抗分析 — 147

　　3.2.3　微分电容法 — 152

　　3.2.4　电化学噪声技术 — 154

　　3.2.5　电化学频率调制技术 — 155

3.2.6 电化学发射谱测试技术 —— 158

3.2.7 光电化学法 —— 159

3.2.8 Mott-Schottky 法 —— 160

3.2.9 恒电位-恒电流法 —— 161

3.3 其他辅助表征测试 —— 162

3.3.1 原子力显微镜探针刮擦技术 —— 162

3.3.2 划痕实验 —— 163

3.3.3 电阻探针技术 —— 164

3.3.4 磁阻法 —— 164

3.3.5 电子自旋共振技术 —— 165

3.4 理论计算研究及分析 —— 167

3.4.1 量子化学计算 —— 167

3.4.2 分子动力学模拟 —— 169

3.4.3 吸附等温模型 —— 171

3.5 缓蚀剂现场性能监测与评价 —— 173

参考文献 —— 174

第 4 章 有机缓蚀剂的复配技术及缓蚀机理 —— **176**

4.1 复配技术的基本概念 —— 176

4.2 有机缓蚀剂的复配机理 —— 177

4.2.1 有机缓蚀剂的缓蚀机理 —— 177

4.2.2 有机缓蚀剂为主剂的协同增效作用 —— 179

4.2.3 有机缓蚀剂的协同稳定性 —— 186

4.3 有机缓蚀剂复配技术及缓蚀协同效应 —— 186

4.3.1 咪唑啉类缓蚀剂的复配技术及缓蚀协同
效应 —— 187

4.3.2 苯并三氮唑类缓蚀剂的复配技术及缓蚀协同
效应 —— 189

4.3.3 有机酸及盐类缓蚀剂的复配技术及缓蚀协同

　　　　　　效应 192

　　　4.3.4　有机磺酸类缓蚀剂的复配技术及缓蚀协同

　　　　　　效应 194

　　　4.3.5　季铵盐类缓蚀剂的复配技术及缓蚀协同

　　　　　　效应 195

　　　4.3.6　植物提取物类缓蚀剂的复配技术及缓蚀协同

　　　　　　效应 197

　参考文献 199

第 5 章　　有机缓蚀剂典型应用实例 ───────────────── **204**

　5.1　Lan-826 缓蚀剂 204

　5.2　Lan-5 缓蚀剂 205

　5.3　若丁 206

　5.4　SH 系列缓蚀剂 208

　5.5　IS-129 和 IS-156 缓蚀剂 208

　参考文献 208

第 1 章

金属腐蚀与防护

1.1 金属腐蚀概述

金属材料是现代工业、农业、军事及日常生活中广泛使用的材料之一，但是在使用过程中，由于周围环境的影响或使用不当会遭到不同形式的破坏。其中最常见的金属的破坏形式是断裂、磨损和腐蚀。

断裂是指金属所承载的负荷已经超出了其能承受的极限而发生的金属破坏形式。磨损是指金属在长期使用过程中，由机械摩擦而引起的金属破坏形式。腐蚀是指金属与周围环境（或介质）之间发生物理、化学或电化学作用而使金属发生破坏或变质的现象。在这三种金属破坏形式中，断裂和磨损都是由于金属受到外界影响而发生物理状态的变化，这种变化有时可评估和预测，但是腐蚀的破坏形式往往不可预测。

腐蚀的发生与其所处的介质环境息息相关，而金属使用的条件和环境随着工况等要求千变万化，所以腐蚀反而成为金属破坏形式中最主要的一种，每年因腐蚀带来的危害是巨大的。从 20 世纪 70 年代开始，发达国家对腐蚀造成的损失调查结果显示，腐蚀所带来的损失占全国国内生产总值（GDP）的 1%～5%，远远超过这些国家由水灾、火灾、风灾和地震（平均值）等带来的经济损失的总和。2003 年，中国工程院院士柯伟编纂了一部著作——《中国腐蚀调查报告》，这部报告对我国因为腐蚀而带来的经济损失进行了统计，并得出了一个非常重要的结论：我国每年因为腐蚀所造成的经济损失占国民生产总值（GNP）的 5% 左右。可以以 2008 年为例，2008 年腐蚀所造成的经济损失约

1.6 万亿元人民币。而在当年，我国四川省汶川地区发生了"5·12"大地震，地震给我国造成的经济损失高达 8000 亿元人民币，对比看来，仅 2008 年腐蚀带来的经济损失就相当于汶川大地震带来的经济损失的 2 倍。

金属腐蚀带来的不仅仅是经济损失，也会造成重大的安全事故和环境污染，同时也加速了这些自然金属资源的浪费和损耗。

综上所述，解决各行各业的金属腐蚀迫在眉睫。因此，各国都开展了金属腐蚀防护相关技术的研究工作，目前已经形成较为完善和成熟的工艺技术和相关理论。

1.2 金属腐蚀防护技术

目前，金属腐蚀防护的主要方法有合理选材、介质处理、电化学保护法、金属表面覆盖保护法、化学转化膜保护法、添加缓蚀剂以及各方法联用技术。下面分别对各相关保护技术进行一一介绍。

1.2.1 合理选材

合理选材是金属腐蚀防护措施中最主要和最重要的手段之一，也是金属防腐首要的一环，很多金属腐蚀导致的事故是由于不能合理、正确选材。合理选材首先要考虑金属所在的环境及金属的自身特性。如对金属所在环境进行分析，确定环境中的腐蚀物质或分析在该环境下可能引起金属发生的腐蚀的倾向；对金属材料进行分析，掌握金属材料的各种性能，包括力学性能、晶体缺陷、合金成分、金属组织等，研究金属材料的耐蚀性；最后综合环境因素和金属特性评判金属材料在该特定环境下应用的合理性。往往对于同一种金属材料在不同的环境下具有不一样的耐蚀性，如不锈钢在水中的耐蚀性要强于碳钢，但在浓硫酸环境下的耐蚀性正好相反。

合理选材也要考虑经济等因素，在经济许可的范围内，综合评判合理选材的情况下，尽可能地选择耐蚀性高的金属材料。

1.2.2 介质处理

介质处理的方式主要是在不改变介质的基础属性和应用需求的情况下，尽可能地降低或清除金属材料所在环境的腐蚀性物质，进而减缓金属的腐蚀，达到防护的目的。如尽可能地除去气体环境中的水分或除去水基体系中的溶解氧以减少金属的电化学腐蚀，适当调节介质的 pH 值等都属于介质处理方法防止金属腐蚀的事例。但一般来说，很难对金属所暴露的环境或介质进行处理，所以，介质处理的方法只适用于一些特定的场合或比较容易对介质进行处理的场合。

1.2.3　电化学保护法

电化学保护法是通过改变金属制品的电位，从而减缓或抑制金属制品腐蚀的一种方法。

电化学保护法的发展较早，早在 1824 年英国科学家 Humphrey Davy 就将牺牲阳极阴极保护法应用于海军的舰船，有效地防止了木质船体外包裹的铜层的腐蚀。1928 年，美国的 R. J. Kuhn 采用外加电流的阴极保护法保护输气管道，进而开创了阴极保护的新时代。目前，阴极保护法作为一种成熟的技术，已经成为金属防腐的主要手段之一，广泛用于海洋环境中金属的腐蚀防护、地下输油和输气管道的腐蚀防护等方面。

对于电化学保护法，除了阴极保护法外，还有阳极保护法。阳极保护法的研究时间没有阴极保护法的早，其概念最早由英国人 C. Edeleanu 于 1954 年提出。由于阳极保护法容易检测和控制，目前在工业领域得到了广泛应用，如我国一些化肥厂采用此技术防止金属腐蚀。但总的来看，阳极保护法的应用不如阴极保护法多。下面对上述两种电化学保护法进行介绍。

1.2.3.1　阴极保护法

阴极保护法有两种方法：一种是外加电流阴极保护法，另一种是牺牲阳极阴极保护法。前者主要是通过外加电源的方式提供阴极电流，而后者是通过一种电位更负的金属来提供阴极电流。

（1）外加电流阴极保护法

该方法通过外加电源的方式将金属与电源的负极相连，利用外加阴极电流进行阴极极化，使金属极化至腐蚀微电池阳极的平衡电位。由于介质环境或腐蚀产物的不同，阴极保护过程中施加的电流值需要根据具体的特定情况而定。

外加电流阴极保护法在金属有保护膜的情况下有时会产生负的效应，这点需要特别注意。外加电流阴极保护法适用的场合为有电源、介质电阻率高、使用寿命长的大系统。

（2）牺牲阳极阴极保护法

该方法是在金属上连接一种电位更负的金属作为阳极，使得这种电位更负的金属优先溶解，从而达到保护金属的目的。

常用于牺牲阳极阴极保护法的材料有镁基合金、锌基合金和铝基合金。牺牲阳极阴极保护法适用的场合为无电源、介质电阻率低、所需保护电流较小的小型系统或大型金属构件的局部结构。

对于两种阴极保护法的详细说明可参考本章参考文献［1］。

1.2.3.2　阳极保护法

阳极保护法是通过外加电源的方式将金属与电源的正极相连，利用阳极外加电流进行阳极极化，将金属极化至一定电位，使其处于钝态，即抑制阳极腐蚀过程的进行。

由于阳极保护法需要将金属极化至电位钝化区，所以在影响钝化的介质中不能使用，如一般含氯离子的体系中就不能采用阳极保护法进行金属的腐蚀防护。阳极保护法适用于强氧化性介质中金属的防腐蚀。

1.2.4　金属表面覆盖保护法

常见的金属表面覆盖保护法是指在金属表面涂覆一些耐蚀性较强的物质，隔离开腐蚀介质和金属基底，从而达到防腐蚀的目的。金属表面覆盖保护法所用到的耐蚀性物质包含金属和非金属两类。

1.2.4.1　金属覆盖

金属覆盖主要是指在金属表面覆盖一层不易被腐蚀的金属从而达到防腐蚀的目的。主要采用电镀、喷镀、热镀、化学镀、碾压、衬里、扩散渗透等方法对金属进行覆盖。下面对主要的金属覆盖技术进行说明。

（1）电镀

电镀分为单金属镀、合金镀以及复合镀。单金属镀如镀锌、镀镍、镀铬等，合金镀如镀铜锡合金、镀铅锡合金等。电镀是一种重要的防腐手段，像高压线塔、高速公路护栏以及种类繁多的钢制品，都要用到电镀技术。

（2）喷镀

喷镀又称热喷涂，是将金属粉末熔融后采用动力装置喷涂到金属表面，形成一完整的覆盖层的技术。常见的喷料有铝、锌、锡等。

（3）热镀

热镀是将被保护金属浸在熔融的、预作为覆盖层的金属液中，最终使得被保护金属表层形成一层金属覆盖层，从而达到金属防腐蚀的目的。

（4）化学镀

化学镀是指盐溶液中的金属离子在被镀金属表面上沉积出形成金属覆盖保护层的方法。但也有文献对其进行了详细的描述，化学镀是指金属在催化作用下，利用还原剂使金属离子在被镀金属表面上经自催化还原沉积出金属镀层的方法。

（5）碾压

碾压是指将耐蚀性材料通过碾压的方法碾压到被保护的金属表面，进而形成金属覆盖层而达到金属防腐蚀的目的。

（6）衬里

衬里一般为整片材料，即用金属板材将被保护金属和腐蚀介质隔绝开来。如储存硝酸的钢槽用不锈钢薄板作衬里。

（7）扩散渗透

扩散渗透也叫渗镀，主要指利用金属原子在高温下的扩散作用，在被保护的金属表面形成扩散层的一种方法。渗镀法具有涂层均匀、无空隙及热稳定好的特点。

其他的金属覆盖方法还有机械镀和真空镀等。

1.2.4.2　非金属覆盖

非金属覆盖主要是指在金属表面覆盖一层不易被腐蚀的非金属从而达到防腐蚀的目的。非金属覆盖包括涂层和衬里。

（1）涂层

涂层是指把有机或无机化合物涂覆在金属表面从而达到金属腐蚀防护的目

的。涂层主要有橡胶、塑料、玻璃钢、玻璃、石墨板、耐酸瓷板、防锈油、沥青、混凝土等。

（2）衬里

非金属覆盖中涉及的衬里同金属覆盖中涉及的衬里意义相似，只是这里的衬里是用非金属材料将被保护金属和腐蚀介质隔绝开来。如稀硫酸储槽中用橡胶或塑料作衬里。

1.2.5　化学转化膜保护法

化学转化膜保护法一般是指通过化学或电化学的手段，使金属表面形成稳定的化合物膜层的一种保护方法。一般可以将化学转化膜分成金属氧化物膜、金属磷酸盐膜及金属铬酸盐膜，也即涉及金属的氧化、金属的磷化及用铬酸盐处理的过程。

1.2.5.1　金属氧化物膜

金属氧化物膜主要是金属在含有氧化剂的溶液中形成氧化膜，即金属的氧化。金属的氧化是人为的氧化，并非自然氧化；人为氧化的结果是使得金属表层的氧化膜比自然氧化的氧化膜更厚、更牢固，得到耐蚀性更好的防护层。如钢铁的"发蓝"或"煮黑"。

金属的氧化方法分为化学氧化法和电化学氧化法。化学氧化法是通过化学氧化反应在金属表层形成氧化层保护膜；电化学氧化法是在特定的介质环境下对金属施加电流而形成氧化层保护膜。

1.2.5.2　金属磷酸盐膜

金属磷酸盐膜主要是金属在磷酸盐溶液中形成的膜，即金属的磷化。一般来说，金属的磷化主要指钢铁制品在磷酸盐中的磷化过程。金属经磷化后的磷化膜分为转化膜型磷化膜和假转化膜型磷化膜。其中，转化膜型磷化膜指转化膜中的金属由金属，即钢铁制品本身提供；而假转化膜型磷化膜中的金属由溶液中存在的金属离子提供。两种转化膜的成膜机理不同，具体可参考本章参考文献［3］。

1.2.5.3　金属铬酸盐膜

金属铬酸盐膜主要是金属在含有铬酸或铬酸盐溶液中形成的膜。如铜及其合金在铬酸盐中浸渍，可获得更耐蚀的防腐膜层。金属铬酸盐膜主要是由基底上的金属和溶液中的组分在界面处形成，所以这层膜的结合力强，防护性能好。由于金属铬酸盐膜在厚度不同时呈现不同的颜色，分别为透明膜、黄色膜及橄榄色膜，所以其也可以作为装饰性的金属腐蚀防护膜。

1.2.6　添加缓蚀剂

添加缓蚀剂是金属腐蚀防护的主要手段之一，该法是在腐蚀介质或体系中添加某一组分，进而达到抑制金属腐蚀的目的。缓蚀剂的定义、进展以及分类在下面进行详细介绍，这里不做更多解释。

缓蚀剂作为目前研究和实际应用的热点，已经形成了比较体系化的研究，缓蚀机理也日益成熟。在本书第 4 章中对缓蚀机理进行详细介绍。

1.3　缓蚀剂的基本概念

1.3.1　缓蚀剂的定义

美国材料与试验协会在《与腐蚀和腐蚀试验有关的标准术语》中，将缓蚀剂定义为"一种以适当的浓度和形式存在于环境（介质）中时，可以防止或减缓材料腐蚀的化学物质或几种化学物质的复合物"。一般来说，缓蚀剂是指那些只要添加少量就能起到明显降低腐蚀速率效果的物质，同时还能保证金属材料本身的物理性能不发生变化。在这里少量常常指万分之几到千分之几，少数情况下仅为百万分之几。

1.3.2　缓蚀剂的特点

缓蚀剂作为添加剂直接加到介质中，主要用于金属材料中等或较轻系统的长期保护。由于缓蚀剂具有良好的效果和较高的经济效益，通过添加缓蚀剂达到金属腐蚀防护目的的技术已被广泛应用。缓蚀剂主要具有以下几个主要特点：

① 用量少、缓蚀性能高；

② 操作简单、方便；

③ 基本不改变现有设备，是设计型添加剂；

④ 缓蚀剂的浓度可根据实际环境的变化进行实时调节；

⑤ 不受金属材料的形状和尺寸的影响；

⑥ 一种缓蚀剂可能适用于多种腐蚀体系。

1.3.3 缓蚀剂研究进展

缓蚀剂最早受到公认的报道是 1860 年英国科学家 Baldwin 公布的酸洗铁板用缓蚀剂，其组成主要为糖浆和植物油。19 世纪 70 年代起，人们开始用动植物原料及其加工产品，如糖、骨胶、明胶、糊精、淀粉、松脂等作为酸洗缓蚀剂。20 世纪初，科学家们开始专注于缓蚀剂的研究和开发应用，缓蚀剂有了较快的发展，其有效组分逐渐从天然动植物原料或其加工产品转向由矿物作为原料加工的产品（如煤焦油、硝酸盐、硅酸盐等），从而丰富了缓蚀剂的种类。

20 世纪初开始，美国化学文摘第一卷的腐蚀栏目里就刊登了邻苯二甲酸盐作为水中缓蚀剂的作用。

20 世纪 20 年代，甲醛作为酸性介质中钢的缓蚀剂被应用，单宁酸对锅炉水中金属材料具有良好的防护作用，铬酸盐也可作为性能优良的缓蚀剂。

20 世纪 30 年代初，人们从煤焦油中分离出含氮、硫、氧等杂原子的有机化合物（蒽醌、吡啶、喹啉、硫脲、醛等），并将其应用于金属的腐蚀防护中，取得了优异的效果。至此，有机缓蚀剂的研究与应用获得了快速发展。20 世纪 30 年代中期，喹啉、噻唑、吡啶、硫脲等人工合成有机缓蚀剂获得成功，成为金属缓蚀剂领域历史上的一次重大突破。与此同时，铬酸钠、硅酸钠、亚硝酸钠、磷酸钠等也在海水或工业用水中表现出了优异的缓蚀性能。20 世纪 30 年代后期，公布了钼酸盐作为铁在工业用水中的缓蚀剂的专利。

20 世纪 40 年代，美国壳牌公司发明并公布了亚硝酸二环己烷作为气相缓蚀剂的专利。这一时期还发现了铬酸钾、铬酸钠、磷酸铜、硝酸铁等磷酸体系用的缓蚀剂。1948 年，美国的 H. H. Uhlig 编写出版了《腐蚀手册》，这本书主要介绍了腐蚀科学及工程的基础、各种非金属和金属的腐蚀特征及其防护措施、各种耐蚀性评价、寿命预测和试验方法等。

20 世纪 50 年代初期，苯并三唑对铜系金属的优异缓蚀性能得到广泛重视，炔醇类有机缓蚀剂的研究也成为一个热点。

20 世纪 60～70 年代，缓蚀剂的研究得到进一步的发展，在此期间，随着缓蚀剂的大量应用，对于缓蚀剂的机理研究也在不断深入和成熟。20 世纪 60 年代初，N. Hackerman 在第一届欧洲缓蚀剂会议上宣读了一篇关于"硬软酸"原则在缓蚀剂分子设计、筛选和应用中的重要意义的论文，引起了与会代表的重视和兴趣。此后，日本荒牧国次等人对硬软酸碱理论在缓蚀剂研究中的应用做了系统的探究，取得了卓越的成就，推动了缓蚀剂的理论发展。20 世纪 70 年代初期，Fischer 对抑制腐蚀电极反应的不同方式做了仔细的分析，提出了界面抑制机理、电解液层抑制机理、膜抑制机理以及钝化机理。在这一时期，除了对缓蚀机理的研究逐渐趋于成熟外，对于新型缓蚀剂的研究也在持续发展。如 20 世纪 70 年代末，季铵盐用于盐酸中低碳钢的腐蚀防护取得了较好的效果，同时还发现聚丁烯乙二醇也可抑制盐酸体系中黑色金属的腐蚀等。

20 世纪 80 年代，苏联在石油工业中使用了环戊基苯酚缩合物作为碳钢在浓盐酸中的缓蚀剂，使用硫脲衍生物（二邻甲苯硫脲）加入表面活性剂来控制氨基磺酸对 20# 碳钢的腐蚀。20 世纪 80 年代初期，R. M. Salch 等探索从天然植物中提取缓蚀剂有效成分，实验取得初步成功。20 世纪 80 年代末期，Z Amdad 曾推出一批聚丙烯衍生物作为工业水缓蚀剂。

20 世纪 90 年代末期，S. Patel 发表了一篇综述文章，评述了近 50 年来水处理用缓蚀剂的品种、应用及发展趋势，并提出一种含磷有机聚合物在工业冷却水中具有较好的阻垢、缓蚀等多种功能作用。

进入 21 世纪以来，关于聚合物对金属的缓蚀应用研究增多，如聚乙烯吡咯烷酮及聚乙烯亚胺可以作为磷酸中低碳钢的缓蚀剂；果胶、羧甲基纤维素、聚乙二醇、聚丙烯酸、聚乙烯醇、聚丙烯酸钠等聚合物，在不同的酸溶液中对铁的缓蚀性能不同等。

近年来，基于绿色、可持续发展的需要，缓蚀剂的开发沿着高效、稳定、环保的方向发展。目前主要的研究方向为无磷化或低磷化缓蚀剂、生物性缓蚀剂或其衍生产品、高效低毒缓蚀剂等。

1.4 缓蚀剂的分类

缓蚀剂种类繁多，其分类方法也各有不同，常见的分类方法有：按化学组分分类、按电化学作用机理分类、按金属表面层特征分类、按缓蚀剂应用介质分类以及按所保护的金属分类，具体如下所述。

1.4.1 按化学组分分类

按化学组分分类，可将缓蚀剂分为无机缓蚀剂和有机缓蚀剂。

1.4.1.1 无机缓蚀剂

无机缓蚀剂主要为无机盐类，大多数用于中性介质。无机缓蚀剂一般是和金属发生反应，在金属表面形成致密的保护膜或影响金属的阳极过程和钝化状态。无机缓蚀剂主要包括：

（1）形成钝化膜的无机化合物

这类缓蚀剂主要有 MeO_4^{n-} 型无机缓蚀剂（如 Na_2WO_4、K_2CrO_4、$KMnO_4$、Na_3WO_4、Na_2MoO_4、Na_3PO_4 等）及 $NaNO_3$、$NaNO_2$ 等。

（2）形成难溶性沉积膜的无机化合物

这类缓蚀剂主要有聚合磷酸盐、硅酸盐、HCO_3^-、OH^- 等，这类物质多是和水中阳离子，如 Ca^{2+}、Fe^{3+}、Fe^{2+} 等在阴极区形成难溶性沉积盐膜来抑制腐蚀。这类膜和被保护的金属表面没有紧密的联系，它的生长与介质水中阳离子的量密切相关。

（3）无机阴离子

无机阴离子主要指 Cl^-、Br^-、I^-、HS^-、SCN^- 等，这些阴离子主要通过吸附作用在金属表面产生缓蚀效果，但其单独使用时效果有限。一般这些阴离子要和其他缓蚀剂联合使用，通过产生协同作用而增效缓蚀剂的缓蚀性能。

（4）金属阳离子

金属阳离子型无机缓蚀剂多用作有色金属的缓蚀剂，这部分金属阳离子如 Sn^{2+}、Cu^{2+}、Fe^{2+}、Co^{2+}、Pb^{2+}、Al^{3+}、Ag^+ 等。

无机缓蚀剂在使用时常具有用量大、单独使用时缓蚀率不高或经济核算成本高等特点，所以常常将无机缓蚀剂和有机缓蚀剂进行复配来增强缓蚀效果。

1.4.1.2　有机缓蚀剂

有机缓蚀剂主要是一些有机化合物和有机聚合物。已有大量的有机化合物被用来作为金属腐蚀防护的缓蚀剂，至目前为止，至少有 141 个品种。有机缓蚀剂主要是由含有电负性大的 O、N、S 等原子的极性基团组成的有机化合物，这类物质通过在金属表面发生物理或化学吸附作用，覆盖金属的活性部分，阻止金属活性部位腐蚀过程的进行。对于有机缓蚀剂的相关种类在本书第2 章中做详细介绍，在这里就不再进行说明。

1.4.2　按电化学作用机理分类

按电化学作用机理分类，可将缓蚀剂分为阳极型缓蚀剂、阴极型缓蚀剂和可以同时抑制阳极和阴极反应的混合型缓蚀剂三大类。

1.4.2.1　阳极型缓蚀剂

阳极型缓蚀剂主要是作用在腐蚀过程中的阳极反应活性部位，使得阳极反应进行时的反应能垒升高，导致阳极反应的速率下降，进而抑制阳极反应的进行。在具体实施过程中，阴离子向阳极表面移动，使得阳极的金属钝化从而抑制其腐蚀。但是阳极反应的腐蚀电位向正方向移动，对于金属来说，电位正移会使得金属的腐蚀速率加快。所以阳极型缓蚀剂如果用量不足，不能使得钝化层完全覆盖金属阳极活性部位时，部分或小面积的阳极活性部位暴露在腐蚀介质中，会出现"小阳极大阴极"的腐蚀电池，反而会加剧金属材料的腐蚀，如孔蚀。因此，阳极型缓蚀剂也称为"危险型缓蚀剂"。

阳极型缓蚀剂主要有在中性水介质中使用的磷酸盐、硫酸盐、硅酸盐、铬酸盐、亚硝酸盐等以及非氧化型的苯甲酸盐。

1.4.2.2　阴极型缓蚀剂

阴极型缓蚀剂的相关描述与阳极型缓蚀剂类似，但其反应活性部位为腐蚀反应的阴极。所以阴极型缓蚀剂的相关描述为：阴极型缓蚀剂主要是作用在腐蚀过程中的阴极反应活性部位，使得阴极反应进行时的反应能垒升高，导致阴极反应的速率下降，进而抑制阴极反应的进行。一般来说，在具体实施过程中，阳离子向阴极方向移动，在电极表面形成沉淀型的保护膜。阴极型缓蚀剂的腐蚀电位向负方向移动，不会像阳极型缓蚀剂那样为"危险型缓蚀剂"，而当阴极型缓蚀剂加入量不足时，仅仅是缓蚀率有所下降，不会加速金属材料的腐蚀，所以对应地称为"安全型缓蚀剂"。

阴极型缓蚀剂主要有酸式碳酸钙、硫酸锌、锑离子、砷离子等。其作用方式可参考相关文献，酸式碳酸钙能与阴极过程中生成的氢氧根离子反应，生成碳酸钙沉淀膜；硫酸锌也可以与阴极过程中生成的氢氧根离子反应，生成氢氧化锌沉淀膜；锑离子和砷离子可在阴极表面还原生成锑和砷单质覆盖在金属材料的表面，使得氢的过电位增加，从而抑制金属的腐蚀。

1.4.2.3　混合型缓蚀剂

混合型缓蚀剂能对腐蚀反应的阳极过程和阴极过程的进行同时起抑制作用，使阳极反应和阴极反应的速率同时降低，进而抑制腐蚀反应的进行。混合型缓蚀剂的作用方式一般为通过缓蚀剂的吸附（物理吸附或化学吸附）作用，覆盖在金属的活性区域，使阳极反应和阴极反应难以进行，有时将这种作用方式称作"几何覆盖效应"。一般来说，这类缓蚀剂的缓蚀效果会随着缓蚀剂浓度的增大而增强，即和缓蚀剂在金属表面的覆盖率有关，但常常会达到一个极值，在极值之后，再增加缓蚀剂的浓度，基本不会明显地增强缓蚀效果。

混合型缓蚀剂的种类较多，在本书中提到的有机缓蚀剂大多数都属于混合型缓蚀剂。所以本书选择由含有电负性大的 O、N、S 等原子的极性基团组成的有机化合物作为混合型缓蚀剂进行研究和应用。

1.4.3　按金属表面层特征分类

按金属表面层特征分类，可将缓蚀剂分为氧化膜型缓蚀剂、沉淀膜型缓蚀剂和吸附膜型缓蚀剂。

1.4.3.1　氧化膜型缓蚀剂

氧化膜型缓蚀剂是指缓蚀剂与金属接触后能使金属表层氧化，形成致密的氧化性保护膜，也有可能是吸附的缓蚀剂在一段时间后能氧化金属表层，形成保护膜，这层保护膜能够有效降低金属的腐蚀。氧化膜型缓蚀剂在金属表面形成第三相，属于"相界型"缓蚀剂。

氧化膜型缓蚀剂因为是与金属基底发生反应，所以其结合力强，但其厚度很薄，一般在 $0.003 \sim 0.02 \mu m$ 之间，而且膜层致密、分布均匀。氧化膜型缓蚀剂如果用量过量，也不会使膜层不断增厚，因为当膜层的厚度达到 $5 \sim 10nm$ 时，氧化反应减慢，所以氧化膜型缓蚀剂不会造成铁表面垢层化或铁鳞化的现象。而添加剂量不足的情况下会发生局部腐蚀。

氧化膜型缓蚀剂一般对可钝化金属，如铁族过渡性金属有良好的保护作用，如铬酸盐这种氧化膜型缓蚀剂对铁的缓蚀。铬酸盐可氧化铁的表层，产物为 $\gamma\text{-}Fe_2O_3$，形成的这层氧化物牢固地吸附在金属表面，保护金属铁基底免受腐蚀。氧化膜型缓蚀剂比较适合敞开式循环冷却水系统，但其毒性一般也较大，易污染环境。

1.4.3.2 沉淀膜型缓蚀剂

沉淀膜型缓蚀剂一般能与介质，如水中的某些离子或与腐蚀产物中的离子反应，在金属表面形成一层沉淀膜，这层沉淀膜能够阻止金属的腐蚀过程进行。沉淀膜型缓蚀剂在金属表面形成第三相，也属于"相界型"缓蚀剂。

从沉淀膜型缓蚀剂的作用机理来看，可以将其分成两种：一种为介质离子型缓蚀剂，另一种为金属离子型（也即腐蚀产物离子型）缓蚀剂。

介质离子型沉淀膜型缓蚀剂一般在循环冷却水介质中广泛使用，与氧化膜型缓蚀剂相比，沉淀膜型缓蚀剂的厚度要厚，一般在几十纳米，最高可达到 $0.1 \mu m$，有时肉眼可见色晕。此外，介质离子型沉淀膜型缓蚀剂与金属的结合力和致密性要比氧化膜型缓蚀剂差，防腐效果也较差。对于介质离子型沉淀膜型缓蚀剂来说，由于只要介质中存在相关离子，缓蚀剂就会一直与其进行作用覆盖在金属表面，所以介质离子型沉淀膜型缓蚀剂会造成金属材料表面垢层化现象。因此，如要使用该类型缓蚀剂，一般要添加去垢剂。介质离子型沉淀膜型缓蚀剂的代表物质为聚磷酸盐，如聚磷酸钙与中性水介质中的 Ca^{2+}、Fe^{2+} 等结合，生成聚合磷酸钙铁配合物。这种膜无毒，但缺点是与金属表层结合力不强，缓蚀性能较差。

金属离子型（也即腐蚀产物离子型）沉淀膜型缓蚀剂是与金属的腐蚀产物形成保护膜而防止金属被进一步腐蚀。由于金属表面一旦离子化后就可与缓蚀剂作用，所以，此类保护膜的致密性和牢固性要比介质离子型沉淀膜型缓蚀剂强。例如，铜的缓蚀剂苯并三氮唑、巯基苯并噻唑等有文献提到属于金属离子型沉淀膜型缓蚀剂。

1.4.3.3　吸附膜型缓蚀剂

吸附膜型缓蚀剂的作用机制类似于前面提到的混合型缓蚀剂的几何覆盖。吸附膜型缓蚀剂有物理吸附和化学吸附两种模式。对于吸附膜型缓蚀剂，其缓蚀效果会随着缓蚀剂浓度的增大而增强，这主要和金属活性腐蚀区的覆盖率有关。吸附膜型缓蚀剂通过吸附形式抑制腐蚀过程的阳极反应和阴极反应，因为不构成第三相，所以属于"界面型"缓蚀剂。

吸附膜型缓蚀剂一般为有机缓蚀剂，含有电负性大的 O、N、S 等原子的极性基团吸附在金属表面，非极性基团指向介质，从而隔绝腐蚀性物质和金属，抑制金属的腐蚀。吸附膜型缓蚀剂对金属表面的要求严格，需要金属表面"活性"无污染物。如金属表面有污垢，成膜性就会很差。

1.4.4　按缓蚀剂应用介质分类

对于缓蚀剂的常规分类，如工业上选用缓蚀剂来说，一般按照其应用介质进行分类和筛选，具体分为酸性介质缓蚀剂，碱性介质缓蚀剂，中性介质缓蚀剂，气相缓蚀剂，钢筋混凝土缓蚀剂，油、气田缓蚀剂，涂料缓蚀剂，防冻液缓蚀剂，微生物环境缓蚀剂及其他介质缓蚀剂等。

1.4.4.1　酸性介质缓蚀剂

酸性介质缓蚀剂即为了抑制酸性介质中的腐蚀物质对金属的腐蚀而加入的缓蚀剂。金属在酸性介质中的腐蚀速率快，且酸性介质中的腐蚀物质对金属的破坏程度很高，所以对于酸性介质缓蚀剂的研究和应用最为广泛。

工业过程中的酸性介质主要有硫酸、盐酸、硝酸、磷酸、铬酸、乙酸、柠檬酸等，而最常见的为前三种。酸性介质腐蚀金属的一个原因是这些酸性的水溶液均生成了 H_3O^+，随着 H_3O^+ 的浓度增加，H^+ 的平衡电位向正方向移动，腐蚀热力学趋势增大，使得金属的腐蚀加剧。在相同浓度下，强酸的腐蚀性更大。在 pH 值相同时，弱酸的浓度大，因此，金属在弱酸中的腐蚀性更大。此外，在上述提到的不同的酸中，有些酸是氧化性酸，有些酸是非氧化性酸，如硝酸是氧化性酸，盐酸为非氧化性酸。金属在这两种类型的酸中腐蚀机理也不同。在氧化性酸溶液中，腐蚀过程的阴极是通过氧化性阴离子的还原过程进行的；而在非氧化性酸中，阴极是通过 H^+ 的去极化过程进行的。像盐酸中的氯离子是非活性离子，能够加剧金属的腐蚀；少量的铬酸就会使得铁发生钝化，抑制金属的腐蚀。所以，每种酸的腐蚀情况都不同，需要根据酸性物质各自的特点、热力学和动力学反应过程进行分析。

适用于酸性介质的缓蚀剂有乌洛托品、苯胺、硫脲、吡啶、喹啉、醛胺缩聚物及其衍生物，以及三氯化锑等。在实际应用中，由于单一缓蚀剂的使用达不到对缓蚀性能的要求或要求合理的经济性、环境等因素，需要将其进行复配使用。

1.4.4.2　碱性介质缓蚀剂

碱性介质缓蚀剂即为了抑制碱性介质中的腐蚀物质对金属的腐蚀而加入的缓蚀剂。碱性介质对金属的腐蚀一般比其他环境下的腐蚀破坏程度小很多。这主要是因为，在碱性介质环境中，金属容易形成难溶的氧化物或氢氧化物，覆盖在金属表面或钝化金属而减缓金属的腐蚀。而且在碱性介质中，去极化剂如氧和氢的平衡电位更负，这也减缓了金属的腐蚀。

如果在高温、高浓度的碱性介质中，金属的腐蚀会加剧，而且碱性介质的腐蚀与介质中含有的离子有关，如含有的阴离子中有氯则加速腐蚀，有亚硝酸根则减缓腐蚀；如含有的阳离子的活性不一样，则腐蚀情况也不同，一般认为，碱金属原子量越大，腐蚀性越强。

但是在碱性介质中，两性金属如铝、锌、锡等却容易被介质腐蚀，这主要是由于碱性介质中的氢氧根离子会与金属配位使金属溶解。对于这种两性金属在碱性介质中的研究较多，如铝的缓蚀剂有硅酸盐、磷酸盐、碳酸盐、高锰酸钾、钒酸盐、铬酸盐等无机缓蚀剂，和海藻酸钠、氨基酸、多糖类物质、酚类、醛类、肼和腙类、芳香酸类等有机缓蚀剂。

1.4.4.3　中性介质缓蚀剂

中性介质主要包括中性水介质、中性盐水介质以及中性有机物介质等。其中，中性水介质包含循环冷却水、锅炉水供暖水、回收处理污水、洗涤水等；

中性盐水介质包含氯化盐、硫酸盐等水溶液；中性有机物介质包含各种油、醇和多卤代烃水溶液、乳液。

在中性介质中，具有代表性的腐蚀介质为海水腐蚀介质。海水中的含盐量为 $3.2\%\sim3.7\%$，海水中的盐主要为氯化物，海水的平均电导率能达到 4×10^{-2}S/cm。海水的 pH 值随着海水环境的不同变化较大，通常为 $8.1\sim8.2$。若海水中植物茂盛，溶解氧含量增大，pH 值可接近 10；在厌氧性细菌繁殖下，溶解氧含量低，且海水中含有硫化氢等，使得海水的 pH 值低于 7。这里主要将海水作为中性介质进行介绍。在海水环境中，基本上所有的金属都会发生电化学腐蚀，金属作为腐蚀反应的阳极，海水中的氧起到去极化剂的作用而作为腐蚀反应的阴极。

另一种具有代表性的中性介质为工业上使用的循环冷却水。工业用水量大，如果只用直流水会造成水资源的过度浪费，所以在一些热交换冷却系统中常采用循环冷却水来替代直流水，达到节约用水的目的。但循环冷却水在使用过程中水的成分会随着时间而发生变化，这主要是因为在反复循环过程中水会蒸发，水中的杂质或有害的离子浓度增大、积累，这些杂质或有害离子就会引起设备腐蚀、结垢等问题。

适用于中性介质的缓蚀剂，除铬酸盐、亚硝酸盐、硅酸盐、钼酸盐、硫酸盐及聚磷酸盐等无机缓蚀剂外，也有很多有机缓蚀剂，如含磷有机缓蚀剂（如有机膦酸酯、有机膦酸）、有机胺类缓蚀剂（如胺类、环胺类、酰胺类、酰胺羧酸类）、有机羧酸及其盐类缓蚀剂（如芳香族羧酸和羟基酸、水解聚马来酸酐、S-羧乙基硫代琥珀酸）、有机杂环化合物类缓蚀剂（如苯并三唑、巯基苯并噻唑）等。

1.4.4.4 气相缓蚀剂

气相缓蚀剂为挥发型缓蚀剂。在常温下，气相缓蚀剂具有一定的蒸气压，能够挥发，挥发在体系中的缓蚀剂吸附在金属表面，起到隔绝气相环境中腐蚀介质和金属的作用。从气相缓蚀剂的解释来看，气相缓蚀剂不必直接涂在金属表面，只要金属所在空间有挥发的气相缓蚀剂，就能达到金属腐蚀防护的效果。

气相缓蚀剂对金属的防护机制主要有两种：一种是缓蚀剂在潮湿的空气中

水解或离解，挥发性产物吸附在金属表面，起到缓蚀的效果；另一种是缓蚀剂分子直接气化，金属与气相中的缓蚀剂配位或与缓蚀剂分子的水解/离解产物作用后形成保护膜，达到缓蚀的效果。一般来说，无机气相缓蚀剂以第一种方式起到缓蚀作用，而有机缓蚀剂以第二种方式起到缓蚀作用。

气相缓蚀剂具有使用方便、防腐效果好，适用于结构复杂、其他缓蚀剂防腐效果不能满足的金属材料。气相缓蚀剂可以直接使用，也可以附于载体上制成气相防锈材料使用。

适用于气相的缓蚀剂有胺和铵盐（如亚硝酸二环己胺、碳酸环己胺、苯甲酸戊胺）、有机杂环类（如苯并三唑、2-烷基咪唑啉）、羧酸及羧酸酯及其他化合物（如四硼酸钠、樟脑、尿素）等。

1.4.4.5　油、气田缓蚀剂

油、气已成为人们生产生活最为依赖的物质之一，在当今国民经济中起着重要的作用，油、气的生产和使用量也成为衡量一个国家发展程度的重要标志。目前，石油化工产业已成为世界各国的支柱产业之一，少数国家的经济来源主要依赖油、气的生产。

在油、气开采、炼油、精深加工、油品的储运以及石油化学品的使用过程中，都会涉及与之接触的金属材料的腐蚀问题，而随着原油劣质化，与其相关联的石油产业的腐蚀问题也越来越严重。在石油加工的不同的阶段，由于油、气中所含的成分有所变化，所以对金属的防护手段也不同。就添加缓蚀剂进行防护来说，在不同的阶段，使用的缓蚀剂种类也不同。如在油、气田开采阶段用到的缓蚀剂有以咪唑啉、有机膦酸为主要成分的钻井液缓蚀剂，以醛、酮、胺、醛酮胺缩合物、烷基吡啶、烷基喹啉、季铵盐为主剂的不同型号的油气井压裂酸化缓蚀剂；在石油加工过程中用到的缓蚀剂有以酰胺、聚酰胺、咪唑啉、烷基吡啶、有机羧酸等为主剂的不同型号的缓蚀剂。石油化工行业用到的缓蚀剂的种类较多，大部分的有机缓蚀剂总能在石油化工的某一过程中对特定金属有良好的缓蚀性能。

1.4.4.6　其他介质缓蚀剂

（1）涂料缓蚀剂

涂料本身除了作为装饰材料使用外，最主要的性能即为对金属基底进行保护。但再好的涂层，其使用寿命也有限，一般涂层的保护周期为 2～3 年，为了增加涂层与基底的结合力或提升涂层的防护效果，一般通过在涂层中添加缓蚀剂的方式来延长涂层的使用周期。

涂料缓蚀剂是一种能够明显提高涂层防腐能力的化合物，可以与涂料分子结合成为涂料中的一部分，或者与涂料分子协同作用，在金属表面作用成膜，明显阻隔腐蚀性介质向金属表面渗透。

除了缓蚀剂本身成为涂料中的一部分外，为了增强对基底金属的防护性能，在涂料中添加的缓蚀剂一般通过以下几种方式提高缓蚀性能：①作为添加剂加入涂料中，提高涂层与基底的结合力，缓解金属的腐蚀；②直接吸附在金属材料表面，形成吸附保护膜，减少水合氧向金属材料的渗透；③选用比金属材料电位更低的其他金属粉体作为缓蚀添加剂，获得牺牲阳极阴极保护法的保护措施。

涂料中使用的缓蚀剂有铬酸盐类、磷酸盐类、硼酸盐类、钼酸盐类、铅化合物等无机缓蚀剂，也有如有机羧酸盐、有机磺酸盐、有机胺与铵盐、有机氮化物锌盐、其他锌化合物、金属有机配位聚合物等有机缓蚀剂。

（2）钢筋混凝土缓蚀剂

钢筋混凝土是目前建筑物的主要材料之一。尽管钢筋混凝土建筑物经久耐用，但随着外界环境侵蚀逐渐造成混凝土结构的失效，进而导致钢筋的腐蚀。如发生腐蚀现象，应力作用会使得混凝土开裂，导致建筑物破坏而发生严重事故。

早在 20 世纪 70 年代，为了控制混凝土中钢筋的腐蚀，缓蚀剂就开始被应用。而随着钢筋混凝土结构的广泛使用，对于混凝土中钢筋的缓蚀研究和钢筋保护措施的实施也越来越多。对于钢筋最有效、最方便的保护措施为添加缓蚀剂防腐。美国的《混凝土中钢筋腐蚀控制的设计》标准中规定，使用缓蚀剂作为钢筋混凝土防腐蚀的主要措施。其他国家如日本、苏联等都是使用钢筋混凝土缓蚀剂较早的国家。目前，钢筋混凝土缓蚀剂的种类主要有亚硝酸盐、钼酸盐、铬酸盐和磷酸盐等无机缓蚀剂，胺类、酯类、咪唑类、有机磷化合物、有机硫化合物及有机杂环化合物等有机缓蚀剂。

使用钢筋混凝土缓蚀剂时需考虑以下几点：①缓蚀剂在混凝土中有合适的溶解度；②不能影响混凝土本身的作用；③缓蚀性能好；④使用安全、方便、无污染；⑤价格低廉、性价比高。

（3）防冻液缓蚀剂

防冻液缓蚀剂适用于密闭体系以氯化钙、氯化钠、乙二醇、甲醇、乙醇、工业水等作冷媒的冷冻水及热水系统，也可用于防冻液、油轮、油罐中水线金属设备的缓蚀。

目前，随着车辆的普及化，汽车水箱系统中金属的腐蚀问题逐渐显现出来。汽车发动机的冷却系统为密闭系统，防冻液接触的散热器、水泵、缸体及缸盖、分水管等部件是由钢、铸铁、黄铜、紫铜、铝、焊锡等金属组成，它们在电解质的作用下容易发生电化学腐蚀；同时防冻液中的二元醇类物质分解后会形成酸性产物，燃料燃烧后形成的酸性废气也可能渗透到冷却系统中促进腐蚀的发生，因而防冻液中必须添加大量的缓蚀剂。常见的金属缓蚀剂有以下几类：如钢、铁、锡的高效缓蚀剂有磷酸盐、硝酸盐、铬酸盐、钨酸盐、硼酸盐、钼酸盐、胺类、有机酸等；铜的特效缓蚀剂有苯并三氮唑、甲基苯并三氮唑、噻唑等有机杂环化合物；铝的特效缓蚀剂有硅酸盐、硝酸盐、苯甲酸钠、有机酸等。

所以汽车防冻液中常见的防冻液缓蚀剂有磷酸盐、钨酸盐、硼酸盐、钼酸盐和偏硅酸盐等无机缓蚀剂，以及有机磷酸盐、苯甲酸、三乙醇胺、苯并三氮唑、巯基苯并噻唑等有机缓蚀剂。

1.4.5　按所保护的金属分类

缓蚀剂对于不同的金属不一定有相同的缓蚀效果，所以按所保护的金属分类，可将缓蚀剂分为铁基金属缓蚀剂、铜及其合金缓蚀剂、铝及其合金缓蚀剂、镁及其合金缓蚀剂、锌及其合金缓蚀剂、钛金属缓蚀剂、锡金属缓蚀剂等。

由于这类按所保护的金属分类的缓蚀剂相关信息已在上面其他分类中涉及，所以在这里不再对其进行详细说明。

1.5　缓蚀剂的选用原则

在实际应用或研究中，要根据实际情况严格选择缓蚀剂。如果缓蚀剂选择不当，不仅对金属材料起不到缓蚀作用，有时会出现加速腐蚀的现象。很多时候，由于缓蚀剂的选择不当而错误评判金属保护的效果，会带来不可估量的损失或严重的事故。

在缓蚀剂选择上，主要从以下几个方面考虑。

（1）被保护的金属

不同的金属具有不同的腐蚀特性，且同一种缓蚀剂对于不同的金属可能有不一样的缓蚀效果，所以，被保护的金属选材不同，就需要考虑与之适宜的缓蚀剂。例如，对于过渡金属材料，铁的最外层有不含电子的空轨道，这就使得其可以与给电子的缓蚀剂发生配位，在金属外层形成缓蚀剂吸附膜；而铜的最外层电子结构与铁相差较大，所以铜和铁的特效缓蚀剂就会有所不同。如所用的材料为金属合金材料，则只用一种金属的特效缓蚀剂往往达不到优异的缓蚀效果，所以一般采取多种缓蚀剂复配的方法提升金属的腐蚀防护效果。

（2）腐蚀介质

除了被保护金属外，腐蚀介质也是需要考虑的最主要的因素之一。腐蚀介质直接腐蚀金属材料，所以在选用缓蚀剂的时候，要选择与所在腐蚀介质相适宜的缓蚀剂类型。不同的缓蚀剂在不同介质中的缓蚀机理不同，如气相缓蚀剂需要缓蚀剂具有挥发性和一定的溶解度，故一些不能挥发的缓蚀剂就不能用作气相缓蚀剂。再比如，酸性介质中常用有机缓蚀剂，而中性介质中常用无机缓蚀剂等。这些都说明了不同介质对缓蚀剂的影响，和缓蚀剂在不同介质中不一样的缓蚀机制。

（3）相关影响因素

在选用缓蚀剂时，要充分考虑与之相关联的一些影响因素。一般来说，体系温度对缓蚀剂的影响较大，温度升高，由于缓蚀剂的脱附或分解，其缓蚀性能就会有所下降。所以在高温介质中，要选用不易分解、与金属材料基底结合力强或形成化学键的一些缓蚀剂分子。除了温度，介质的流动情况对缓蚀性能也有很大影响。介质流动剧烈，即呈现湍流形式时，缓蚀剂分子不易与金属基底结合，而且如果是单纯的物理吸附，缓蚀剂会被介质冲刷带走而起不到缓蚀作用；但是如果介质呈静止状态，缓蚀剂不易到达金属表面，缓蚀性能也较差。所以，要达到良好的缓蚀效果，需要控制介质的流速且需要有一定溶解度的缓蚀剂，以便缓蚀剂能快速地到达金属表面。此外，介质中的含水量也是缓蚀剂选择的一个主要考虑因素。主要是因为，尽管体系对金属材料的腐蚀性可能较小，但是微量水分就会形成腐蚀电池导致金属发生腐蚀。所以像一些含水的油性介质，需要选择油溶性的吸附膜缓蚀剂。压力的变化一般对腐蚀的影响较小，但是真空或高压下，压力的影响不可忽视。在真空条件下，需要选择没有挥发性的缓蚀剂，而在高压下要选择不易分解或发生变化的缓蚀剂。

（4）缓蚀剂用量和配比

缓蚀剂是一种添加少量就可达到明显缓蚀效果的一种物质或多种物质复配的复合物。在缓蚀剂的定义中明确了缓蚀剂的用量要小，缓蚀剂用量越小，经济成本就越低。但往往缓蚀剂用量太小，其缓蚀效果不明显，这种情况下，就要增加缓蚀剂的用量。一般缓蚀剂的用量有一"临界值"，即随着缓蚀剂用量的增大，缓蚀效率逐渐增强，但是当达到某一浓度值时，再添加缓蚀剂的量，缓蚀效率没有明显提高，这一"浓度值"就是所谓的"临界值"。当然，这种说法对于吸附型缓蚀剂来说比较贴切。对于沉淀膜型缓蚀剂来说，在开始时要过量加入，在金属表层迅速形成保护膜，尤其是对于保护阳极的缓蚀剂，加入量不足反而会加速腐蚀。

对于缓蚀剂用量的原则，在提升缓蚀效果的同时要注意不能改变介质的性质，以及实际应用场合或工艺的需求或标准。

除了要控制缓蚀剂添加量外，是否一种缓蚀剂就能达到防腐要求或者如果采用多种物质复配的缓蚀剂，每种物质的添加量或配比怎么来调节，这都是要考虑的问题。如果采用复配型缓蚀剂，还要考虑这种复配结果是否能产生协同效应或拮抗效应。所以说，在实际应用中，如果涉及缓蚀剂的复配，需要进行大量的实验才能确定其是否为优异的缓蚀剂。

（5）经济性

工业生产中，经济性、安全性是首要考虑的问题，在保证安全的情况下，经济效益为企业追求的目标。所以选用缓蚀剂时，要综合考虑被保护金属材料的价值、要保护的年限以及要达到的缓蚀性能要求。如果一种缓蚀剂在实验中获得了优异的缓蚀效果，但由于成本太高且被保护金属材料没有这么高的缓蚀要求的情况下，这种缓蚀剂就不是一种适宜的缓蚀剂。

参考文献

[1] 曹楚南. 腐蚀电化学原理 [M]. 北京：化学工业出版社，2008.

[2] 张天胜，张浩，高红. 缓蚀剂 [M]. 北京：化学工业出版社，2008.

[3] 张宝宏，丛文博，杨萍. 金属电化学腐蚀与防护 [M]. 北京：化学工业出版社，2021.

[4] 王俊波. 铝在碱性介质中的腐蚀与电化学行为 [D]. 杭州：浙江大学，2008.

[5] 郭亚，丁维莲，张学欢. 钢筋混凝土体系中缓蚀剂的研究现状与展望 [J]. 广东化工，2016，43（16）：298-302.

[6] 姜凌，杨牡丹，张文娟. 汽车防冻液中多金属缓蚀剂的研究 [J]. 应用化工，2010，39（6）：837-839.

[7] 汪宇. 全有机型车用防冻液缓蚀剂配方的研究 [D]. 武汉：华中科技大学，2007.

[8] 王伟杰，秦俊岭，徐慧，等. 涂料缓蚀剂的研究现状与发展 [J]. 全面腐蚀控制，2020，34（1）：16-20.

[9] 邵淇渝，陈小格. 碱对金属材料的腐蚀及预防措施 [J]. 硅谷，2012（1）：185.

第 2 章

有机缓蚀剂种类

早在 1907 年，美国化学文摘第一卷的腐蚀栏目里就刊登了邻苯二甲酸盐作为水中缓蚀剂的应用，1920 年有机甲醛被发现是钢在酸性介质体系中的良好缓蚀剂，1923 年合成了第一个苏联国内的缓蚀剂 AHTPA "蒽类磺化产物"，1929 年 Fager 指出单宁酸对锅炉水中金属材料具有防腐蚀的效用。20 世纪初到 30 年代，有机缓蚀剂的开发研究得到广泛重视，且科研人员逐渐尝试从煤焦油中分离出含氮、硫、氧的有机化合物作为新型缓蚀剂。20 世纪 30 年代中期，硫脲、噻唑、吡啶等人工合成有机缓蚀剂获得成功，成为金属缓蚀剂领域历史上的一次重大突破。20 世纪 40 年代末到 50 年代初期，苯并三唑对铜系金属的优异缓蚀性能得到广泛重视，之后为了适应金属在酸性体系中的防腐需求，相关的有机化合物如巯基苯并噻唑、硝基苯并三唑、羧基苯并三唑等相继研制成功。20 世纪 50 年代，炔醇类有机物用作缓蚀剂成为一个热点。20世纪 60～70 年代，缓蚀剂的研究得到进一步的发展。1979 年，Ganish 制备了一种季铵盐并用于盐酸中低碳钢的腐蚀防护，取得了较好的效果。同年，美国专利 4271279 介绍了聚合物，如聚丁烯乙二醇可抑制盐酸体系中黑色金属的腐蚀。20 世纪 80 年代，苏联在石油工业中使用了环戊基苯酚缩合物作为碳钢在浓盐酸中的缓蚀剂，使用硫脲衍生物（二邻甲苯硫脲）加入表面活性剂来控制氨基磺酸对 20$^{\#}$ 碳钢的腐蚀。进入 21 世纪以来，关于聚合物对金属的缓蚀应用研究增多，如聚乙烯吡咯烷酮及聚乙烯亚胺可以作为磷酸中低碳钢的缓蚀剂；果胶、羧甲基纤维素、聚乙二醇、聚丙烯酸、聚乙烯醇、聚丙烯酸钠等聚合物，在不同的酸溶液中对铁的缓蚀性能不同等。

以下对目前文献中所涉及的有机缓蚀剂种类进行简述，并对缓蚀剂的研究进行了归纳总结。

2.1 有机羧酸（不含磷）及其盐类缓蚀剂

有机羧酸分子中包含亲水羧基和疏水烷基链，是典型的表面活性剂型缓蚀剂。目前报道的有机羧酸及其盐类缓蚀剂主要包括直链一元、二元及多元羧酸，含羟基或酰基的一元或多元羧酸，芳香羧酸和杂环羧酸等，以及其相应的盐化合物。其中一元、二元及三元直链羧酸涉及的主要有 C1～C12 或 C1～C18 的烷基或烯基羧酸及其盐，这主要是由于表面活性剂的疏水链基对缓蚀作用有较大的影响。如果疏水链太长，表面活性剂在体系中的溶解度会急剧下降，使得缓蚀剂不能到达金属基底而起到缓蚀作用；疏水链过长也会增大缓蚀剂的空间位阻而影响其吸附强度，进而造成缓蚀性能的下降。相关报道有辛酸钠和十二酸钠在 0.5mol/L 盐酸溶液中对 X60 钢的缓蚀性能研究，结果表明，两种不同烷基羧酸盐的缓蚀效率随着碳原子数的增加而降低，当缓蚀剂添加量为 10mmol/L 时，辛酸钠呈现出更高的缓蚀效率（96.9%）。同系不同链长烷基羧酸盐在模拟发动机冷却剂中对碳钢的缓蚀性能的研究结果表明，对于一元直链羧酸盐来说，碳原子数小于 5 时，缓蚀剂基本无缓蚀作用或缓蚀作用很弱；当碳原子数在 6～10 之间时，缓蚀剂的缓蚀效果最好，且在此区间，随着碳原子数的增多，一元直链羧酸盐的缓蚀效率由于其易形成胶束而下降。而对于二元直链羧酸盐，碳原子数在 7～12 之间缓蚀效率最好，且随着碳原子数的增多，二元直链羧酸盐缓蚀效率稳定，不会下降，这也可归因于其形成胶束的能力较弱，易与金属基底成膜。直链羧酸（包含己酸、庚酸、辛酸、壬酸、癸酸和十一酸）在 3.5% 氯化钠溶液中和 0.1mol/L 硫酸溶液中对铜的缓蚀性能研究表明，6 种直链羧酸缓蚀剂在这两种测试腐蚀体系中的缓蚀效率随着链长的增加呈线性增加，在 3.5% 氯化钠溶液中的最大缓蚀效率为 78%，而在 0.1mol/L 硫酸溶液中的缓蚀效率为 82%。其他相关研究也较多，如研究十二酸、十四酸和十六酸在乙醇溶液中对钝化铁片的缓蚀作用，发现同等浓度条件下十四酸的缓蚀效果最好。

含羟基或酰基的羧酸及其盐报道的有氨基酸、乳酸、苹果酸、酰胺羧酸及其盐。如葡萄糖硫代氨基甲酸盐在含氧 8mg/L 的现场模拟水中对钢的缓蚀性能研究结果表明，当缓蚀剂的添加量为 50mg/L 时，钢试片的腐蚀速率明显降低，为 0.0621mm/a。氨基酸（苯丙氨酸、蛋氨酸、半胱氨酸和组氨酸）在 1mol/L 氯化钠＋0.1mol/L 盐酸溶液中对 7B50 铝合金的缓蚀性能研究结果表明，蛋氨酸和半胱氨酸的缓蚀能力较强，其中半胱氨酸对 7B50 铝合金的缓蚀效率高达 94.7%，而苯丙氨酸的缓蚀效率最差，发生严重的晶间腐蚀。蛋氨酸、半胱氨酸、精氨酸、赖氨酸和丙氨酸在 0.5mol/L 盐酸溶液中对铜的缓蚀性能研究结果表明，5 种氨基酸化合物均为阴极型缓蚀剂，对铜都有一定的缓蚀效果，且赖氨酸缓蚀效率能达到 84.77%。苹果酸和天冬氨酸在 4mol/L 氢氧化钠-乙二醇溶液中对 AA5052 铝合金的缓蚀性能研究结果表明，当缓蚀剂添加量为 5mmol/L 时，苹果酸和天冬氨酸的缓蚀效率分别为 74.3% 和 82.1%。苹果酸铈在 0.01mol/L 氯化钠溶液中对 AA2024-T3 铝合金的缓蚀性能研究也表明其具有良好的缓蚀性能。另有研究表明酰胺羧酸在油田注水系统中也起到了很好的缓蚀作用。

在无磷有机羧酸类缓蚀剂研究中，芳香羧酸及其盐缓蚀剂的相关报道仅次于直链羧酸及其盐缓蚀剂的报道，如苯甲酸、苯乙酸、邻苯二甲酸、单宁酸、4-叔丁基苯甲酸、水杨酸等等及其盐化合物。其中苯甲酸、单宁酸、邻苯二甲酸及其盐在实际应用中涉及的较多，如苯甲酸和水杨酸在 0.5mol/L 硫酸溶液中对钢均具有缓蚀效果，且苯甲酸的缓蚀效率更高。苯甲酸、对甲苯酸、对硝基苯甲酸、邻苯二甲酸和对苯二甲酸在高氯酸溶液中对铜的缓蚀性能研究结果表明，作为混合型缓蚀剂，苯甲酸和取代苯甲酸都是铜在该体系下有效的缓蚀剂。苯环及苯环上的取代基的存在均有助于提升缓蚀剂的缓蚀效率。邻苯二甲酸在 0.1mol/L 硫酸溶液中对低碳钢的缓蚀性能研究结果表明，当缓蚀剂的添加量为 0.1mol/L 时，其缓蚀效率最高达 87.34%。单宁酸在 1mol/L 盐酸溶液中对 API 5CT K55 钢的缓蚀性能研究结果表明，当缓蚀剂添加量为 0.75g/L 时，其缓蚀效率可高达 92% 以上。

此外，含杂环羧酸因杂环上的杂原子有提供电子的特殊性能，能够与金属发生配位，进而加强了羧酸基的缓蚀性能，故被广泛研究。如已报道的 2-氨基喹啉-6-羧酸、咪唑啉羧酸（咪唑啉戊酸、咪唑啉辛酸、咪唑啉癸酸、咪唑啉棕榈酸、咪唑啉油酸、咪唑啉月桂酸）等在模拟油田污水中对 A3 碳钢的缓蚀性能研究，结果表明，烷基链长度为 9～11 个碳原子的羧酸型咪唑啉缓蚀性能最好。其中，咪唑啉月桂酸的添加量为 10mg/L 时，其缓蚀效率高达99.3％。2-氨基喹啉-6-甲酸在 1mol/L 盐酸中对低碳钢的缓蚀性能研究结果表明，当缓蚀剂添加量为 500mg/L 时，其缓蚀效率为 91.8％。关于杂环的增效作用在后面的有机杂环化合物类缓蚀剂的缓蚀性能研究中会详述，在这里不进行更多的说明。

羧酸类缓蚀剂的合成工艺较简单，而且尾端的羧基基团可以被碱液中和，易溶于水，pH 值适用范围宽。此外，羧酸类缓蚀剂与其他缓蚀剂的协同效应好，尤其是无磷羧酸类缓蚀剂可作为环境友好的水基体系的优良缓蚀剂或复配型缓蚀剂的成分之一。

2.2 有机膦酸及其盐类缓蚀剂

有机膦酸及其盐是一类广泛使用的缓蚀剂，且兼具阻垢剂的功能，对于高硬、高 pH 值、高碱、高湿、高浓缩倍数的苛刻水质条件具有良好的缓蚀抑垢效果。

20 世纪 60 年代，Procter 首次报道了羟基烃基膦酸，同年，Kurt 合成出它的衍生物——烃基氨基亚甲基膦酸。20 世纪 70 年代德国 Hass Geffers Cologue 研制了有机膦酸盐缓蚀剂并成功应用。之后，各国相继研究并开发出了不同的有机膦酸及其盐类缓蚀剂，其中包括 Jary 合成的多元有机氨基膦酸、Lukszo 和 Tyka 合成的 α-氨基膦酸、Rudovik 制备的 N-烃基氨基烃基膦酸、Jozef 制备的氨基亚磷酸酯、Derek 制备的 α-氨基烃基膦酸等。20 世纪 90 年代，含醚类有机膦酸得到大力研究和发展，有机膦酸基团中引入聚醚基能够使其性能显著提高。

目前，已报道的有机膦酸及其盐类缓蚀剂主要有烃基膦酸型、膦羧酸型、膦磺酸型系列。有机膦酸及其盐类缓蚀剂主要有以下几个特点：①有机膦酸类缓蚀剂化学性质稳定、耐高温、不易水解；②较小的添加量即低剂量就会获得较好的缓蚀效果；③与其他缓蚀剂复配后协同效应较好。

在烃基膦酸型缓蚀剂中，由于氨基烃基膦酸系列缓蚀剂的结构类似于氨基酸，所以氨基烃基膦酸系列的缓蚀阻垢剂与金属也具有良好的配位能力，成为研究和应用最多的缓蚀阻垢剂。我国于 20 世纪 80 年代初就投产了相应的缓蚀剂系列，主要品种有：氨基三亚甲基膦酸、乙二胺四亚甲基膦酸、二亚乙基二胺五亚甲基膦酸等。其他报道的有机膦酸及其盐类缓蚀剂有：2-羟基膦酰基乙酸、2-膦酸基丁烷-1,2,4-三羧酸、羟基亚乙基二膦酸、乙二胺四次甲基膦酸钠、三次甲基膦酸、乙基氨基苄基膦酸、乙酸氨基苄基膦酸、乙二胺二苄基二膦酸、氨基三亚甲基膦酸、增甘膦、双甘膦、N,N-二甲基次甲基二膦酸、N,N-二(二苯基膦基)-1-苯乙胺、双亚甲基膦酸脲基乙酸等。在三次甲基膦酸在模拟冷却水中对碳钢的缓蚀性能研究中，三次甲基膦酸作为一种阳极型缓蚀剂起到钝化的作用。在乙二胺四次甲基膦酸钠在循环冷却水中对碳钢的缓蚀性能研究中，当缓蚀剂的添加量为 500mg/kg 时，其缓蚀效率达到 98.7%。N,N-二甲基次甲基二膦酸作为工业水处理剂，当其添加量为 20mg/L 时，缓蚀效率达到 84.6% 以上。在增甘膦和双甘膦在不同 pH 值下对 LY12 硬铝的缓蚀性能研究中，两者均为混合抑制型缓蚀剂，pH＝4，温度为 50℃，增甘膦的添加量为 2%（质量分数）时，缓蚀效率为 92.8%，双甘膦在此条件下缓蚀效率为 89.85%。也有相关报道对不同取代基团的氨基膦酸作为水处理剂的缓蚀性能进行研究，如含苯环结构且有不同取代基的氨基膦酸在 pH＝8 的水中对 A3 钢的缓蚀性能的研究，结果如表 2.1 所示。

表 2.1 不同取代基的氨基膦酸在 pH＝8 的水中对 A3 钢的缓蚀效果

氨基膦酸	暴露面积 /cm²	重量损失 /10⁻³g	平均腐蚀速率 /[g/(m²·h)]	缓蚀效率 /%	表面状态
未添加	14.94	11.6	0.1078	—	腐蚀面积大
(HO)₂(O)PC(Ph)HNH(Et)	14.94	1.2	1.116×10^{-2}	89.64	光亮轻微腐蚀
(HO)₂(O)PC(Ph)HNH(t-C₄H₉)	14.94	1.7	1.580×10^{-2}	85.34	光亮轻微腐蚀
(HO)₂(O)PC(Ph)HNH(CH₂COOH)	14.95	0.8	7.432×10^{-2}	93.11	光亮
(HO)₂(O)PC(Ph)HNH(Ph)	14.88	4.3	4.014×10^{-2}	62.76	局部腐蚀
(HO)₂(O)PC(Ph)HNH(p-Me-Ph)	14.95	3.6	4.344×10^{-2}	68.98	局部腐蚀
(HO)₂(O)PC(Ph)HNH(p-Cl-Ph)	14.95	5.1	4.738×10^{-2}	56.05	局部腐蚀
(HO)₂(O)PC(Ph)HNH(CH₂-Ph)	14.94	3.8	3.533×10^{-2}	67.23	局部腐蚀
(HO)₂(O)PC(Ph)HNH(m-NO₂-Ph)	14.95	6.6	6.132×10^{-2}	43.12	严重腐蚀
(HO)₂(O)PC(Ph)HNH(NaPh)	14.96	11.6	0.1077	—	腐蚀面积大
(HO)₂(O)PC(Ph)HNH(CH₂CH₂NH)	14.93	0.5	4.651×10^{-3}	95.69	光亮

从表 2.1 可以看出，当有机膦酸结构中都含有苯环，而氨基取代基不同时，氨基膦酸的缓蚀性能有很大差别。当氨基取代基为苯基时，尤其是 NaPh 时，几乎没有缓蚀效果，这主要是因为尽管苯环结构中的大 π 键易与金属的空轨道形成强的吸附配位键，有利于形成保护膜而增强缓蚀效果，但含两个苯环的膦酸空间位阻增大，很难在金属表面形成致密的保护膜，使其不能起到好的缓蚀作用。此外，带有给电子取代基的缓蚀剂具有更好的缓蚀效果，而对于羧基取代基则是因为结构上氧原子的未共用电子对也参与了和金属铁的键合作用，故更有利于形成保护膜。

近年来，除了将烃基、芳基、杂环基等基团引入有机膦酸中的胺上，逐渐发展到含膦聚合物的研究上。其实，含膦聚合物并非新型缓蚀剂，国外于 20 世纪 70 年代就开发了此类缓蚀剂。含膦聚合物主要是将膦基—PO(OH) 引入聚合物的分子链上，使其具有缓蚀及阻垢的性能。聚合物类缓蚀剂的缓蚀性能在后面 2.8 节单独进行阐述，在这里不做过多介绍。

2.3　有机胺类缓蚀剂

有机胺类缓蚀剂通过中和作用或成膜作用发挥缓蚀效果。对于有机胺类缓蚀剂的作用机制，Kobayashi 和 Fujii 曾推断，有机胺类缓蚀剂不仅可以被未共用电子对吸附，而且可以被分子中的"活性氢原子"所吸附，有"活性氢原子"的缓蚀剂比没有"活性氢原子"的缓蚀剂缓蚀效果更好。根据缓蚀剂的作用方式，大致可将有机胺类缓蚀剂分为中和型胺类缓蚀剂和成膜型胺类缓蚀剂。

(1) 中和型胺类缓蚀剂

中和胺的分子量一般比较小，常用的有乙醇胺、三乙醇胺、异丙醇胺、N,N-二甲基乙醇胺、环己胺、乙二胺、三乙胺、吗啉、3-甲氧基丙胺、三乙烯四胺等。中和型胺类缓蚀剂，如乙醇胺类缓蚀剂能中和水基液中的硼酸和羧酸等，而二乙醇胺在使用过程中产生亚硝胺，具有致癌性，故在缓蚀领域的使用在减少。中和型胺类缓蚀剂主要通过中和介质酸成盐而起到缓蚀的作用，其用量随着体系 pH 值的不同而变化。相关报道如三乙胺、N,N-二甲基乙醇胺、3-甲氧基丙胺、吗啉、乙二胺在 150mg/L 盐酸溶液中对 20$^{\#}$ 碳钢的缓蚀性能研究，实验结果如图 2.1 所示，5 种有机胺的中和性能顺序为：乙二胺＞吗啉＞3-甲氧基丙胺＞N,N-二甲基乙醇胺＞三乙胺。且实验结果表明，当缓蚀剂的添加量为 800mg/L 时，5 种有机胺的缓蚀效率均高于 75％。

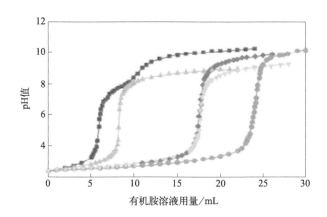

图 2.1　几种有机胺类缓蚀剂的酸碱中和滴定曲线

■—乙二胺；●—三乙胺；▲—吗啉；▽—N,N-二甲基乙醇胺；◆—3-甲氧基丙胺

（2）成膜型胺类缓蚀剂

成膜型胺类缓蚀剂主要是通过与金属表面接触时，在金属表面吸附形成吸附化学键而起到缓蚀的作用。成膜型胺类缓蚀剂多为长链脂肪胺，包括单胺（如甲胺、乙胺、丙胺、正丁胺、二乙胺、十二胺、十六胺、十八胺）、二胺（如乙二胺、乙烯二胺、N-十八烷基亚丙基二胺）、多胺（如二亚乙基三胺、多亚乙基多胺、五羟乙基二乙烯三胺、乌洛托品）和季铵盐（如四丁基氯化铵、烷基苄基吡啶盐卤化物），长链脂肪胺主要用于锅炉水、金属工作液、润滑油、汽油和石油开采过程。其中乌洛托品是使用较为广泛的盐酸缓蚀剂，相关研究如乌洛托品在 10％盐酸溶液中对 A3 钢的缓蚀性能研究，结果表明，当缓蚀剂添加量为 1.5％（质量分数）时，其缓蚀效率高于 80％；乌洛托品及其季铵盐在 15％盐酸溶液中对 QT-800 钢的缓蚀性能研究结果表明，当缓蚀剂添加量为 0.5％（质量分数）时，乌洛托品季铵盐缓蚀效率达到 98.41％，该值高于同等条件下乌洛托品的缓蚀效率。乌洛托品及其复配物的相关研究较多，可自行查阅相关文献。在其他体系中的研究如乌洛托品在模拟汽车冷

却液中对 AZ31 镁合金的缓蚀性能研究，也表明了乌洛托品具有良好的缓蚀性能。

烷基苄基吡啶盐氯化物不仅缓蚀性能较好，而且能够阻止氢渗。此外，成膜型胺类缓蚀剂还包括酰胺类化合物（如乙酸酰胺、二苯酰胺、油酸酰胺、N-酰代肌氨酸等）、含芳香环的胺类化合物（如苯胺、烷基苯胺、环烷基苯胺、邻甲氧基苯胺、苄胺、间甲基苯胺、邻甲基苯胺、二异丙胺的苯甲酸盐、3,5-二氨基苯甲酸）、环胺类化合物（如辛酸环己胺、己酸环己胺、碳酸环己胺、肉桂酸环己胺、辛酸二环己胺、己酸二环己胺、壬酸二环己胺、葡萄糖二环己胺、乙磺酸二环己胺、亚硝酸二环己胺、苯甲酸环己胺）以及脒等。

对于有机胺类缓蚀剂在金属表层的成膜吸附，一般认为，不同的体系环境及缓蚀剂具有不一样的作用方式。如长链脂肪胺类缓蚀剂与金属表面的作用主要是吸附作用，包括物理吸附和化学吸附等；在酸性体系下环亚胺类化合物会发生开环聚合反应，反应后的产物吸附在金属表面，其缓蚀性能与开环聚合的聚合度直接相关，聚合度越大、分子量越大，对金属的覆盖面也越广；酰胺类缓蚀剂与金属通过—NH_2 或—NH 中的氮原子配位后形成稳定的配合物而吸附在金属表层，如在邻近的碳原子上引入给电子基团，则形成的配合物更稳定。

对有机胺类缓蚀剂的研究，在于降低胺类化合物或其盐的毒性影响，这主要通过引入新的低毒性有机胺的方法来解决。如以长链脂肪胺代替含芳香环的胺类化合物，或开发低毒性的聚胺类缓蚀剂等。

2.4 有机醛类缓蚀剂

有机醛类缓蚀剂结构中的羰基为其主要功能基团，羰基中的氧作为孤对电子的供体与金属作用。有机醛类缓蚀剂中研究和使用最多的是糠醛类缓蚀剂，糠醛可通过农副作物来制取，其来源广泛，对于金属的防腐有一定的效果，但在实际中很少单独使用。有关糠醛的报道较多，如糠醛在 1mol/L 的盐酸溶液中对 Q235 钢的缓蚀性能研究，结果表明，当缓蚀剂添加量为 0.7% 时，其缓蚀效率可达 91.3%；糠醛在 3% 的盐酸溶液中对锌的缓蚀性能研究结果表明，当缓蚀剂添加量为 600mg/L 时，其缓蚀效率可达 98%；糠醛在 5% 氢氧化钠溶液中对铝的缓蚀性能研究结果表明，作为阳极型缓蚀剂，糠醛加入体系后明显提高了金属的缓蚀效率。对于不同取代基取代的糠醛衍生物的缓蚀性能研究，如—CH_3、—Cl、—F、—OH、—CN、—NO_2、—CH_2CH_3、—NH_2 作为取代基在糠醛环上的一元取代衍生物对混凝土钢筋的缓蚀性能研究，结果表明在这些衍生物中，3-氨基取代的糠醛衍生物的缓蚀性能最好。

其他报道的醛类缓蚀剂还有肉桂醛、水杨醛、香草醛、异烟醛等。肉桂醛在 2.5% 土酸溶液中对锌的缓蚀性能研究表明，其最高缓蚀效率可达 98.8%；肉桂醛在 5% 氨基磺酸溶液中对碳钢的缓蚀效率也可达 96.17%。肉桂醛、香草醛在 3% 的氢氟酸溶液中对锌的缓蚀性能研究结果表明，当香草醛的添加量为 5g/L 时，缓蚀效率明显增强，为 75.82%；当肉桂醛的添加量为 3g/L 时，缓蚀效率为 96.83%。苯甲酰肼缩肉桂醛在 10% 盐酸溶液中对 A3 钢的缓蚀性能研究结果表明，当缓蚀剂的添加量为 2mmol/L 时，其缓蚀效率可达稳定在 98%。邻取代亚水杨醛在盐酸溶液中对铝的缓蚀性能研究也发现，水杨醛类缓蚀剂具有很好的缓蚀性能；另有研究发现异烟醛缩氨基硫脲在 1mol/L 盐酸溶液中对 Q235 钢的缓蚀效率可达 83.6%。

为了增强有机醛类缓蚀剂的缓蚀效果，主要是提升其与金属接触的活性位点和对金属的屏蔽能力，研究者将对醛类缓蚀剂的研究集中在醛类物质与其他化合物，如甲胺、吡啶甲酰肼、噻吩甲酰肼、氨基苯甲酸、氨基硫脲、氨基吡啶、苯甲酰肼、氨基酸等的缩合反应来制备席夫碱。席夫碱作为一种高效缓蚀剂，在水基酸性或中性体系中起到了较好的缓蚀效果。席夫碱类化合物的相关内容在 2.5 节中进行阐述。

2.5　席夫碱类缓蚀剂

席夫碱类缓蚀剂由含有羰基的化合物和胺类物质缩合而成，其结构中含有亚胺或甲亚胺特性基团（—RC＝N—），如图 2.2 所示。结构中含有的氮和双键能够与金属原子发生配位作用而在金属表面形成一层稳定的防护膜。尤其是一些芳香族的席夫碱，在苯环上还有—OH 基团，也能够与金属配位而稳定吸附膜。

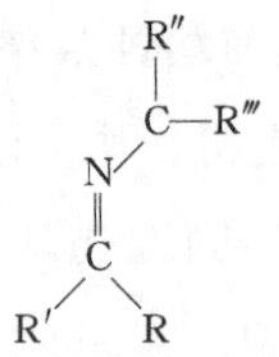

$$
\begin{array}{c}
R'' \\
| \\
C-R''' \\
\| \\
N \\
\| \\
C \\
\diagup \quad \diagdown \\
R' \qquad R
\end{array}
$$

图 2.2　席夫碱结构示意图

　　席夫碱及其金属配合物中不仅含有—C═N—特性基团，而且还可以引入 O、S 等含孤对电子的杂原子或其他特殊官能团，形成性能优良的金属缓蚀剂。

　　席夫碱被报道用作缓蚀剂的羰基源主要为醛类化合物，如甲醛、水杨醛、肉桂醛、苯甲醛、吡啶甲醛、邻香兰素、枯茗醛等，相关醛类较多，在这里不一一说明。下面主要介绍几种相关醛类所制备的席夫碱缓蚀剂，如 4-氯苯胺-4-羟基苯甲醛席夫碱、4-氯苯胺-吡啶-4-甲醛席夫碱、4-氯苯胺-4-羟基-2-甲氧基苯甲醛席夫碱、4-氯苯胺-3-苯基丙烯醛席夫碱，它们在 1mol/L 盐酸溶液中对碳钢的缓蚀性能研究结果表明，四种缓蚀剂均具有良好的缓蚀效率，且 4-氯苯胺-3-苯基丙烯醛席夫碱的缓蚀效率最大，当添加量为 1mmol/L 时，缓蚀效率为 88.72%。在 2-氨基吡啶缩水杨醛席夫碱在 1mol/L 盐酸溶液中对 Q235 钢的缓蚀性能研究中，作为阴极型为主的混合型缓蚀剂，当缓蚀剂的添加量为 15mmol/L 时，其缓蚀效率为 87.9%。水杨醛类吡啶甲酰腙席夫碱在海水中对低碳钢的缓蚀性能研究结果表明，当缓蚀剂的添加量为 2.8×10^{-4} mol/L 时，其缓蚀效率为 87.8%。5-磺酸钠水杨醛-x-吡啶甲酰腙席夫碱（$x=2$，3，4）在 3.5%氯化钠溶液中对铜的缓蚀性能研究结果表明，当缓蚀剂添加量为 75mg/L 时，缓蚀效率均高于 80%，其中 $x=4$ 的席夫碱的缓蚀效率最高，达到 93.46%。在肉桂醛壳聚糖席夫碱在 1mol/L 氨基磺酸中对 N80 钢的缓蚀性能研究中，作为混合型缓蚀剂，当缓蚀剂的添加量为 1000mg/L 时，缓蚀效率达到 98.09%。2-吡啶甲醛缩氨基硫脲席夫碱在 1mol/L 盐酸中对 Q235 钢的缓蚀性能研究结果表明，当缓蚀剂的添加量为 1mmol/L 时，缓蚀效率为 95.38%。N,N'-双(n-羟基苯甲醛)-1,3-丙二胺席夫碱（$n=2$，3，4）在 1mol/L 盐酸溶液中对低碳钢的缓蚀性能研究结果表明，3 种缓蚀剂均表现出良好的缓蚀性能，且 $n=3$ 时缓蚀剂的缓蚀性能最好，当 N,N'-双(3-羟基苯甲醛)-1,3-丙二胺席夫碱的添加量为 2×10^{-4} mol/L 时，其缓蚀效率为 84%。

N,N-双(4-羟基苯甲醛)-2,2-二甲基丙二亚胺席夫碱在 1mol/L 盐酸溶液中对 API 5L B 钢的缓蚀性能研究也表明了其具有优异的缓蚀性能。本书作者所在课题组对席夫碱类缓蚀剂也进行了较多的研究，如 2-氨基苯并咪唑缩对甲基苯甲醛席夫碱在 3.5%（质量分数）氯化钠溶液中对铜的缓蚀性能研究，结果表明，当缓蚀剂的添加量为 15mmol/L 时，其缓蚀效率可达 99.89%。此外，还有 2-氨基噻唑缩水杨醛席夫碱、2-氨基噻唑缩香草醛席夫碱、2-氨基噻唑缩对羟基苯甲醛席夫碱和 2-氨基噻唑缩邻香兰素席夫碱等在 3.5%（质量分数）氯化钠溶液中对铜的缓蚀性能研究，2-氨基噻唑缩对甲基苯甲醛席夫碱、2-氨基噻唑缩-4-乙基苯甲醛席夫碱和 2-氨基噻唑缩枯茗醛席夫碱在 3.5%（质量分数）氯化钠溶液中对铜的缓蚀性能研究，2-氨基苯并噻唑缩对甲基苯甲醛席夫碱、2-氨基苯并噻唑缩-4-乙基苯甲醛席夫碱和 2-氨基苯并噻唑缩枯茗醛在 3.5%（质量分数）氯化钠溶液中对铜的缓蚀性能研究等，均说明了席夫碱具有优异的缓蚀性能。

　　胺类化合物主要有甲胺、苯胺、N-苯基苯甲亚胺、氨基硫脲、邻苯二胺、吡啶甲酰腙、壳聚糖、对氨基苯甲酸、天冬氨酸、组氨酸、甘氨酸、丙氨酸、苯丙氨酸以及氨基取代的杂环化合物等。现在胺类化合物的种类逐渐增多，上面介绍席夫碱的醛类物质时已经有一些说明，下面着重介绍一些相关事例来说明胺的种类。如肉桂醛缩甲胺席夫碱在 5%氨基磺酸溶液中对 Q235 钢的缓蚀性能研究结果表明，当缓蚀剂添加量为 150mg/L 时，其缓蚀效率可达到95.9%；水杨醛基邻苯甲酸亚胺席夫碱和 N,N'-二水杨醛基-1,2-邻苯二亚胺在 1mol/L 盐酸溶液中对 20$^#$ 碳钢的缓蚀性能研究结果表明，当缓蚀剂添加量为 5g/L 时，缓蚀效率分别为 70.78%和 88.33%；邻氧乙酸苯甲醛缩-4-氨基苯甲酸钾盐席夫碱在饱和 CO_2 油田水中对 20$^#$ 碳钢的缓蚀效率可达 95%以上；天冬氨酸席夫碱在 0.1mol/L 硫酸溶液中对 N80 低碳钢的缓蚀性能研究结果表明，其缓蚀效率要高于天冬氨酸本身。氨基取代的杂环化合物如上面提到的氨基苯并咪唑对甲基苯甲醛席夫碱、氨基噻唑缩水杨醛席夫碱、氨基噻唑缩香草醛席夫碱、氨基噻唑缩对羟基苯甲醛席夫碱等，苯胺、氨基硫脲、壳聚糖等也在上面阐述，在这里不再进行说明。甘氨酸、丙氨酸、组氨酸、苯丙氨酸与芳香吡唑醛缩合而成的席夫碱缓蚀剂，即 (E)-2[(1-苯基-3-甲基-5-羟基-4-1H-吡唑基)-亚氨基]乙酸钠、(E)-3[(1-苯基-3-甲基-5-羟基-4-1H-吡唑基)-亚氨基]丙酸钠、(E)-2[(1-苯基-3-甲基-5-羟基-4-1H-吡唑基)-亚氨基]3-(1H-4-咪唑基)丙酸钠、(E)-2[(1-苯基-3-甲基-5-羟基-4-1H-吡唑基)-亚氨基]-3-苯基丙酸钠、(E)-2{[1-(4-氟苯基)-3-甲基-5-羟基-4-1H-吡唑基]-亚氨基}乙酸钠、(E)-3{[1-(4-氟苯基)-3-甲基-5-羟基-4-1H-吡唑基]-亚氨基}丙酸钠、(E)-2{[1-(4-氟苯基)-3-甲基-5-羟基-4-1H-吡唑基]-亚氨基}-3-(1H-4-咪唑基)丙酸钠、(E)-2{[1-(4-氟苯基)-3-甲基-5-羟基-4-1H-吡唑基]-亚氨基}-3-苯基丙酸钠在 0.05％（质量分数）的氯化钠溶液中对 AZ31B 镁合金的缓蚀性能研究结果表明，这 8 种缓蚀剂缓蚀性能好，缓蚀效率均在 80％以上，其中 (E)-3{[1-(4-氟苯基)-3-甲基-5-羟基-4-1H-吡唑基]-亚氨基}丙酸钠的缓蚀性能最好，当添加量为 5g/L 时，其缓蚀效率为 96.7％。

也有相关报道将席夫碱与溴代烷烃复合制得席夫碱表面活性剂型缓蚀剂，此类表面活性剂型缓蚀剂主要含有杂原子、不饱和 C ＝N、亲水基和疏水基，可以按照一定的序列吸附于金属表面，减缓金属的腐蚀。如合成的 4-[(2-羟基-3-甲氧基苄基)氨基]-N,N-二甲基辛基苯胺溴盐（SBCS-8）、4-[(2-羟基-3-甲氧基苄基)氨基]-N,N-二甲基十二烷基苯胺溴盐（SBCS-12）和 4-[(2-羟基-3-甲氧基苄基)氨基]-N,N-二甲基十六烷基苯胺溴盐（SBCS-16），不同浓度的 3 种缓蚀剂在 4mol/L 盐酸体系中对不锈钢的缓蚀性能研究结果如表 2.2 所示。由于化学吸附作用，缓蚀剂在金属表面形成致密的防护膜，从而有效地抑制了盐酸对金属的腐蚀，而且自腐蚀电压（E_{corr}）发生了"正移"，但是电位变化均小于 85mV，说明席夫碱表活性剂型缓蚀剂对金属阳极的抑制作用略强于对阴极的抑制作用。

表 2.2 不锈钢在 4mol/L 盐酸体系中添加不同浓度席夫碱
表面活性剂型缓蚀剂后的极化曲线拟合数据

项目	$c/10^{-6}$	$I_{corr}/(\mathrm{mA/cm^2})$	E_{corr}/mV	$\beta_c/(\mathrm{mV/dcc})$	$\beta_a/(\mathrm{mV/dcc})$	$\eta/\%$
未添加	—	119.261	−399.932	−119.973	60.884	—
SBCS-8	5	84.543	−395.139	−120.577	57.102	29.11
	10	51.682	−393.266	−120.398	42.068	56.66
	20	35.936	−381.195	−122.842	36.864	69.87
	50	27.728	−374.945	−124.411	32.889	76.75
	100	18.643	−360.324	−125.935	37.889	84.37

项目	$c/10^{-6}$	$I_{\text{corr}}/(\text{mA/cm}^2)$	$E_{\text{corr}}/\text{mV}$	$\beta_{\text{c}}/(\text{mV/dcc})$	$\beta_{\text{a}}/(\text{mV/dcc})$	$\eta/\%$
	5	61.472	−359.540	−128.038	35.806	48.46
	10	40.741	−343.354	−131.777	39.988	65.84
SBCS-12	20	26.632	−345.833	−136.263	37.899	77.67
	50	20.895	−352.872	−127.413	39.676	82.48
	100	13.651	−370.355	−139.557	38.289	88.55
	5	38.294	−357.422	−125.666	38.002	67.89
	10	31.034	−357.359	−121.784	30.225	73.98
SBCS-16	20	22.542	−361.366	−119.726	32.190	81.10
	50	15.468	−366.55	−138.355	37.495	87.03
	100	9.439	−361.083	−141.923	50.965	92.09

注：c 为席夫碱表面活性剂型缓蚀剂浓度；I_{corr} 为自腐蚀电流密度；E_{corr} 为自腐蚀电压；β_{c} 为阴极极化的塔费尔斜率；β_{a} 为阳极极化的塔费尔斜率；η 为缓蚀效率。

2.6　有机杂环化合物类缓蚀剂

尽管提倡优选"绿色"的有机化合物作为缓蚀剂，如氨基酸、药物、表面活性剂、生物聚合物或离子液体等，但研究者明显偏爱杂环化合物，尤其是含 N-杂环化合物。

杂环类化合物分子中一般含有电负性较大的杂原子（N、O、S、P），杂原子最外层有未共用的孤对电子，可与金属的最外层空 d 轨道共用电子而形成配位键；同时，杂环化合物中含有的不饱和键形成的大 π 键也可以与金属空 d 轨道结合形成配位键。此外，杂环化合物的取代基中引入一些诸如羟基、氨基等基团后，更易与金属结合或合成其他吸附性更强的缓蚀剂，所以，对于一般的杂环化合物来说，其衍生物的缓蚀性能要高于杂环化合物本身。上述结合方式的共同作用使得杂环化合物类缓蚀剂牢固地吸附于金属表面，表现出良好的缓蚀性能。

2.6.1　五元杂环化合物及其衍生物

常见的用于对金属缓蚀性能研究的五元杂环化合物主要包括以下所列化合

物，如吡咯、咪唑、吡唑、三氮唑、四氮唑、咪唑啉、噻唑、噻唑啉、噻二唑、噻吩、呋喃等，但对于五元杂环化合物的报道并不局限于上述提到的化合物。

（1）吡咯

吡咯是含有一个氮原子的五元杂环化合物，其结构如图 2.3 所示。

图 2.3　吡咯结构示意图

吡咯五元环上氮原子的孤对电子促使其与金属空轨道杂化，形成吸附位点，覆盖在金属表面，起到缓解金属腐蚀的作用。在 2000 年前后有研究者研究了吡咯本身的缓蚀性能，结果发现，吡咯在硫酸体系中对碳钢有着良好的缓蚀效果，且吡咯的缓蚀作用主要通过取代腐蚀离子来实现。此后便开始了关于吡咯及其衍生物对腐蚀的抑制作用的一系列研究。如有研究表明吡咯和 N-甲基吡咯能明显降低钢在 NaCl 溶液中的腐蚀电流密度，因此对钢的缓蚀效果明显。此外，由于近年来的防腐手段发生了从自组装膜到导电膜的转变，关于吡咯的研究也主要集中在聚合物成膜方面，如聚吡咯、聚（N-甲基吡咯）以及聚（3-辛基吡咯）等化合物在缓解钢、镁和铝等活泼金属在 NaCl 溶液中的腐蚀方面表现良好。但聚合物的制备条件较为苛刻，稍发生改变就可能导致所得聚合物的相关性能发生变化。如采用恒电位法在钢表面制备聚吡咯，电位发生改变时，聚吡咯膜虽然形貌相似，但是在钢表面的附着力有明显差异，较高电位下合成的聚吡咯膜在钢表面的附着力较低，因而缓蚀效果相对较差。综上可知，寻找稳定性高、易制备和导电性能好的聚合物制备方法是亟待解决的必要问题之一。之后，有研究者对聚吡咯层在钢上的沉积过程及半导电性能进行了研究，将吡咯和草酸在水溶液中进行恒流聚合，结果发现，在钢板衬底表面形成了草酸亚铁层，该层和自然形成的氧化膜一样，在钢基底与腐蚀介质之间形成了物理隔离作用，对钢的腐蚀有明显的抑制作用。也有研究者合成了几种吡咯衍生物并研究了其对钢的缓蚀性能，最终结果发现，合成的几种吡咯衍生物大多是通过在碳钢/腐蚀介质界面形成表面膜来抑制碳钢在腐蚀介质中的腐蚀速率；同时发现，吡咯衍生物在碳钢/腐蚀介质表面形成膜使得碳钢表面更光滑，并且通过分子动力学模拟进一步证实了吡咯衍生物缓蚀性能的优劣与其自身的吸附能大小有关，吸附能越大表明与碳钢表面之间的相互作用越强，因而缓蚀性能越好。也有研究者将电子性质与所研究分子的吸附行为联系起来，利用分子动力学模拟方法，对影响缓蚀剂分子吸附能大小的因素进行了进一步的探究，结果表明，吡咯衍生物的吸电子基团主要集中在醛基部分以及吡咯环上；此外研究还发现，亲电攻击（给电子）位点位于吡咯环附近，而亲核反应（孤对电子）位点位于所研究缓蚀剂的硫酚和醛基部分。

此外，也有研究者合成了聚吡咯化合物与金属氧化物共掺杂环氧树脂，并研究了该复合涂层对碳钢的防腐效果，结果表明，钢表面涂覆复合涂层之后，其与水的亲和度明显降低，这也是有明显缓蚀效果的原因之一。

综上所述，吡咯及其衍生物对金属都有着明显的缓蚀效果，其中对钢缓蚀性能研究较多。不仅如此，目前对吡咯衍生物对金属腐蚀抑制的研究多是集中在以金属基底形成聚电解质层方面，其中主要是研究影响导电膜层的因素，以及如何提高导电膜层在金属基底上的附着力以此增强金属的缓蚀效果等方面，但不管从何种角度来看，吡咯及其衍生物对金属的缓蚀性能都有巨大潜力。

（2）咪唑

咪唑（IMI）也称 1,3-二氮唑，分子结构是五元杂环上两个间位 C 原子被 N 原子取代，分子式为 $C_3H_4N_2$，是一种极性很强、高度溶于水的杂环化合物，其结构如图 2.4 所示。

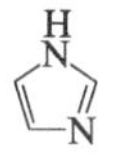

图 2.4　咪唑结构示意图

咪唑对金属有优异的缓蚀性能，但咪唑及其衍生物对金属腐蚀的抑制作用也取决于溶液的 pH 值，即溶液的酸碱度，溶液的酸碱度在一定程度上决定了腐蚀机理（如物理吸附、化学吸附等）、金属表面的状态（如钝化程度等）以及缓蚀剂的状态（如质子化和去质子化等）。咪唑及其衍生物在酸性体系中对金属腐蚀表现出一定的缓蚀性能，且咪唑衍生物的缓蚀效果要优于咪唑本身。如有研究咪唑（IMI）及 4-(咪唑-1-基)-苯酚（Phen）、[4-(1*H*-咪唑-1-基)-苯基] 甲醇（甲氧基）（Meth）、2-(1*H*-咪唑-1-基)-1-苯基-1-酮（Ethan）和 4-(1*H*-咪唑-1-基) 苯甲醛（Benz）在酸性体系中对 1020 碳钢的缓蚀性能，结果表明，四种咪唑衍生物的缓蚀效果要远高于咪唑。此外，咪唑和 2-甲基咪唑对低碳钢在磷酸溶液中的腐蚀有较高的缓蚀效率，且缓蚀效率均随缓蚀剂浓度的增加而增加，但增加酸浓度缓蚀效率反而降低，且 2-甲基咪唑的缓蚀效率略高于咪唑，这也进一步说明了咪唑缓蚀性能稍逊于咪唑衍生物。咪唑在 HNO_3 溶液中对金属的腐蚀也有较好的抑制作用，如在 HNO_3 溶液中加入咪唑后，咪唑-Cu 复配膜与氧化铜同时形成，且铜金属表面的氧化层变得更厚，延缓了铜表面阴极位点的电荷转移，有效抑制了 HNO_3 溶液中铜的腐蚀速率。

虽然酸性体系中咪唑及其衍生物在金属表面形成的氧化膜更厚，但对金属的缓蚀效果却不一定更好。如此前就有研究者在研究 4-甲基咪唑对铜的缓蚀性能时发现，4-甲基咪唑在中性 NaCl 溶液中对铜具有良好的缓蚀作用，但在酸性体系中其缓蚀效率要低得多。事实上，咪唑及其衍生物在中性体系 NaCl 溶液中对金属的缓蚀效果的研究开始得较早。如研究者发现 1-(3-氨基丙基)咪唑（API）在 NaCl 溶液中对铜就有较好的缓蚀效果，其缓蚀效率随着浓度和自组装时间的变化而变化，当 1-(3-氨基丙基) 咪唑浓度为 1.0mmol/L，组装时间为 24h 时，可形成 API 自组装单分子膜，此时缓蚀效果为最佳状态，缓蚀效率高达 93.1%。而后，也逐步开展了咪唑及其衍生物对钢的缓蚀性能评价。有研究者通过合成多种咪唑衍生物对其缓蚀机理进行了研究，结果发现，咪唑衍生物可以通过自身的芳香环紧密吸附在铜基底上，且咪唑环上的氮原子与溶液中的金属离子配位形成金属有机聚合物，提高了疏水膜的致密性，因而有良好的缓蚀性能。此外，研究发现 1-甲基-2-巯基咪唑能显著缓解碳钢在硫酸中的腐蚀，虽然一般情况下认为，温度会影响酸体系与钢表面的相互作用，但在一定温度范围内（298～328K），1-甲基-2-巯基咪唑的缓蚀效果并不随着温度变化而变化，这说明 1-甲基-2-巯基咪唑在所研究的温度范围内是一种良好的缓蚀剂，这无疑是设计和合成中高温条件下金属的有效缓蚀剂的重大突破。

关于咪唑在石化厂管道、石油开采管道等酸性环境中的缓蚀性能已进行了大量研究，然而，关于咪唑在碱性条件下缓蚀效果的研究并不多见。有研究者研究了咪唑作为缓蚀剂在碱性集中供热水中对碳钢焊件的缓蚀效果，结果表明，当咪唑浓度增加到 5×10^{-4} 时，抑制效率提高到 91.7%，当浓度为 10^{-3} 时，缓蚀效率下降。为探明原因，利用原子力显微镜观察，结果发现，浓度为 10^{-3} 时咪唑的表面覆盖度低于浓度为 5×10^{-4} 时咪唑的表面覆盖度。因此，选择合适的缓蚀剂浓度对缓解金属腐蚀也是非常有必要的。

　　总之，咪唑作为一种含有氮杂环的有机化合物，对金属有着较好的缓蚀效果，也是目前研究较为广泛的一类缓蚀剂。咪唑环上丰富的孤对电子是其与金属形成配位键从而表现出良好缓蚀性能的原因之一，今后关于咪唑及其衍生物的缓蚀性能也会得到更多关注。

　　（3）吡唑

　　吡唑是五元杂环上的第 1 位和第 2 位两个相邻的碳原子被氮原子取代，也称 1,2-二氮唑，分子式为 $C_3H_4N_2$，其结构如图 2.5 所示。

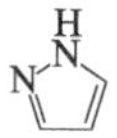

图 2.5　吡唑结构示意图

　　吡唑及其衍生物在酸性体系中有较高溶解性，故而也被用来作为抑制 HCl 体系中钢腐蚀的缓蚀剂。尽管吡唑在强酸体系中有较好的缓蚀性能，但在中、高温条件下，吡唑衍生物的缓蚀性能与其他唑类衍生物相比有较大差距。例如，有研究者合成并研究了两种吡唑衍生物〔5-(4-氯苯甲酰氧基)-1-苯基-1H-吡唑-3-羧酸甲酯和 5-(4-甲氧基苯基)-3-(4-甲基苯基) 4,5-二氢-1H-吡唑-1-基-(4-基)甲酮〕在 15% HCl 溶液中对低碳钢的缓蚀性能后发现，在 303K 时，其缓蚀效率最高可分别达到 92.0% 和 95.9%；但在 333K 条件下，它们的缓蚀效率最高分别达到 86.6% 和 87.7%。可见，温度升高并不利于吡唑衍生物类缓蚀剂发挥作用，因而迫切需要开发一类适合中高温条件下的吡唑衍生物缓蚀剂。也有研究者研究了吡唑衍生物缓蚀性能与温度之间关系，通过合成双-(3-碳甲氧基-5-甲基-1-吡唑基)甲烷，并利用电化学方法证明了此吡唑衍生物主要是依靠其吸附在金属铅表面起到物理隔离作用，研究结果表明，温度对吡唑衍生物的影响较为明显，缓蚀效率随着温度升高而降低（在 298～343K 范围内）。此外，也有研究者研究了吡唑衍生物对铝缓蚀性能与温度之间的关系，结果表明，在 298～313K 范围内吡唑衍生物对铝的缓蚀性能随着温度升高而降低。这也进一步说明了，吡唑衍生物更适合作为中低温下金属的缓蚀剂，在中高温下，反而不利于吡唑衍生物与金属基底相互作用，故而在中高温条件下吡唑衍生物并不能表现出较为优异的缓蚀性能，这也是吡唑衍生物至今为止所存在的不足。此外，也有研究者通过合成含不同取代基的吡唑衍生物，进一步研究取代基类型对吡唑衍生物缓蚀性能的影响，结果表明，在 HCl 体系中含有氯元素取代基的吡唑衍生物缓蚀性能更好，且缓蚀效率随着吡唑衍生物浓度的升高而增加。有研究者研究了 1,5-二甲基-1H-吡唑-3-碳肼（PyHz）对低碳钢在 HCl 体系中的腐蚀抑制作用，结果表明，当 PyHz 使用量为 1mmol/L时，缓蚀效率可达 93.5%，是一种良好的缓蚀剂。于是，又利用新型双吡唑碳酰肼合成了 N,N-双（3-碳酰肼-5-甲基吡唑-1-基）亚甲基（M2PyAz）和1,4-双（3-碳酰肼-5-甲基吡唑-1-基）丁烷（B2PyAz），并评价了它们在酸性体系（HCl）中对低碳钢的缓蚀性能，结果表明，该吡唑衍生物对低碳钢有良好的缓蚀作用。

此外，吡唑类缓蚀剂作为涂层涂覆于基底表面，这在一定程度上也显著延长了缓蚀剂的作用时间。有研究者研究了四齿配体 1,5-双［(4-二硫代羧基-1-十二烷基-5-羟基-3-甲基)吡唑基］戊烷作为有机表面涂层在硫酸体系中对铜腐蚀的抑制能力，结果表明，该吡唑衍生物在硫酸体系中表现为混合型缓蚀剂，当其涂覆在金属铜表面时，铜的腐蚀电位增加，腐蚀电流降低。这些变化可以归因于吡唑酰二硫代羧酸基的平面芳香结构，以及氮、氧和硫的高 π/孤对电子密度，这些基团的存在有利于其物理和化学吸附，提高其缓蚀性能。此外，也有研究者研究了两个联吡唑类异构体，即 4-(双［(1,5-二甲基-1H-吡唑酰基-3 基)甲基］氨基)苯酚（异构体 1）和 4-(双［(3,5-二甲基-1H-吡唑酰基-1-基)甲基］氨基)苯酚（异构体 2）在 308K 温度下的 HCl 体系中对钢腐蚀的抑制作用，利用电化学测试中阻抗谱和极化曲线测试方法证实了此联吡唑类化合物为混合型缓蚀剂，且对碳钢有良好的缓蚀效果。此外，还研究了在含和不含联吡唑类化合物的 HCl 体系中，温度对钢的腐蚀行为的影响，结果发现，温度升高并不利于吡唑衍生物发挥其缓蚀作用。

关于吡唑及其衍生物在缓蚀性能方面的研究相对于其他类缓蚀剂来说较少，但是，这也不能忽视吡唑作为金属缓蚀剂的角色与贡献。吡唑环上所含的孤对电子也有利于其与金属的空轨道结合，故而关于吡唑衍生物的缓蚀性能仍需进一步深入探索。

（4）三氮唑

三氮唑为五元杂环结构，其中五元环上的 C 原子被 N 原子取代，取代的个数即为氮唑的分类依据，如上一节所述的吡唑即为二氮唑，本节主要讨论三氮唑。三氮唑常指五元环上第 1 位、2 位、4 位上 C 原子被 N 原子取代，也称1,2,4-三氮唑或三唑，其结构如图 2.6 所示。相较其他氮唑化合物，三氮唑在室温下有较好的缓蚀性能，因此应用更为广泛。而且研究表明，三氮唑类化合物于酸性腐蚀介质中适用浓度范围大、适用温度范围宽且对环境友好。如三氮唑化合物在高温下高浓度盐酸体系中对铁的缓蚀效果接近甚至超过同等条件下丙炔醇对铁的缓蚀效果，且三氮唑在酸化作业中不会产生有毒气体，故可替代丙炔醇等作为目前高温油井酸化作业过程用缓蚀剂的主要添加剂。

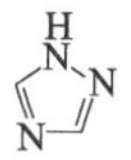

图 2.6　三氮唑结构示意图

对于三氮唑的研究，相关的腐蚀体系主要有氯化钠溶液体系、酸性体系（包括硫酸、盐酸等），碱性体系也有相关报道；相关的防护金属主要有铜及铜合金、铁及含铁金属、铝合金等。

三氮唑类缓蚀剂在铜的腐蚀防护方面呈现出了优异的性能。关于在氯化钠体系中的相关报道如 3-氨基-1,2,4-三氮唑在 3％氯化钠溶液中对铜的缓蚀性能研究，当缓蚀剂的添加量为 0.24mmol/L 时，其缓蚀效率高达 97.65％；3-氨基-1,2,4-三氮唑在 3％氯化钠溶液中对黄铜的缓蚀效率也达到 85％以上；3-氨基-1,2,4-三氮唑在 3％氯化钠溶液中对铜镍合金的最高缓蚀效率也超过了85％。三氮唑衍生物唑醇、烯效唑、三唑酮、己唑醇、腈菌唑在不同 pH 值下的模拟海水（3.5％氯化钠溶液）中对铜的缓蚀性能研究，显示出了 5 种缓蚀剂的持久性和高效性,作为以阳极抑制为主的混合型缓蚀剂,最高缓蚀效率分别可达到98.4%、96.9%、96.0%、98.7%及97.8%。除了对铜的腐蚀防护研究,对于含铁金属或铁金属在酸性体系下的缓蚀性能研究也有较多的报道,如3-烷基-4-氨基-5-巯基-1,2,4-三氮唑在0.1mol/L硫酸溶液中对铁的缓蚀性能研究,其最大缓蚀效率可达到90.6%;在3-氨基-1,2,4-三氮唑在0.5mol/L盐酸溶液中对碳钢的缓蚀性能研究中,其作为混合型缓蚀剂,缓蚀效率为70%;4-氨基-3-丁基-5-巯基-1,2,4-三氮唑在0.5mol/L硫酸溶液中对碳钢的缓蚀性能研究结果表明,其作为混合型缓蚀剂,最高缓蚀率达到90%;3-(4-氟基苯)-1-4-(1,2,4-三氮唑-1-甲氧基)-苯-丙烯酮在1mol/L盐酸溶液中对Q235钢的缓蚀性能研究结果表明,该缓蚀剂为混合型缓蚀剂,当添加量为1mmol/L时,缓蚀效率可达到91.4%;1-(4-氟基苯)-3-[4-(1,2,4-三氮唑-1-甲氧基)-苯]-丙烯在0.5mol/L硫酸溶液中对Q235钢的缓蚀性能研究结果表明,该缓蚀剂为混合型缓蚀剂,当添加量为1mmol/L时,缓蚀效率可达到92.8%。在碱性介质中的研究相比较在酸性或中性介质中的研究相对较少,但由于工业上的冷却循环水大多呈弱碱性,所以对于碱性介质缓蚀剂的研究显得尤为重要。如3-氨基-1,2,4-三氮唑在5%氢氧化钠溶液中对碳钢的缓蚀性能研究表明,当缓蚀剂添加量为25mg/L时,缓蚀效率可达到80%以上。

对于其他金属或合金的研究也不多,但也有相关报道,如3-(4-苯亚甲基)-氨基-1,2,4-三氮唑在1mol/L盐酸溶液中对5052铝合金的缓蚀性能研究,当缓蚀剂的添加量为5mmol/L时,缓蚀效率高达95.1%。

尽管在不同酸性体系中三氮唑均表现出了优异的缓蚀性能,常见的报道如盐酸体系或硫酸体系,但在实际评价缓蚀剂的缓蚀性能时发现,对于同一种缓蚀剂来说,加入不同的体系其缓蚀效果有很大的差别。如3,5-双(2-吡啶)-4-氨基-1,2,4-三氮唑在盐酸溶液和硫酸溶液中对碳钢的缓蚀性能研究结果显示,3,5-双(2-吡啶)-4-氨基-1,2,4-三氮唑由于与盐酸中氯离子的协同作用,在盐酸溶液中的缓蚀性能要高于硫酸中的缓蚀性能。3,5-双(4-甲硫基苯基)-4H-1,2,4-三氮唑在盐酸溶液中的缓蚀性能也高于硫酸溶液中的缓蚀性能,推测其也是氯离子的协同作用,导致缓蚀剂分子能够更容易地吸附在金属表面。鉴于此,为了提升缓蚀剂在硫酸溶液中对金属的缓蚀性能,相关研究被报道,主要通过加入氯化物,应用其协同作用达到提高缓蚀性的目的。如在3,5-双(4-甲硫基苯基)-4H-1,2,4-三氮唑在 0.5mol/L 硫酸溶液中对碳钢的缓蚀性能研究中，通过碘化物中碘离子的协同效应提高了缓蚀剂的缓蚀效率。

上述内容均表明了 1,2,4-三氮唑及其衍生物作为缓蚀剂的优异性能。除了三氮唑五元环上 1 位、2 位、4 位上 C 原子被 N 原子取代的 1,2,4-三氮唑，也有 1 位、3 位、4 位上 C 原子被 N 原子取代的 1,3,4-三氮唑，以及 1 位、2 位、3 位上 C 原子被 N 原子取代的 1,2,3-三氮唑。由于 1,2,3-三氮唑的报道很少，在这里就不过多赘述，只说明一下 1,3,4-三氮唑的相关研究。现有相关文献有 9 种 1,3,4-三氮唑（也称 1,3,4-均三唑）衍生物，即 2-[5-苯基-1-(2′-呋喃次甲基) 亚氨基-1,3,4-均三唑] 硫代-N-(2′-呋喃) 次甲基乙酰肼、2-[5-(3′-甲基) 苯基-1-(2′-呋喃次甲基) 亚氨基-1,3,4-均三唑] 硫代-N-(2′-呋喃) 次甲基乙酰肼、2-[5-(4′-甲基) 苯基-1-(2′-呋喃次甲基) 亚氨基-1,3,4-均三唑] 硫代-N-(2′-呋喃) 次甲基乙酰肼、2-[5-苯基-1-(2′-噻吩次甲基) 亚氨基-1,3,4-均三唑] 硫代-N-(2′-噻吩) 次甲基乙酰肼、2-[5-(3′-甲基) 苯基-1-(2′-噻吩次甲基) 亚氨基-1,3,4-均三唑] 硫代-N-(2′-噻吩) 次甲基乙酰肼、2-[5-(4′-甲基) 苯基-1-(2′-噻吩次甲基) 亚氨基-1,3,4-均三唑] 硫代-N-(2′-噻吩) 次甲基乙酰肼、2-[5-苯基-1-(2′-水杨醛次甲基) 亚氨基-1,3,4-均三唑] 硫代-N-(2′-水杨醛) 次甲基乙酰肼、2-[5-(3′-甲基) 苯基-1-(2′-水杨醛次甲基) 亚氨基-1,3,4-均三唑] 硫代-N-(2′-水杨醛) 次甲基乙酰肼以及 2-[5-(4′-甲基) 苯基-1-(2′-水杨醛次甲基) 亚氨基-1,3,4-均三唑] 硫代-N-(2′-水杨醛) 次甲基乙酰肼，在 3.5％氯化钠溶液中对铜的缓蚀性能研究结果表明，9 种三氮唑衍生物的缓蚀效率均不低于 62％，最高能达到 95％。此外，也有其他一些相关报道，如在 4-氯苯乙酮-O-1′-(1,3,4-三氮唑) 亚甲基肟、4-甲氧基苯乙酮-O-1′-(1,3,4-三氮唑) 亚甲基肟、4-氟基苯乙酮-O-1′-(1,3,4-三氮唑)亚甲基肟、3,4-二氯苯乙酮-O-1′-(1,3,4-三氮唑)亚甲基肟、2,5-二氯苯乙酮-O-1-(1,3,4-三氮唑)亚甲基肟在 1mol/L 盐酸溶液中对 Q235 钢的缓蚀性能研究中，这 5 种三氮唑衍生物缓蚀剂的缓蚀效率均超过了 80％，最高达 98.7％。另有文章报道了 1-苯次甲基亚氨基-2-巯基-5-[1′-(1′,2′,4′-三氮唑)] 亚甲基 1,3,4-三氮唑、1-(3″-硝苯基)次甲基亚氨基-2-巯基-5-[1′-(1′,2′,4′-三氮唑)] 亚甲基 1,3,4-三氮唑、1-[4″-($N″$,$N″$-二甲氨)苯基] 次甲基亚氨基-2-巯基-5-[1′-(1′,2′,4′-三氮唑)]亚甲基 1,3,4-三氮唑，在 0.5mol/L 硫酸溶液中对碳钢的缓蚀性能研究，结果发现，三种三氮唑衍生物均具有良好的缓蚀性能。

（5）四氮唑

四氮唑别名 $1H$-四氮唑，是含四个氮的五元环，其结构如图 2.7 所示。目前，自然界中仍未发现四氮唑及其衍生物，工业上或研究中采用的四氮唑及其衍生物均为实验室合成。

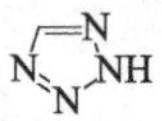

图 2.7　四氮唑结构示意图

目前报道的四氮唑类缓蚀剂主要应用于酸性体系中的金属腐蚀防护，但也有在氯化钠溶液中的金属防护相关报道。

在酸性体系中的研究较多，如 2,3,5-氯化三苯基四氮唑在 2.5mmol/L 硫酸溶液中对 N80$^\#$ 钢的缓蚀性能研究，它是以抑制阳极过程为主的缓蚀剂，最大缓蚀效率高于 60％；5-巯基-1-四氮唑乙酸钠在 1.0mol/L 硫酸溶液中对钢的缓蚀效率为 68％。1-苯基-$1H$-四氮唑-5-硫醇在 1mol/L 盐酸溶液中对 Q235 钢的缓蚀性能研究报道，当其添加量为 5mmol/L 时，缓蚀效率高达 97.1％。1-(9′-吖啶基)-5-(4′-氨基苯基) 四氮唑、1-(9′-吖啶基)-5-(4′-羟基苯基) 四氮唑和 1-(9′-吖啶酰基)-5-(4′-氯苯基) 四氮唑在 1mol/L 盐酸溶液中对碳钢的缓蚀性能研究报道，三种缓蚀剂的缓蚀效率分别为 60.59％、89％和 92.74％。1-苯基-5-巯基-四氮唑在 0.5mol/L 硫酸溶液和 1/3mol/L 磷酸溶液中对钢的缓蚀性能研究结果显示，缓蚀剂在这两种体系中均有很高的缓蚀效率，1-苯基-5-巯基-四氮唑作为混合型缓蚀剂，当其添加量为 2mmol 时，缓蚀效率达到 99％以上。关于四氮唑类缓蚀剂在铁系金属中的缓蚀性能研究较多，在这里不一一说明。

关于四氮唑类缓蚀剂对金属铜的缓蚀性能研究也有较多相关报道，如 5-(3-氨基苯基)-四氮唑在 0.5mol/L 盐酸溶液中对铜的缓蚀性能研究，结果表明，当缓蚀剂添加量为 5mmol/L 时，缓蚀效率为 90％；1-苯基-5-巯基-四氮唑在 0.5mol/L 硫酸溶液中对铜的缓蚀性能研究表明，其单独使用时，缓蚀效率最大为 75.2％；也有关于 1-苯基-5 巯基-四氮唑在 1mol/L 盐酸溶液中对铜的缓蚀性能研究报道，当其添加量为 2mmol/L 时，缓蚀效率高达 98%。盐酸中 1-苯基-5 巯基-四氮唑对铜的缓蚀效率要远高于硫酸中其对铜的缓蚀效率，其原因可参照前述卤素离子的协同效应。

同一种缓蚀剂在不同酸性溶液体系中对同一种金属的缓蚀性能对比，也可用 2,3,5-三苯基氯化四氮唑的相关研究来说明。2,3,5-三苯基氯化四氮唑，也称红四氮唑，是常见的四氮唑类化合物。红四氮唑在 2.5mmol/L 的亚硫酸溶液中对 N80$^\#$ 钢的缓蚀性能研究报道，当红四氮唑添加量为 200mg/L 时，作为一种阳极型缓蚀剂，其缓蚀效率为 65%；红四氮唑在 3.0mol/L 磷酸溶液中对冷轧钢的缓蚀性能研究报道，其缓蚀效率最高为 66.8%；红四氮唑在 1mol/L 盐酸溶液中对冷轧钢的缓蚀性能研究报道，其缓蚀效率最高可到 95.4%。但目前有报道关于红四氮唑在较高浓度硫酸溶液中的缓蚀性能，如红四氮唑的添加量为 2mmol/L 时，在 7.0mol/L 硫酸溶液中对冷轧钢的缓蚀效率能够达到 95%。

蓝四氮唑，化学名称为 3,3′-[3,3′-二甲氧基-1,1′-联苯-4,4′-二基]-双（2, 5-二苯基-2H-四氮唑）氯化物，其主要应用为细菌杀虫剂，但也有在金属腐蚀防护中的应用。如氯化硝基四氮唑蓝与蓝四氮唑在 2.5mol/L 乙酸溶液中对冷轧钢的缓蚀性能研究报道，当缓蚀剂添加量为 0.20mmol/L 时，两种四氮唑衍生物缓蚀剂作为混合型缓蚀剂，缓蚀效率均高于 92%，表现出优异的缓蚀性能。三唑基蓝四氮唑溴化铵在三种氯化乙酸（一氯乙酸、二氯乙酸和三氯乙酸）中对铝的缓蚀性能研究结果表明，其在三种氯化乙酸中的缓蚀效率依次为：$ClCH_2COOH < Cl_2CHCOOH < Cl_3CCOOH$；三唑基蓝四氮唑溴化铵添加量为 1.0mmol/L 时，在三种氯化乙酸中的缓蚀效率分别为 85.8%、91.7% 和 95.5%。

其他金属的腐蚀防护报道有 1-苯基-1H-四氮唑-5-硫醇、1-苯基-1H-四氮唑、1H-四氮唑-5-胺、1H-四氮唑在 1mol/L 盐酸溶液中对铝的缓蚀性能研究，结果表明，四种缓蚀剂的缓蚀效率按顺序依次降低，但是均高于 86%；缓蚀效率最高的为 1-苯基-1H-四氮唑-5-硫醇，且能达到 95.6%。

对于四氮唑及其衍生物在氯化钠溶液体系或中性体系中的相关报道有，5-巯基-1-甲基四氮唑、5-(3-吡啶基)-1H-四氮唑、5-苯基-1H-四氮唑和 5-氨基四氮唑水合物在海水体系中对铜的缓蚀性能研究，结果表明，四种缓蚀剂的缓蚀效率均高于 90%，且缓蚀效率顺序为 5-苯基-1H-四氮唑≈5-氨基四氮唑水合物＞5-(3-吡啶基)-1H-四氮唑＞5-巯基-1-甲基四氮唑。作者分析其缓蚀机制为含硫杂环化合物在硫酸盐介质中为更有效的缓蚀剂，而含氮化合物在氯化物溶液中表现出更好的缓蚀行为，5-(3-吡啶基)-1H-四氮唑和 5-苯基-1H-四氮唑的高缓蚀效率可能是因为在四氮唑环中引入的芳香环可使其接触面积增加，而 5-氨基四氮唑水合物则是因为引入—NH$_2$ 基团提高了缓蚀效率。5-(3-氨基苯基) 四氮唑在海水中对铜镍 (90/10) 合金的缓蚀性能研究结果显示，当缓蚀剂添加量为 10mg/kg 时，在海水中缓蚀剂对铜镍合金的缓蚀效率达到 99%以上。

除了上述研究的体系外，有研究者在相关研究的基础上对 5-苯基-1H-四氮唑在硫-乙醇体系中对铜的缓蚀性能进行了研究，当缓蚀剂添加量为 70mg/L 时，缓蚀效率达到 87%。此外，也有关于碱性体系的相关报道，如四氮唑席夫碱在 5%的碳酸氢钠溶液中对铜的缓蚀性能研究，也显示了四氮唑化合物良好的缓蚀行为。

(6) 咪唑啉

咪唑啉又称二氢咪唑，有 2,3-二氢咪唑、2,5-二氢咪唑和 4,5-二氢咪唑三种异构体，或根据双键位置又分别称为 2-咪唑啉、3-咪唑啉和 4-咪唑啉，其结构如图 2.8 所示。如无特殊说明，文献上涉及的咪唑啉一般指 2-咪唑啉。

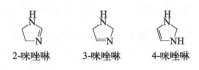

图 2.8 咪唑啉结构示意图

咪唑啉类缓蚀剂是一种缓蚀效果好、用量少、制备简单、低毒、对环境污染小、绿色的缓蚀剂，咪唑啉及其衍生物已被科研工作者广泛研究和应用。

咪唑啉类衍生物作为缓蚀剂具有无特殊刺激性气味、热稳定性好等特点，其突出特点是当金属与酸性介质接触时，可以在金属表面快速形成稳定的吸附膜，能够改变 H$^+$ 的氧化还原电位，同时还能与溶液中的某些氧化剂进行配位反应，以降低金属表面电极电位来达到缓蚀的目的。咪唑啉类化合物无论是在油气田 CO_2 的腐蚀防护方面，还是在其他的酸性或碱性环境下，都能保持良好的稳定性，可以和各类阴离子型、阳离子型、非离子型表面活性剂同时使用，所以在酸洗工业、油田工业、水处理行业、机械制造行业中被广泛应用。

CO_2 腐蚀为油气田开采中最常见的腐蚀之一，每年因此类腐蚀带来的损失巨大。1949 年，美国报道了含咪唑啉及其衍生物有机缓蚀剂抗油田 CO_2 腐蚀的专利之后，咪唑啉类化合物应用于油气田或 CO_2 捕获相关行业的有效缓蚀剂被逐渐开发和应用起来。我国对油田缓蚀剂的研究起步相较国外较晚，直到 20 世纪 70 年代末才迅速发展起来，针对 CO_2 的腐蚀问题科研人员已开展了较多的研究。如咪唑啉、巯基咪唑啉、咪唑啉季铵盐在含有饱和 CO_2 的模拟油田采出液中对 Q235 钢的缓蚀性能研究，结果表明，当缓蚀剂添加量为 40mg/L 时，缓蚀效率分别为 70％、77％、80％，咪唑啉经季铵化后水溶性增强，进而提升了其缓蚀效率。9 种咪唑啉衍生物月桂酸咪唑啉、糠酸咪唑啉、糠酸咪唑啉糠醛席夫碱、糠酸咪唑啉油酸酰胺、糠酸咪唑啉月桂酸酰胺、月桂酸咪唑啉糠酸酰胺、噻吩咪唑啉、噻吩咪唑啉油酸酰胺、噻吩咪唑啉硫脲等，在 80℃饱和 CO_2 的 3％氯化钠溶液中对 N80 钢的缓蚀性能研究结果表明，这 9 种咪唑啉衍生物均有良好的缓蚀效果，且糠酸咪唑啉油酸酰胺的缓蚀效率最高可达到 94.64％；当升高温度至 120℃后，在 1MPa 的压力下 CO_2 的 3％氯化钠溶液中噻吩咪唑啉硫脲的缓蚀效率也可达 86％以上。C18 烷氧基苯基二乙烯三胺咪唑啉和 C18 烷氧基苯基四乙烯五胺咪唑啉在饱和 CO_2 的 0.5mol/L 氯化钠溶液中对碳钢的缓蚀性能研究结果表明，当缓蚀剂添加量为 100mg/L 时，其缓蚀效率均超过 98％；2-十一烷基-1-乙基氨基咪唑啉在饱和 CO_2 的 NaCl 溶液中对 N80 碳钢的缓蚀性能研究结果表明，当缓蚀剂添加量为 80mg/L 时，其缓蚀效率最高可达 90.89％。阴离子型硫代氨基盐咪唑啉可归属为混合抑制型缓蚀剂，当其添加量为 50mg/L 时，在盐含量 25％、60℃、压力为 0.5MPa 的腐蚀介质中，其对 A3 碳钢的缓蚀效率＞92％。

双咪唑啉缓蚀剂分子结构中有 2 个咪唑啉环，会在金属表面形成多个吸附中心，因此较单咪唑啉缓蚀效果更强。如双咪唑啉季铵盐缓蚀剂在饱和 CO_2 油田采出液中对 J55 油管钢的缓蚀性能研究结果表明，当缓蚀剂添加量为

150mL/L 时，其缓蚀效率可达 96.3%。其他在 CO_2 的 NaCl 溶液中金属的缓蚀性能相关研究也较多，如已报道的咪唑啉在盐水 CO_2 溶液中对 X52 碳钢的缓蚀性能研究，水-油混合物中羟乙基咪唑啉、氨乙基咪唑啉及酰胺基乙基咪唑啉在 3%氯化钠的饱和 CO_2 溶液中对碳钢的缓蚀性能研究，羧基咪唑啉、羟乙基咪唑啉和氨乙基咪唑啉在 3%氯化钠饱和 CO_2 溶液中对 N80 钢的缓蚀性能研究，四环咪唑啉缓蚀剂在饱和 CO_2 的模拟溶液中与双环咪唑啉缓蚀剂的比较等，均表明了咪唑啉及其衍生物具有良好的缓蚀性能。

上述研究从咪唑啉不同取代基方面对其缓蚀性能进行了评价，包括不同的疏水基（包括不同链长、不同种类）、亲水基（亲水基团或咪唑啉的季铵化）及取代基上的电子效应等（包括给电子基团、吸电子基团以及苯环、双键、三键等 π 电子）。

在酸性溶液中，咪唑啉及其衍生物也表现出优异的缓蚀性能。如咪唑啉在 1mol/L 盐酸溶液中对 20# 碳钢的缓蚀性能研究表明，当缓蚀剂添加量为 60mg/L 时，其缓蚀效率为 97.5%；咪唑啉及咪唑啉基脲在 1mol/L 盐酸溶液中对 Q235 碳钢的缓蚀性能研究也表明，咪唑啉具有优越的缓蚀性能，当咪唑啉和咪唑啉基脲的添加量为 10mmol/L 时，缓蚀效率分别为 86.2%和 98.7%。对于咪唑啉衍生物的研究，可查到大量的文献报道，如 1-(β-羟乙基)-2-混合脂肪基咪唑啉在 5%盐酸溶液中对 Q235 钢的缓蚀性能研究，其作为一种混合型缓蚀剂，当添加量为 100mg/L 时，缓蚀效率为 95.43%。2-苯基咪唑啉在 5%盐酸溶液、5%硫酸溶液及 5%硝酸溶液中对 20#、45# 碳钢的缓蚀性能研究结果表明，在 5%盐酸溶液中，2-苯基咪唑啉对 20# 及 45# 碳钢的缓蚀效率分别为 75%、77%；在 5%硫酸溶液中，2-苯基咪唑啉对 20# 及 45# 碳钢的缓蚀效率分别为 96%、98%；在 5%硝酸溶液中，2-苯基咪唑啉对 20# 及 45# 碳钢的缓蚀效率分别为 72%、84%。苯甲酸咪唑啉、月桂酸咪唑啉缓蚀剂在模拟盐酸-水溶液中对 20# 碳钢缓蚀性能研究结果表明，两种缓蚀剂均为以抑制阳极为主的混合型缓蚀剂，其最高缓蚀效率分别达到 91.44%和 96.95%。癸酸基双环咪唑啉和癸酸基单环咪唑啉在 15%的盐酸溶液中对 N80 钢的缓蚀性能研究表明，癸酸基双环咪唑啉的最高缓蚀效率达到 94.87%，癸酸基单环咪唑啉为 78.23%，说明取代基的引入和双环的存在不仅增加了双环咪唑啉与金属的吸附活性位点，而且使得缓蚀剂在金属表面的覆盖面增大，有利于增加其缓蚀性能。咪唑啉季铵化可提升缓蚀剂的缓蚀性能，且具有低毒、易合成、良好的表面活性等特点，能够与金属表面充分接触，所以咪唑啉季铵化的相关研究也有报道。如二苯乙酮硬脂酸二乙烯三胺咪唑啉季铵盐、二苯乙酮硬脂酸三乙烯四胺咪唑啉季铵盐、二苯乙酮硬脂酸四乙烯五胺咪唑啉季铵盐在 0.5mol/L 盐酸溶液中对 Q235 钢的缓蚀性能研究结果表明，三种季铵化咪唑啉盐在高温下也表现出优异的缓蚀性能，且作为"几何覆盖"混合型缓蚀剂，三种缓蚀剂的缓蚀效率均高于 98％，其中二苯乙酮硬脂酸二乙烯三胺咪唑啉季铵盐的缓蚀效率高达 99.8％。此外，也有双子型咪唑啉如顺丁烯基双子咪唑啉季铵盐、聚醚基双子咪唑啉、三嗪基聚醚双子咪唑啉等的相关报道，其缓蚀效率均高于 95％。

以上两种体系为目前咪唑啉及其衍生物用作缓蚀剂的主要研究场合，其他关于咪唑啉类缓蚀剂应用的主要场合有氯化钠体系和含 H_2S 的体系。如咪唑啉在氯化钠溶液中对 2099Al-Li 合金的缓蚀性能研究表明，当缓蚀剂添加量为 0.01mmol/L 时，其缓蚀效率达 77％以上；十六烷基咪唑啉在 3.5％氯化钠溶液中对 20$^{\#}$ 碳钢的缓蚀性能研究表明，当缓蚀剂添加量为 200mg/L 时，最高缓蚀效率可达到 93％以上；油酸咪唑啉在三高气井 H_2S/CO_2 多相流腐蚀环境中对 110S 碳钢的缓蚀性能研究表明，在井筒流速为 1.7m/s，缓蚀剂添加量为 650mg/L 时，油酸咪唑啉在气井非积液层段中的缓蚀效率达到 99％；1-(2-萘基-硫脲乙基)-2-十五烷基-咪唑啉在含 H_2S 30mg/L 的饱和 CO_2 的盐溶液中，当添加量为 100mg/L 时，其缓蚀效率为 94.36％。

咪唑啉及其衍生物在除上述涉及的体系以外的其他体系中的研究也有报道，如咪唑啉在模拟污水中对 A3 钢的缓蚀性能研究表明，其最高缓蚀效率也能达到 86.21％；松香咪唑啉在矿化水和含 0.08％盐酸的矿化水中对 N80 钢的缓蚀效率达到 72％以上；含氟咪唑啉耐高温缓蚀剂在模拟油田工况的腐蚀环境中对钢的缓蚀效率可达 92％以上。

（7）噻唑

噻唑也称 1,3-噻唑，其五元杂环上第 1 位、3 位上的 C 原子分别被 S、N 原子取代，其结构如图 2.9 所示。噻唑衍生物的取代基和孤对电子数的差异均能改变其缓蚀效率，缓蚀机理主要是通过增强噻唑衍生物与金属表面的吸附作用进而提高缓蚀剂的缓蚀性能。此外，噻唑衍生物之间的协同作用使其能应用于较恶劣的环境条件，如中、高温环境等。

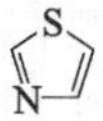

图 2.9　噻唑结构示意图

目前，对于噻唑类缓蚀剂的应用体系报道的主要为酸性体系，包括盐酸体系和硫酸体系；噻唑衍生物主要有烷基取代、氨基取代及含芳环的衍生物。如 2-氨基-4-甲基噻唑在 0.5mol/L 的盐酸溶液中对低碳钢的缓蚀性能研究表明，当缓蚀剂添加量为 10mmol/L 时，其缓蚀效率为 88%；2-氨基噻唑在 0.1mol/L 的盐酸溶液中对碳钢的缓蚀性能研究表明，当缓蚀剂添加量为 500mg/L 时，其缓蚀效率达到 90.34%。对于 2-氨基-5-甲基噻唑、2-氨基（1,4-二苯基-3-氧代丁基)-5-甲基噻唑和 2-氨基（1,4-二苯基-3-氧代丁基)-5-甲基噻唑铵在 10% 盐酸溶液中对 N80 钢的缓蚀性能研究，结果表明，当三种缓蚀剂的添加量为 200mg/L 时，其缓蚀效率分别为 50.9%、69.5% 及 95%。作者推测其原因如下：2-氨基-5-甲基噻唑的水溶性较差，不能有效吸附在金属表面，影响其缓蚀性能；2-氨基（1,4-二苯基-3-氧代丁基)-5-甲基噻唑分子结构中多了两个具有较高电子云密度的苯环，其 π 电子和金属正电荷之间发生相互作用，产生强烈的化学吸附。虽然 2-氨基（1,4-二苯基-3-氧代丁基)-5-甲基噻唑的水溶性依然较差，但缓蚀效果得到明显改善。而铵化产物 2-氨基（1,4-二苯基-3-氧代丁基)-5-甲基噻唑铵的分子结构中一个质子化片段—N^+—与金属表面负电荷之间发生相互作用，使其吸附在金属表面，且多余的电子形成反馈键进一步形成比较稳定吸附膜；此外，2-氨基（1,4-二苯基-3-氧代丁基)-5-甲基噻唑铵的水溶性得到改善，综上原因提升了其缓蚀性能。对于烷基或芳基相连噻唑环的研究较多，如 2-氨基（1-苯基-3-氧代丁基)-5-甲基-噻唑和 2-氨基（1,4-二苯基-3-氧代丁基)-5-甲基-噻唑在 1mol/L 盐酸溶液中对 A3 钢的缓蚀性能研究，当缓蚀剂的添加量为 400mg/L 时，均呈现出优异的缓蚀性能，缓蚀效率分别为 93.6%、95.8%。另有研究者报道了 5-芳基偶氮噻唑类衍生物在 0.5mol/L 硫酸溶液中对 1018 碳钢上的缓蚀性能研究等。

量化计算能够从理论上更快捷地筛选和评价缓蚀剂，在相关的报道中被广泛应用。如在 2-氨基-4-(对甲苯基) 噻唑、2-甲氧基-1,3-噻唑、噻唑-4-甲醛在 0.5mol/L 硫酸溶液中对碳钢的缓蚀性能量化计算分析中,通过对 3 种噻唑衍生物的最高占据分子轨道 (HOMO) 及最低未占分子轨道 (LUMO) 相关数值分析讨论,结果表明,2-氨基-4-(对甲苯基) 噻唑具有更好的缓蚀性能。噻唑、5-亚苄基-2,4-二氧四氢-1,3-噻唑、5-(4′-异丙基亚苄基)-2,4-二氧基四氢-1,3-噻唑、5-(3′-亚乙基)-2,4-二氧基四氢-1,3-噻唑、5-(3′,4′-二甲氧基亚苄基)-2,4-二氧基四氢-1,3-噻唑在无溶剂添加条件下对铜的缓蚀性能量化计算表明,5 种噻唑类化合物均为良好的缓蚀剂;通过分析化合物的 HOMO、LUMO、电负性、化学位、亲电能力、亲核能力等,预测 5-(4′-异丙基亚苄基)-2,4-二氧基四氢-1,3-噻唑的缓蚀性能要优于其他缓蚀剂。类似研究较多,近几年的报道中基本涉及了相关理论计算的内容,可自行查阅相关文献。

噻唑环上引入羰基不仅能够提供更多活性配位杂原子,而且双键的引入也能够提供更多的给电子位点,增强噻唑类缓蚀剂的缓蚀性能。如 3-甲基-2-噻唑硫酮在 1mol/L 盐酸溶液中对碳钢的缓蚀性能研究表明,其作为阴极型缓蚀剂,当添加量为 0.2g/L 时,缓蚀效率达到 83%。3-(2-甲氧基苯基)-4-甲基噻唑-2 (3H)-硫酮、3-苯基-4-甲基噻唑-2 (3H)-硫酮、3-(2-甲基苯基)-4-甲基噻唑-2 (3H)-硫酮在 0.5mol/L 硫酸溶液中对碳钢的缓蚀性能研究结果表明,作为混合型缓蚀剂,当添加量为 2×10^{-4} mol/L 时,缓蚀效率均高于 90%,其中 3-(2-甲氧基苯基)-4-甲基噻唑-2(3H)-硫酮的缓蚀效率能达到 98% 以上。4-甲基-3-苯基-2 (3H)-噻唑乙酮、4-甲基-2-(甲硫基)-3-苯基噻唑-3-鎓在 1mol/L 盐酸溶液中对 C38 碳钢的缓蚀性能研究表明,作为阴极型缓蚀剂,当 4-甲基-3-苯基-2(3H)-噻唑乙酮的添加量为 2×10^{-4} mol/L、4-甲基-2-(甲硫基)-3-苯基噻唑-3-鎓的添加量为 10^{-3} mol/L 时,其缓蚀效率分别为 98.8% 和 93.86%。

对于噻唑类缓蚀剂应用在非铁系金属以及非酸性体系的缓蚀报道很少,现用下面已有报道来说明。如 2-氨基-4-甲基-1,3-噻唑-5-羧酸乙酯在 0.05mol/L 盐酸溶液中对 AA6061 合金的缓蚀性能研究,选择 30～60℃ 的温度区间进行缓蚀性能评价,结果表明,2-氨基-4-甲基-1,3-噻唑-5-羧酸乙酯的缓蚀效率随着缓蚀剂浓度的增大和体系温度的升高而增大,当缓蚀剂添加量为 100mg/kg

时，在 60℃ 的温度下，其缓蚀效率达到 92.56％；同样添加剂量时，30℃ 的温度下，其缓蚀效率也能达到 89％。2-[3,5-二甲基-4-(对甲苯二氮基)-1H-吡唑-1-基]噻唑-5(4H)-酮、2-[3,5-二甲基-4(苯基二氮基)-1H-吡唑-1-基]噻唑-5(4H)-酮、2-{4-[(4-氯苯基)二氮基]-3,5-二甲基-1H-吡唑-1-基} 噻唑-5(4H)-酮在 1mol/L 盐酸溶液中对锌的缓蚀性能研究表明，作为混合型缓蚀剂，三种噻唑衍生物的缓蚀能力按顺序依次降低，当缓蚀剂添加量为 $21×10^{-6}$ mol/L 时，其缓蚀效率分别为 86.1％、80.5％、77.8％。2-氨基-4-(4-氯苯基)-噻唑、2-氨基-4-(4-溴苯基)-噻唑、4-(2-氨基噻唑-4-基)-苯在 1mol/L 硝酸溶液中对铜的缓蚀性能研究结果表明，三种噻唑衍生物中，4-(2-氨基噻唑-4-基)-苯的缓蚀效率最高，为 82.2％。另外，还有研究报道了 N-噻唑基-2-氰基乙酰胺在碱性体系中对铝的腐蚀防护理论计算等。

（8）噻唑啉

噻唑啉也称二氢噻唑，有 2-噻唑啉（4,5-二氢噻唑）、3-噻唑啉（2,5-二氢噻唑）、4-噻唑啉（2,3-二氢噻唑）三种异构体，其结构如图 2.10 所示。在这三种异构体中以 2-噻唑啉及其衍生物最为常见。

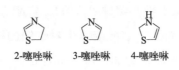

2-噻唑啉　　3-噻唑啉　　4-噻唑啉

图 2.10　噻唑啉结构示意图

噻唑啉结构上较噻唑多了 2 个氢，尽管其芳香性较差、稳定性较低，但是一种环境友好的化合物。很多时候，噻唑啉也可归类到噻唑类缓蚀剂中，但由于其芳香性与噻唑有区别，所以将其单独划分为一类。

对于烷基取代噻唑啉、氨基取代噻唑啉的研究，有对 5 种噻唑啉衍生物即 2,4,5-三甲基-2-乙基-1,3-噻唑啉、2-甲基-2,4-二乙基-1,3-噻唑啉、2,2-五亚甲基-4,5-四亚甲基-1,3-噻唑啉、2,4-二甲基-5-正戊基-2-正己基-1,3-噻唑啉和 2-甲基-2,4-二正己基-1,3-噻唑啉，理论计算预测缓蚀性能的结果表明，不同烷基取代噻唑啉其缓蚀性能不同，烷基基团越小，缓蚀剂分子与金属表面成膜空间位阻越小，缓蚀效率越高；缓蚀剂分子中直链烷基基团取代较环烷基基团取代缓蚀效果更好。3,5-二苯亚氨基-1,2,4-二噻唑啉、3-苯亚氨基-5-氯苯亚氨基-1,2,4-二噻唑啉、3-苯亚氨基-5-甲苯基-1,2,4-二噻唑啉和 3-苯亚氨基-甲氧苯亚氨基-1,2,4-二噻唑啉在 1mol/L 盐酸溶液中对低碳钢的缓蚀性能研究表明，除 3-苯亚氨基-5-甲苯基-1,2,4-二噻唑啉为混合型缓蚀剂外，其他三种缓蚀剂均为阴极型缓蚀剂，当其添加量为 $5×10^{-4}$ 时，最大缓蚀效率均超过了 98％。4,5-二氯-2-正辛基-4-异噻唑啉-3-酮在模拟海水中对碳钢的缓蚀性能研究表明，当添加量为 $1.28×10^{-4}$ 时，其缓蚀效率超过 80％；4,5-二氯-2-正辛基-4-异噻唑啉-3-酮混合型缓蚀剂吸附在碳钢表面，减缓了金属的腐蚀并可以抑制细菌生长、降低金属表层微生物的活性。

为了提高噻唑啉衍生物的缓蚀性能，在噻唑啉取代基上引入芳香环，能够增强其给电子性能和增加吸附活性位点。相关研究如三种芳基偶氮噻唑啉-4-酮衍生物，即 (Z)-2-氰基-2-{(Z)-4-[2-(4-羟基苯基)腙]-5-氧代-3-苯基噻唑烷-2-亚基}乙酰次氯酸酐、(Z)-2-氰基-2-{(Z)-4-[2-(4-羟基苯基)腙]-5-氧代-3-苯基噻唑烷-2-亚基} 乙酸次氯酸酐、(Z)-2-{(Z)-4-[2-(4-溴苯基)腙]-5-氧代-3-苯基噻唑烷-2-亚基}-2-氰基乙酸次氯酸酐，在 1mol/L 硝酸溶液中对 α-黄铜的缓蚀性能研究表明，三种缓蚀剂的缓蚀效率均超过 80％，其中 (Z)-2-氰基-2-{(Z)-4-[2-(4-羟基苯基)腙]-5-氧代-3-苯基噻唑烷-2-亚基}乙酰次氯酸酐的缓蚀效率达到 91.3％。缓蚀效率的不同可以用取代基对苯甲酰基环的极性效应来解释，即 (Z)-2-氰基-2-{(Z)-4-[2-(4-羟基苯基)腙]-5-氧代-3-苯基噻唑烷-2-亚基}乙酰次氯酸酐中存在高度释放电子的 p-OH（$σ=-0.37$，$σ$ 为取代基常数），增强了化合物活性中心上的离域 π-电子；(Z)-2-氰基-2-{(Z)-4-[2-(4-羟基苯基)腙]-5-氧代-3-苯基噻唑烷-2-亚基} 乙酸次氯酸酐的 p-CH$_3$（$σ=-0.17$）的给电子性能比 p-OH 低；而 (Z)-2-{(Z)-4-[2-(4-溴苯基)腙]-5-氧代-3-苯基噻唑烷-2-亚基}-2-氰基乙酸次氯酸酐有亲电基团 p-Br（$σ=+0.232$），故其缓蚀效率最低。其他相关研究如 (Z) 5-(4-甲基亚苄基) 噻唑烷-2,4-二酮、(Z)-3-烯丙基-5-(4-甲基亚苄基) 噻唑烷-2,4-二酮在 3.5％（质量分数）的氯化钠溶液中对铜的缓蚀性能研究，结果表明当缓蚀剂的添加量为 300mg/kg 时，两种缓蚀剂的缓蚀效率分别为 94％和 98％。此外，噻唑衍生物在饱和 CO_2 条件下对 N80 钢也能起到良好的缓蚀效果。(E)-5-(4-氯苯基)-2-{[(E)-4-甲基亚苄基] 腙}-2,3-二氢噻唑-4-羧酸盐、(E)-5-(4-氯苯基)-2-

{[(*E*)-4-硝基亚苄基] 腙}-2,3-二氢噻唑-4-羧酸甲酯、(*E*)-2-{[(*E*)-4-氯亚苄基] 腙}-5-(4-氯苯基)-2,3-二氢噻唑-4-羧酸甲酯在 1mol/L 盐酸溶液中对低碳钢的缓蚀性能研究表明,作为混合型缓蚀剂,当缓蚀剂的添加量为 5×10^{-4} mol/L 时,其缓蚀效率分别为 77.2%、87.5%、92.1%。其他如 5-苯基偶氮-2-硫代噻唑烷-4-酮在 1mol/L 硫酸溶液中对碳钢的缓蚀性能研究等,均表明了噻唑啉及其衍生物对金属有良好的缓蚀性能。

(9)噻二唑

噻二唑是含有 N、S 原子的五元杂环化合物,其结构如图 2.11 所示。噻二唑具有明显的共轭效应和芳香性,且其 2 位、5 位上的取代基可参与众多的化学反应,是有机合成和药物化学中重要的中间体。

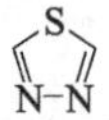

图 2.11 噻二唑结构示意图

噻二唑衍生物中常见的为 2,5-二巯基-1,3,4-噻二唑、2-氨基-1,3,4-噻二唑或其他 2,5-取代的噻二唑。对于这几种单体的研究主要有 2,5-二巯基-1,3,4-噻二唑在 1.0mol/L 硫酸溶液中对碳钢的缓蚀性能研究,结果表明作为混合型缓蚀剂,当其添加量为 5.0mmol/L 时,其缓蚀效率为 85.8%,缓蚀效率随腐蚀介质温度的升高而降低,随缓蚀剂浓度的增加而增加。2-甲基-5-巯基噻二唑在 0.1mol/L 硫酸溶液中对碳钢的缓蚀性能研究结果表明,当缓蚀剂添加量为 0.01mmol/L 时,缓蚀效率最高能达到 91.9%。2-氨基-5-巯基噻二唑在 0.5mol/L 盐酸溶液中对碳钢的缓蚀性能研究结果表明,当缓蚀剂添加量为 10mmol/L 时,缓蚀效率能够高达 99.4%。2-氨基-5-丙基噻二唑在 20% 硫酸溶液中对碳钢的缓蚀性能研究显示,其最高缓蚀效率也可达到 87%。2-氨基-5-苯基噻二唑在 0.5mol/L 硫酸溶液和 1mol/L 盐酸溶液中对碳钢的缓蚀性能研究结果显示,2-氨基-5-苯基噻二唑在两种酸溶液中均为混合型缓蚀剂,且在硫酸溶液中的缓蚀性能要优于在盐酸溶液中;当缓蚀剂添加量 5mmol/L 时,2-氨基-5-苯基噻二唑在硫酸溶液和盐酸溶液中的缓蚀效率分别为 95.8% 和 77.6%。2-氨基-5-乙基噻二唑在 0.5mol/L 硫酸溶液中对碳钢和 304 不锈钢的

缓蚀性能研究结果表明，对于碳钢，2-氨基-5-乙基噻二唑的缓蚀效率为
90.5％；对于 304 不锈钢，其缓蚀效率为 88.99％。关于苯基、对苯甲氧基、
对苯氯基、对苯甲基、对苯硝基等取代基的 2,5-二取代-1,3,4-噻二唑化合物
在 1mol/L 盐酸溶液中对碳钢的缓蚀性能研究结果表明，对苯甲氧基和对苯甲
基取代的噻二唑衍生物对碳钢的缓蚀效率高，但对苯硝基和对苯氯基取代的噻
二唑衍生物不仅没有起到缓蚀作用，还加速了碳钢的腐蚀，其原因需要从缓蚀
剂分子结构中的电子效应来分析。2-氨基-5-乙基-1,3,4-噻二唑、2-氨基-5-正
丙基-1,3,4-噻二唑、2-氨基-5-正戊基-1,3,4-噻二唑、2-氨基-5-庚基-1,3,4-噻
二唑、2-氨基-5-十一烷基-1,3,4-噻二唑、2-氨基-5-十三烷基-1,3,4-噻二唑在
1mol/L 硫酸溶液中对碳钢的缓蚀性能研究结果显示，碳链长度对噻二唑衍生
物的缓蚀效率有很大的影响，当缓蚀剂中的碳链长度达到 11 个 C 原子之前，
缓蚀效率随着碳链长度增加而增加；当其碳链长度大于 11 个 C 原子后，缓蚀
效率随碳链长度增加而降低。

　　在 2,5-位上取代的双取代基噻二唑衍生物的研究还有基于 2,5-双(4-二甲
基氨基苯基)-1,3,4-噻二唑在 1mol/L 盐酸溶液和 0.5mol/L 硫酸溶液中对碳
钢的缓蚀性能研究，结果表明，2,5-双(4-二甲基氨基苯基)-1,3,4-噻二唑在盐
酸溶液中的缓蚀性能相比其在硫酸溶液中更好；当缓蚀剂添加量为 5mmol/L
时，其在两种溶液中的缓蚀效率分别为 99％和 98.2％。2,5-双(2-噻吩基)-1,
3,4-噻二唑和 2,5-双(3-噻吩基)-1,3,4-噻二唑在 1mol/L 盐酸溶液中对低碳钢
的缓蚀性能研究结果表明，两种缓蚀剂均为混合型缓蚀剂，均有良好的缓蚀性
能，当缓蚀剂添加量为 0.15mmol/L 时，其缓蚀效率分别为 95.1％和 91.1％。
2,5-双(2-吡啶基)-1,3,4-噻二唑和 2,5-双(3-吡啶基)-1,3,4-噻二唑在 1mol/L
高氯酸溶液中对低碳钢的缓蚀性能研究结果表明，两种缓蚀剂均为阳极型缓蚀
剂，且 2,5-双(3-吡啶基)-1,3,4-噻二唑的缓蚀效率要高于 2,5-双(2-吡啶基)-
1,3,4-噻二唑。

　　上述研究主要为酸性体系下的相关报道，在其他体系下的报道也较多。如
5-戊基-2-氨基-1,3,4-噻二唑、5-丁基-2-氨基-1,3,4-噻二唑、5-异丁基-2-氨基-
1,3,4-噻二唑、5-丙基-2-氨基-1,3,4-噻二唑、5-异丙基-2-氨基-1,3,4-噻二唑
在 3％的碳酸氢钠水溶液中对铜的缓蚀性能研究结果表明，5 种缓蚀剂的缓蚀
效率按顺序依次减小，最高缓蚀效率均达到 80％以上。噻二唑衍生物的缓蚀

效率随着取代侧链支链上碳原子数的增加而增加，且侧链支链上同碳原子数的正烷基的缓蚀效率比异烷基的缓蚀效率好。2-巯基-5-邻取代苯基-1,3,4-噻二唑在模拟海水中对 2024 铝合金的缓蚀性能研究表明，当缓蚀剂添加量为 10mg/L 时，其缓蚀效率可达 92%。2-巯基-5-甲基-1,3,4-噻二唑在乙醇溶液中对 20$^{\#}$ 钢的缓蚀性能研究也表明了其具有良好的缓蚀性能。

此外本书作者所在课题组对噻二唑及其衍生物在非酸性体系下的缓蚀性能进行了研究，具体如下所述。2,5-二苯基-1,3,4-噻二唑、2,5-二(2-羟基苯)-1,3,4-噻二唑、2,5-二(3-羟基苯)-1,3,4-噻二唑和 2,5-二(4-羟基苯)-1,3,4-噻二唑在 50mg/L 硫-乙醇体系中对银的缓蚀性能研究结果显示，噻二唑环上的取代基为苯环时，苯环上的羟基会增强其缓蚀性能，而且羟基的位置对缓蚀剂的缓蚀作用也有微弱影响：羟基在对位有利，羟基在邻位不利。2-氨基-1,3,4-噻二唑、5-甲基-2-氨基-1,3,4-噻二唑、5-苯基-2-氨基-1,3,4-噻二唑和 2,5-二苯基-1,3,4-噻二唑在 50mg/L 硫溶液中对银的缓蚀性能研究表明，4 种缓蚀剂均为混合型缓蚀剂，位于噻二唑环 2 位、5 位上非极性和极性基团结构的变化，极性基团均对缓蚀剂的缓蚀性能有较大影响。因极性基团更容易吸附到金属表面，所以当噻二唑环上存在极性基团时，其抗腐蚀性能明显增强；当环上存在非极性基团时，与芳基相比，非极性基团为烷基时，其缓蚀性能更好，原因可能是芳基的体积较大，在吸附过程中受到的阻力较大。另外，还有关于 2-甲基-5-(戊基二硫代)-1,3,4-噻二唑、2-巯基-5-甲基-1,3,4-噻二唑和 2,5-二巯基-1,3,4-噻二唑在单质硫与硫醇共存体系中对银的缓蚀性能研究等。上述研究所用体系均为模拟油体系中防止硫腐蚀的环境，结果均表明了噻二唑衍生物具有良好的缓蚀性能。其他相关文献较多，在这里不一一阐述。

（10）噁唑

噁唑也称 1,3-噁唑，是含有一个氧原子和一个氮原子的五元杂环化合物，其结构如图 2.12 所示。

关于噁唑对金属的缓蚀方面的相关文献较少，能查阅到的主要的相关文献有：2-丁基-六氢吡咯 [1,2-*b*] [1,2] 噁唑在 0.5mol/L 盐酸溶液中对低碳钢的缓蚀性能研究，结果表明，当缓蚀剂添加量为 $5×10^{-3}$mol/L 时，其缓蚀效率高于 95%；2-苯基-4-[(*E*)-1-(4-硫基苯胺基)-亚甲基]-1,3-噁唑-5（4*H*)-酮在 4mol/L 的硫酸溶液中对钛合金的缓蚀性能研究，结果表明，当缓蚀剂添加

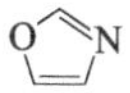

图 2.12　噁唑结构示意图

量为 3×10^{-5} 时，其缓蚀效率为 86%；（4-乙基-2-苯基-4,5-二氢-1,3-噁唑-4-基）甲醇、4-{[（4-乙基-2-苯基-4,5-二氢-1,3-噁唑-4-基）-甲氧基] 甲基} 苯-1-磺酸盐、4-[（叠氮基）甲基]-4-乙基-2-苯基-4,5-二氢-1,3-噁唑三种噁唑衍生物在 1mol/L 盐酸溶液中对低碳钢的缓蚀性能研究，结果表明，其中 4-{[（4-乙基-2-苯基-4,5-二氢-1,3-噁唑-4-基）-甲氧基] 甲基} 苯-1-磺酸盐为阴极型缓蚀剂，（4-乙基-2-苯基-4,5-二氢-1,3-噁唑-4-基）-甲醇和 4-[（叠氮基）甲基]-4-乙基-2-苯基-4,5-二氢-1,3-噁唑为阴极主导的混合型缓蚀剂，且当缓蚀剂添加量为 10^{-3} mol/L 时，其缓蚀效率分别为 78.6%、94.7% 及 85.9%。

磺胺甲噁唑又名 4-氨基-N-（5-甲基-3-异噁唑基）苯磺酰胺。磺胺甲噁唑在 1mol/L 盐酸溶液中对低碳钢的缓蚀性能研究表明，当缓蚀剂添加量为 1×10^{-2} mol/L 时，其缓蚀效率为 93.3%；磺胺甲噁唑在 3% 的盐酸溶液中对 45# 碳钢的缓蚀性能研究表明，当缓蚀剂添加量为 700mg/L 时，其缓蚀效率为 69.4%；磺胺甲噁唑在含有 0.6mol/L 氯化钠的盐酸溶液（pH=1）中对 7025 铝合金的缓蚀性能研究表明，当缓蚀剂的添加量为 2×10^{-4} mol/L 时，缓蚀效率最高可达到 96.5%。其他异噁唑基缓蚀剂的研究还有 2-甲基-5-己基异噁唑、2-甲基-5-十二烷基异噁唑、2-异丙基-5-十二烷基异噁唑和 2-叔丁基-5-十二烷基异噁唑在盐酸溶液中对碳钢的缓蚀性能理论计算研究，结果表明，缓蚀剂分子在金属表面的吸附强度随着头基侧链中甲基个数的增加而增强。

苯并噁唑也归属于噁唑的一种，但此类缓蚀剂的应用情况将在苯并杂环中介绍。

（11）噁二唑

噁二唑为分子结构上有两个氮原子和一个氧原子的五元杂环化合物，有四种相关联的结构式，分别为 1,3,4-噁二唑、1,2,5-噁二唑、1,2,4-噁二唑、

1,2,3-噁二唑，其结构如图 2.13 所示。杂原子存在的位置不同，赋予噁二唑特殊的结构和性能。在这四种结构中，被广泛应用和研究的为 1,3,4-噁二唑及其衍生物，鉴于其较低的毒性，尤其在生物医药方面被大量应用。

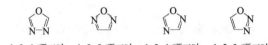

1,3,4-噁二唑　1,2,5-噁二唑　1,2,4-噁二唑　1,2,3-噁二唑

图 2.13　四种噁二唑结构示意图

噁二唑结构上三个杂原子的存在，使得噁二唑具有高的化学活性。研究表明，噁二唑及其衍生物在酸性溶液中对金属有着良好的缓蚀性能，这不仅归因于高活性的杂原子与金属的配位作用，而且与环上形成的 π 电子有关。

对于噁二唑的相关研究主要有不同取代基的新型噁二唑化合物在金属缓蚀方面的应用、不同温度尤其是较高温度下噁二唑衍生物对金属的缓蚀性能以及没有取代基时电子效应对缓蚀性能的影响。

对于噁二唑衍生物的相关研究如本书作者所在课题组研究的 2,5-二苯基-1,3,4-噁二唑在 3.5％氯化钠溶液中对碳钢的缓蚀性能研究，结果显示，缓蚀效率可达到 91.95％，并通过量化计算的方式说明了缓蚀剂在金属表面的吸附机制。此外其他也有很多相关的研究报道，如 2,5-(2-十一烷基)-1,3,4-噁二唑在 1mol/L 的盐酸溶液中对 Q235 钢的缓蚀性能研究，结果表明，其作为一种混合型缓蚀剂，缓蚀效率最高可达 96％以上；2-苄基-5-(4-硝基苯基)-1,3,4-噁二唑和 2-(4-甲氧基苯基)-5-(苯氧基甲基)-1,3,4-噁二唑在 1mol/L 盐酸溶液中对碳钢的缓蚀性能研究，结果表明，两种缓蚀剂的缓蚀效率均高于 92％；3,5-双(正吡啶基)-1,2,4-噁二唑在 1mol/L 盐酸溶液中对 C38 碳钢的缓蚀性能研究，结果表明，当其添加量为 1.2nmol/L 时，缓蚀效率可到 97％。另外，还有 2-N-苯基氨基-5-(3-苯基-3-氧代-1-丙基)-1,3,4-噁二唑在 1mol/L 盐酸溶液中对碳钢的缓蚀性能研究等。相关报道较多，可自行查阅相关文献。

中高温度下噁二唑类缓蚀剂的应用和不同取代基噁二唑衍生物对金属缓蚀性能的影响报道也较多，如 2,5-(2-邻羟基苯基)-1,3,4-噁二唑在 2mol/L 盐酸溶液中对 Q235 钢的缓蚀性能研究，作者考察了温度为 40℃、60℃、80℃下缓蚀剂对金属的缓蚀性能，结果发现，当缓蚀剂添加量为 20mg/L 时，缓蚀效率均可达 90％以上，说明了在 80℃以下的盐酸体系中缓蚀剂具有良好的缓蚀性能。对三种长链脂肪酸噁二唑，即 2-十一烷-5-巯基-1,3,4-噁二唑、2-十七碳烯-5-巯基-1,3,4-噁二唑和 2-癸烯-5-巯基-1,3,4-噁二唑，在 105℃±2℃下在 15％盐酸溶液中对 N-80 钢和碳钢的缓蚀性能研究结果表明，在高温下噁二唑衍生物作为混合型缓蚀剂均具有良好的缓蚀性能，且 2-十一烷-5-巯基-1,3,4-噁二唑的缓蚀性能最好，当其添加量为 $5×10^{-3}$ 时，对 N-80 钢的缓蚀效率为 94％，对低碳钢的缓蚀效率为 72％。2,5-双(n-甲氧基苯基)-1,3,4-噁二唑（其中 $n=2,3,4$）三种噁二唑衍生物在 1mol/L 盐酸溶液和 0.5mol/L 硫酸溶液中对碳钢的缓蚀性能研究结果表明，当 $n=2$ 时，2,5-双(2-甲氧基苯基)-1,3,4-噁二唑的缓蚀效率最高，且其在盐酸溶液中的缓蚀效率比在硫酸溶液中更高。通过分析可知，2,5-双(2-甲氧基苯基)-1,3,4-噁二唑在盐酸溶液中为混合型缓蚀剂，而在硫酸溶液中为阴极型缓蚀剂。此外，理论计算结果表明当 $n=2$ 时更高的缓蚀效率可通过中性分子的电子密度和形成氢键的分子的离子形式来解释。该课题组也进行了 2,5-双(4-硝基苯基)-1,3,4-噁二唑和 2,5-双(4-氨基苯基)-1,3,4-噁二唑在 1mol/L 盐酸溶液中对碳钢的缓蚀性能研究，实验发现，2,5-双(4-氨基苯基)-1,3,4-噁二唑对金属的缓蚀效率高，但 2,5-双(4-硝基苯基]-1,3,4-噁二唑则加速了金属的腐蚀。其他相关研究如 5-[(2-甲基-1H-苯并 [d] 咪唑-1-基)甲基]-1,3,4-噁二唑-2-硫醇、5-[(2-乙基-1H-苯并 [d] 咪唑-1-基)甲基]-1,3,4-噁二唑-2-硫醇和 5-[(2-丙基-1H-苯并 [d] 咪唑-1-基)甲基]-1,3,4-噁二唑-2-硫醇在 0.5mol/L 硫酸溶液中对碳钢的缓蚀性能研究结果也表明，随着取代基的给电子效应越强，噁二唑衍生物的缓蚀效率越高。所以，噁二唑衍生物中取代基的电子效应直接影响其对金属的缓蚀性能。对于设计新的噁二唑缓蚀剂，提前对缓蚀剂取代基进行分析，可筛选出适宜的缓蚀剂。

　　前面提到过，噁二唑及其衍生物在酸性体系中对金属腐蚀的防护研究较多，但也有少量文献报道在其他体系下噁二唑衍生物对金属的缓蚀性能研究。如 2,5-双(n-甲基苯基)-1,3,4-噁二唑（其中 $n=2,3,4$）在模拟冷却水中对黄铜的缓蚀性能研究，结果表明，2,5-双(3-甲基苯基)-1,3,4-噁二唑对金属有更好的缓蚀效率（大于 90％）。该课题组对上述三种化合物在模拟冷却水中对低碳钢的缓蚀性能也进行了研究。此外，也有对 2,5-双(4-氨基苯基)-1,3,4-噁二唑、2,5-双(4-溴苯基)-1,3,4-噁二唑、2,5-二苯基-1,3,4-噁二唑和 2,5-双(4-硝基苯基)-1,3,4-噁二唑在中性海水中对黄铜的缓蚀性能的研究，并对取代基电子效应的影响进行了阐述，其缓蚀机制也可用在酸性体系下取代基影响的结论进行分析。

（12）噻吩

噻吩化学名为 1-硫杂-2,4-环戊二烯，是含有一个硫原子的五元杂环化合物，其结构如图 2.14 所示。由于噻吩环上的 S 原子相比较其他杂原子，如 O 或 N 来说，具有更强的给电子能力，所以对于噻吩及其衍生物的研究报道也很多。

图 2.14　噻吩结构示意图

从文献中的相关研究来看，对于噻吩的相关研究主要集中在酸性体系下噻吩及其衍生物的缓蚀性能、不同取代基的分子结构对金属缓蚀性能的影响等。

噻吩及其衍生物的相关研究如 2-噻吩甲醛在 1mol/L 磷酸溶液中对锌的缓蚀性能研究，结果表明，当缓蚀剂的添加量为 5mmol/L 时，缓蚀效率达到 97％。4-[(噻吩-2-基亚甲基) 氨基] 苯甲酰胺在 1mol/L 盐酸溶液中对碳钢的缓蚀效率最高达到 96％。(E)-2-甲基-N-(噻吩-2-基亚甲基) 苯胺在 1mol/L 盐酸溶液中对钢的缓蚀性能研究表明，作为一种混合型缓蚀剂，当其添加量为 1mmol/L 时，缓蚀效率最高达到 90％。3,4-双(4-甲氧基亚苄基氨基) 噻吩并 [2,3-b] 噻吩-2,5-二羧酸二乙酯、3,4-双(亚苄基氨基) 噻吩并 [2,3-b] 噻吩-2,5-二羧酸二乙酯在 15％盐酸溶液中对低碳钢的缓蚀性能研究表明，当缓蚀剂添加量为 250mg/kg 时，两种噻吩衍生物作为混合型缓蚀剂，其缓蚀效率分别为 94.5％和 92.1％。另外，还有 N-(苯并 [d] 噻唑-2-基)-1-(噻吩-2-基) 甲亚胺在硫酸溶液中对低碳钢的缓蚀性能研究、2-噻吩乙酰氯在 0.5mol/L 硫酸溶液中对碳钢的缓蚀性能研究等。

取代基的影响研究对于选择适宜的缓蚀剂具有指导、筛选和性能评价意义。取代基不同，噻吩衍生物对金属的缓蚀性能也不同，较多的科研人员对不同取代基的噻吩衍生物的缓蚀性能进行了研究。如 2-乙酰基噻吩、2-甲酰基噻吩、噻吩、2-甲基-3-噻吩硫醇、2-戊基噻吩和 2-噻吩硫醇在铁簇表面的吸附、缓蚀性能和量化计算分析，研究结果显示六种缓蚀剂的缓蚀效率顺序为：2-甲酰基噻吩≈2-乙酰基噻吩＜噻吩＜2-戊基噻吩＜2-噻吩硫醇＜2-甲基-3-噻吩硫醇。作者分析其原因，主要为 2-乙酰基噻吩和 2-甲酰基噻吩结构中有吸电子基团，所以降低了其缓蚀效率；而 2-甲基-3-噻吩硫醇、2-戊基噻吩及 2-噻吩硫醇结构中的给电子基团能够使缓蚀剂更容易地吸附在金属表面，从而提高其缓蚀性能。对于不同取代基的相关理论计算报道如噻吩、2-氯代噻吩、2-噻吩羧酸、2-乙酰基噻吩、噻吩甲醛在铝（111）表面的吸附机制和其作为缓蚀剂的缓蚀性能研究，计算结果表明，缓蚀效率的顺序为：2-乙酰基噻吩≈噻吩甲醛＞2-噻吩羧酸＞2-氯代噻吩＞噻吩。作者阐述其原因为含氧取代官能团与铝金属表面的键合作用。

对于类似观点也有相关文献报道，如萘二噻吩衍生物 5′-(萘-2-基)-(2,2′-双噻吩)-5-甲酰胺盐酸盐、5′-(异喹啉-4-基)-(2,2′-双噻吩)-5-甲脒盐酸盐、5′-(4-氯苯基)-(2,2′-二噻吩)-5-甲脒盐在 1mol/L 盐酸溶液中对碳钢的缓蚀性能研究，结果表明，三种噻吩衍生物的缓蚀效率分别为 93.55%、95.14% 和 91.05%。作者对取代基的电子效应对衍生物的缓蚀性能的影响进行了说明，即 5′-(异喹啉-4-基)-(2,2′-双噻吩)-5-甲脒盐酸盐结构中异喹啉基团上的氮原子增加了吸附位点，有利于提高缓蚀性能；而 5′-(4-氯苯基)-(2,2′-二噻吩)-5-甲脒盐中的 4-氯苯基因吸电子的作用降低了其缓蚀性能。五种噻吩衍生物 2-氰基-3-羟基-4-(对茴香基偶氮)-5-苯胺基噻吩、2-氰基-3-羟基-4-(对甲苯基)-5-苯胺基噻吩、2-氰基-3-羟基-4-(苯基偶氮)-5-苯胺基噻吩、2-氰基-3-羟基-4-(氯苯基偶氮)-5-苯胺基噻吩、2-氰基-3-羟基-4-(对硝基苯偶氮)-5-苯胺基噻吩在 3mol/L 盐酸中对 304 不锈钢的缓蚀性能研究结果表明，缓蚀剂的缓蚀效率按顺序依次逐渐减小。作者分析其原因为取代基中的电子效应，并将影响顺序进行了排序为—OCH_3＞—CH_3＞—H＞—Cl＞—NO_2，且缓蚀剂的缓蚀效率可以用苯偶氮基上的 p-取代基的极性效应来解释。噻吩、2-噻吩羧酸和 2-噻吩乙醇在 2mol/L 硝酸溶液中对铜的缓蚀性能研究结果表明，缓蚀效率的变化趋势为 2-噻吩乙醇＞噻吩＞2-噻吩羧酸。在硝酸中噻吩与 2-噻吩羧酸对铜的缓蚀行为与理论计算的在铝表面的缓蚀行为、缓蚀效率变化趋势不同，这可能是由于酸性体系下，2-噻吩羧酸对体系有较高的敏感性，到达金属表面的趋势减缓。类似的报道较多，可自行查阅相关文献。

（13）呋喃

呋喃是最简单的含氧五元杂环化合物，其结构如图 2.15 所示。由于呋喃分子中氧原子的一对孤对电子在共轭轨道平面内形成大 π 键，共轭平面内共 6 个电子，符合 $4n+2$ 规则，所以呋喃具有芳香性。

图 2.15　呋喃结构示意图

呋喃衍生物中有一些常见化合物在文献或应用中涉及习惯名称，如 2-羟甲基呋喃也称糠醇、2-呋喃甲胺也称糠胺、α-呋喃甲醛也称糠醛，以下表述中涉及相关化合物的化学名称命名也采用习惯命名。

呋喃类化合物作为有效缓蚀剂的研究主要集中在酸性体系中，较少见其他体系的报道；且对金属在不同体系中的缓蚀性能研究中，呋喃母体的研究相对较少。主要因为其结构中尽管具有芳香性的特征，但在相关的理论分析和实验研究结果中发现，杂原子的给电子能力趋势为 O＜N＜S，所以相比较含氮或含硫的杂环化合物，含氧单环的研究相对较少。但对于呋喃不同取代基的研究较多，如糠醇、糠胺、2-乙基呋喃、5-甲基糠醛、5-甲基糠胺、2-糠酸甲酯、2-呋喃酸、5-溴-2-呋喃酸、反-3-呋喃丙烯酸、5-（二甲氨基甲基）糠醇盐酸盐、2-甲基-3-糠酸甲酯、2-呋喃酰氯、2-（2-硝基乙烯基）呋喃、5-（氯甲基）-2-糠酸乙酯、5-（2-呋喃基）-1,3-环己二酮、2-呋喃乙硫醇、2-呋喃腈等 17 种呋喃化合物在 1mol/L 盐酸溶液中对碳钢的缓蚀性能研究，结果发现，不同取代基呋喃衍生物对碳钢的缓蚀性能差异较大，其中，5-（氯甲基）-2-糠酸乙酯的缓蚀效率最高，为 96.54%，而 2-（2-硝基乙烯基）呋喃的缓蚀效率仅为 35.96%，其他15 种化合物的缓蚀效率大部分居于 70%～90% 之间。作者说明了缓蚀效率的差异主要归因于呋喃衍生物分子的电子结构、空间因子、芳香性、供体部位的电子密度、缓蚀剂的分子面积和分子量等。如 5-(氯甲基)-2-糠酸乙酯分子上的氯原子和其他三个杂原子的存在增加了分子上的电子密度,有助于提高缓蚀效率;而 2-(2-硝基乙烯基) 呋喃则因为吸电子基团硝基的存在,呋喃环上的电子缺乏,从而降低了缓蚀效率。对于取代基的影响还有如 2-呋喃乙硫醇和2-呋喃腈在 1mol/L 盐酸溶液中对碳钢的缓蚀性能研究,当缓蚀剂添加量为5mmol/L 时,2-呋喃乙硫醇的缓蚀效率达到 94.54%。通过对其理论分析可知,2-呋喃乙硫醇中的呋喃环、呋喃环中的氧原子及—C—SH 中的硫原子是吸附活性位点;而 2-呋喃腈中呋喃环、呋喃环中的氧原子及—C≡N 中的 N原子是吸附活性位点,吸附位点的不同决定了缓蚀效率的高低。2-甲基呋喃、2-羟甲基呋喃 (也称糠醇) 和 2-呋喃甲胺 (也称糠胺) 在 1mol/L 盐酸溶液中对碳钢的缓蚀性能研究表明,三种呋喃衍生物作为混合型缓蚀剂,其缓蚀效率均超过 80%,其中糠醇的缓蚀效率达到 91% 以上,其缓蚀效率顺序为糠醇>糠胺>2-甲基呋喃。2,5-二氢呋喃、2,5-二羟基呋喃、2,5-二甲氧基呋喃以及四氢呋喃在 2mol/L 盐酸溶液中对铝的缓蚀性能研究表明,四种阴极型缓蚀剂的缓蚀效率顺序为:2,5-二氢呋喃>2,5-二羟基,2,5-二甲氧基呋喃>四氢呋喃。关于呋喃取代基对缓蚀性能影响的研究较多,在这里不一一赘述。

对于新型呋喃衍生物的合成及缓蚀性能研究的报道也较多,如 2-(5-氨基-1,3,4-噁二唑-2-基)-5-硝基呋喃在 1mol/L 盐酸溶液中对碳钢的缓蚀性能研究,结果表明缓蚀剂的最高缓蚀效率为 79.49%。另外,还有呋喃-2-基亚甲基肼在1mol/L 盐酸溶液中对碳钢的缓蚀性能研究 (其缓蚀效率为 77%);(*NE*)-*N*-(呋喃-2-基亚甲基)-4-{[4-(*E*)-(呋喃-2-亚甲基) 氨基苯基] 乙基} 苯胺在1mol/L 盐酸溶液中对铜的缓蚀性能研究等。

糠醛作为呋喃衍生物的一种,由于其来源广泛、价格低廉,已被广泛应用于合成橡胶、医药、农药等领域。糠醛作为酸性体系下金属的缓蚀剂也被广泛研究,如不同浓度的糠醛在 3% 盐酸溶液中对锌的缓蚀性能研究、糠醛在 5%的盐酸溶液中对碳钢的缓蚀性能研究、糠醛在 100g/L 盐酸溶液中对紫铜的缓蚀性能研究、糠醛在氟硼酸溶液中对铝的缓蚀性能研究、糠醛在氢氟酸溶液中对铝的缓蚀性能研究等。

2.6.2 六元杂环化合物及其衍生物

六元杂环化合物主要包含吡啶、嘧啶、吡嗪、哒嗪、哌嗪、吗啉、噻二嗪等，下面只对前 6 种六元环化合物进行介绍。

（1）吡啶

吡啶为含一个氮杂原子的六元杂环化合物，可以看作苯分子中的一个（CH）被 N 取代的化合物，故又称氮苯，其结构如图 2.16 所示。

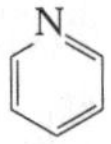

图 2.16　吡啶结构示意图

20 世纪 30 年代，科研人员从煤焦油中分离出了吡啶类化合物并研究了其缓蚀性能，之后吡啶及其衍生物作为金属缓蚀剂被广泛研究和利用。

除了吡啶本身，在吡啶类化合物的缓蚀性能研究中涉及的吡啶类衍生物主要有：烷基吡啶、烯基吡啶、酰基吡啶、氨基吡啶、吡啶卤化物、吡啶羧酸，以及近年来研究较多的吡啶季铵盐等。相关的主要化合物有 3-甲基吡啶、4-甲基吡啶、2-乙基吡啶、4-乙基吡啶、2,6-二甲基吡啶、2-氨基-3-甲基吡啶、2-氨基-4-甲基吡啶、2-氨基-5-甲基吡啶、2-氨基-6-甲基吡啶、2-乙烯基吡啶、2-乙酰吡啶、2-氨基吡啶、3-氨基吡啶、4-氨基吡啶、2,6-二氨基吡啶、4-二甲氨基吡啶、2-氯吡啶、2,6-二氯吡啶、4-吡啶羧酸、3-吡啶羧酸（烟酸）以及 3-氰基吡啶、4-氰基吡啶、2-(2-甲氧基)吡啶、吡啶季铵盐等。

吡啶及其衍生物作为缓蚀剂可以非常显著地抑制钢、铜的腐蚀。其他相关金属也有较多报道，如吡啶、3-甲基吡啶、4-甲基吡啶在 0.2mol/L 硫酸溶液中对纳米镀锌层就有良好的缓蚀效果。吡啶及其衍生物作为缓蚀剂的研究体系主要为酸性体系，尤其近几年来，报道的酸性条件下对金属的缓蚀研究较多。如 3 种 N-取代-2-胼基-5-(2-巯基嘧啶基)吡啶化合物：N-丁基-2-胼基-5-(2-巯基嘧啶基)吡啶、N-环己基-2-胼基-5-(2-巯基嘧啶基)吡啶和 N-(2-氨乙基)-2-胼基-5-(2-巯基嘧啶基)吡啶，在流动的 1mol/L 硝酸溶液中对黄铜的缓蚀性能研究表明，其缓蚀效率高达 98% 以上。

目前，国内外研究制备的吡啶类缓蚀剂以季铵盐阳离子类吡啶缓蚀剂为主，相关报道有：溴化十四烷基吡啶在 1mol/L 盐酸溶液中对冷轧钢的缓蚀性能研究，结果表明，溴化十四烷基吡啶为混合型缓蚀剂，缓蚀效率超过了 95%；溴化十六烷基吡啶在 5%氨基磺酸中对钢的缓蚀效率达到了 90%以上；溴化十六烷基吡啶在 0.8mol/L 盐酸溶液中对锌的缓蚀效率也超过了 95%；溴化十六烷基吡啶在 30%乳酸溶液中对 X70 钢也起到了优异的缓蚀效果；溴化十六烷基吡啶在 0.2mol/L 硫酸溶液中对 0# 锌的缓蚀效果也较高。此外，还有对溴化十六烷基吡啶在盐酸、硫酸、柠檬酸、三氯乙酸中对冷轧钢的缓蚀性能研究的报道也表明了其优异的缓蚀性能。溴化-1-乙基吡啶、氯化-1-甲基吡啶、氯化-1-苄基吡啶、氯化-1-萘甲基吡啶在 90℃高温下在 15%盐酸溶液中对 N80 钢有良好的缓蚀性能，其中氯化-1-萘甲基吡啶的缓蚀性能更优异。二酰胺基吡啶季铵盐缓蚀剂在含二氧化碳的模拟油田水中对 L245NCS 钢的缓蚀效率达到 95%以上。溴化-N-十六烷基-2-（4-羟基丁-2-炔）吡啶是一种高温缓蚀剂，将其应用在 20%盐酸溶液中探究其对 X70 钢的缓蚀性能，作为阴极抑制为主的混合型缓蚀剂，在 60℃的温度下，其缓蚀效率达到 99%。1,1-二苄基-4,4-联吡啶双子季铵盐在 1mol/L 盐酸溶液中对 Q235 钢的缓蚀性能研究表明，作为一种混合型缓蚀剂，其缓蚀效率达到 96%以上。双子吡啶季铵盐的报道还有溴化-1,6-二（α-十四烷基吡啶）己烷在 5mol/L 的盐酸溶液中对 X70 钢的缓蚀性能研究、双子季铵盐对 JZ9-3 油田水源井水中的二氧化氯腐蚀 Q235 钢的缓蚀性能研究等。其他的季铵盐类相关报道如氯化十六烷基吡啶对钢和锌的缓蚀性能研究、氯化十六烷基吡啶在 0.5mol/L 硫酸溶液中对铜的缓蚀性能研究等。上述研究结果表明，吡啶季铵盐在不同体系下对金属都有优异的缓蚀性能，且可用作高温缓蚀剂。

（2）嘧啶

嘧啶也称作 1,3-二氮杂苯，是一种杂环化合物，由 2 个氮原子取代苯分子间位上的 2 个碳形成，是一种二嗪，和吡啶一样，嘧啶保留了芳香性，其结构如图 2.17 所示。

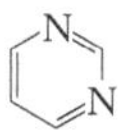

图 2.17　嘧啶结构示意图

嘧啶为自然界中广泛存在的含氮杂环的生物碱基。研究发现，嘧啶及其衍生物对于不同介质体系下的有色金属或黑色金属均有良好的缓蚀性能。

对嘧啶及其衍生物的缓蚀性能研究中，大多数体系属于酸性体系，如盐酸体系、硫酸体系、硝酸体系、乙酸体系、柠檬酸体系等，也有关于CO_2环境下的缓蚀性能研究。对于嘧啶衍生物的研究有氨基嘧啶、巯基嘧啶、烷基嘧啶、羟基嘧啶以及含有2个氧的尿嘧啶等。如报道的相关研究有比较嘧啶、2-氨基嘧啶、2-巯基嘧啶、2-羟基嘧啶、2,4-二氨基嘧啶、2,4,6-三氨基嘧啶、2,4-二氨基-6-巯基嘧啶、2,4-二氨基-6-羟基嘧啶8种嘧啶类化合物在2mol/L的盐酸溶液中对纯铁的缓蚀性能，结果发现，取代基不同，缓蚀性能差异较大，其中巯基嘧啶的缓蚀效率在该条件下最高；且取代基数目与缓蚀性能成正比例关系，取代基越多，缓蚀性能越好。与该结论相似的报道有对嘧啶、2-氯嘧啶、2-溴嘧啶、2-羟基嘧啶、2-巯基嘧啶、2-氨基嘧啶、2,4-二氨基嘧啶、4-氨基-6-羟基-2-巯基嘧啶、4,6-二羟基-2-巯基嘧啶、4-苯基嘧啶以及5-苯基嘧啶等11种嘧啶化合物在盐酸和硫酸溶液中对冷轧钢的缓蚀性能研究，结果显示，各类取代基的缓蚀性能排序为：$—C_6H_5 > —SH > —NH_2 > —Br > —OH > —Cl$；而且取代基的数量越多，缓蚀性能越好；4位的苯基取代优于5位的苯基取代。对2-氨基嘧啶、2,4-二氨基嘧啶、2,4,6-三氨基嘧啶、2,4-二氨基-6-羟基嘧啶在0.05mol/L的硝酸溶液中对碳钢的缓蚀性能比较，结果显示出与上述研究相似的结论。其他类似研究有对不同取代基（$—OH$、$—SH$、$—NH_2$、$—CH_3$）的嘧啶化合物在2mol/L硫酸溶液中对低碳钢的缓蚀性能比较，发现2-巯基嘧啶、2,4-二巯基嘧啶、2-巯基-4-甲基嘧啶具有较高的缓蚀性能。对2-巯基嘧啶和2-苄硫基嘧啶在CO_2环境下对碳钢的缓蚀性能研究表明，2-苄硫基嘧啶具有更优异的缓蚀性能。此外，还有对2-巯基嘧啶、4-甲基-2-巯基嘧啶盐酸盐、4,6-二甲基-2-巯基嘧啶及4,6-二甲基-2-巯基嘧啶盐酸盐对低碳钢在CO_2环境下的缓蚀性能比较研究等。所以对于嘧啶类衍生物的缓蚀性能的优劣，除了母体环以外，最重要的是取代基的选择。

当然，对单独嘧啶衍生物的研究报道也不少，如2-氨基嘧啶在pH＝2的25％氯化钠溶液中对铜的缓蚀效率达到90％以上；2-氨基嘧啶在1～5mol/L的盐酸溶液中对冷轧钢的缓蚀效率也可达到90％以上。2-巯基嘧啶在盐酸溶液中对锌的缓蚀性能研究结果表明，其缓蚀效率可达到90％以上。2-氨基-4,

6-二甲基嘧啶在以盐酸或氢氧化钠调节的 pH 值为 5、7 和 9 的自来水中可用于铜防腐缓蚀剂。4,6-二甲基-2-巯基嘧啶在 CO_2 饱和的质量分数为 1% 的氯化钠溶液中对 N80 钢具有良好的缓蚀性能等。

尿嘧啶是生物体内遗传物质——核糖核酸特有的碱基，其结构如图 2.18 所示。因其结构中含有杂原子 N、O 以及芳香环，故也可作为高效的金属缓蚀剂。

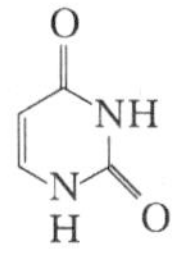

图 2.18　尿嘧啶结构示意图

对于尿嘧啶的相关报道有 5,6-二氢尿嘧啶、5-氨基尿嘧啶、2-硫尿嘧啶、5-甲基硫代尿嘧啶、二硫取代尿嘧啶在 3% 氯化钠溶液中对铜的缓蚀性能研究，结果表明，二硫取代尿嘧啶添加量为 $10^{-3}\,\mathrm{mol/L}$ 时的缓蚀效率可高达 98%。对于尿嘧啶及其衍生物对金属的缓蚀性能研究较少，近年来，相关报道主要为涉及尿嘧啶类化合物的理论计算研究。如尿嘧啶及其衍生物对铜的缓蚀性能研究及其量化计算，分析结果表明了尿嘧啶上杂原子的吸附模式；以及尿嘧啶和二硫取代尿嘧啶在 Cu(110)、(100) 和 (111) 三个面上的作用模式，和在酸性和碱性体系中的吸附作用研究和缓蚀性能评价等。

（3）吡嗪

吡嗪与嘧啶为同分异构体，其结构如图 2.19 所示。吡嗪因同样含有杂原子和芳香环，故也能作为性能优良的缓蚀剂被开发和利用。

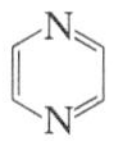

图 2.19　吡嗪的结构示意图

吡嗪及其衍生物的文献报道相较嘧啶的报道要少，相关报道主要为在水基溶液中作为混合型缓蚀剂对钢的缓蚀性能研究，对铝、镁合金以及铜等的研究很少。I. B. Obot 等对吡嗪的缓蚀作用机制和近年来在缓蚀方面的研究进展进行了归纳和总结，在文中提到，吡嗪及其衍生物在盐酸、硝酸、硫酸等酸性溶液中对钢的缓蚀性能研究相对较多。如在硫酸溶液中对铁的缓蚀剂有 2-甲基吡嗪、2-氨基吡嗪、2-氨基-5-溴吡嗪、二乙基吡嗪-2,3-二羧酸盐、2-吡嗪羰基酰胺、苊并[1,2-b]吡嗪、吡嗪-2,3-二甲酸盐等；在盐酸溶液中对铁的缓蚀剂有 2-氨基吡嗪、2-氨基-5-溴吡嗪、吡啶[2,3-b]吡嗪、吡嗪-2,3-二甲酰胺、3-氨基吡唑-2-羧酸和吡嗪-2-胺等；在硝酸溶液中报道的有氨基吡嗪和 2,3-吡嗪二甲酰胺的银（I）配合物等。文中也提到，对于吡嗪及其衍生物在其他金属，如镁、铝、铜等方面的缓蚀研究报道数量很少，仅检索到少量的几篇文献报道。如吡嗪酰胺、对甲基吡嗪酰胺以及对甲氧基吡嗪酰胺在 1mol/L 硝酸溶液中对铝的缓蚀性能研究，结果显示，三种缓蚀剂的缓蚀效率均高于 87％，且甲氧基取代的吡嗪酰胺的缓蚀效率最高，达到 92％。对于镁及其合金的缓蚀性能研究有非酸性体系下的研究，如吡嗪在乙二醇溶液中对 Mg-10Gd-3Y-0.5Zr 合金的缓蚀性能研究等，也显示出了吡嗪可作为镁及其合金有效的缓蚀剂。

除了上述报道，对于吡嗪的研究还涉及 2-氨基吡嗪和 2-氨基-5-溴吡嗪在 1mol/L 盐酸溶液中对冷轧钢的缓蚀性能研究，结果表明，两种吡嗪衍生物均为混合型缓蚀剂，且缓蚀效率均高于 95％，而且 2-氨基-5-溴吡嗪的缓蚀效率要高于 2-氨基吡嗪。三种吡嗪衍生物 2-乙基吡嗪、2-氨基吡嗪和 2-氨基-5-溴吡嗪在 1mol/L H_2SO_4 溶液中对冷轧钢的缓蚀性能研究表明，三种吡嗪衍生物均为混合型缓蚀剂，当添加量为 5mmol/L 时，2-乙基吡嗪、2-氨基吡嗪和 2-氨基-5-溴吡嗪的缓蚀效率分别为 79.6％、84.3％、90.1％。吡嗪-2,3-二羧酸二乙酯在 0.5mol/L H_2SO_4 溶液中对钢的缓蚀性能研究表明，其作为一种阴极型缓蚀剂，缓蚀效率最高可达到 80％以上。三种吡嗪衍生物 2,3-吡嗪二羧酸、吡嗪甲酰胺和 2-甲氧基-3-(1-甲基丙基) 吡嗪在模拟油井酸化条件的 15％盐酸溶液中对 X60 钢的缓蚀性能研究结果发现，三种吡嗪衍生物均为混合型缓蚀剂，但 2,3-吡嗪二羧酸和 2-甲氧基-3-(1-甲基丙基) 吡嗪为抑制阴极为主的混合型缓蚀剂，而吡嗪甲酰胺为抑制阳极为主的缓蚀剂，但三者均为高效的缓蚀剂。对于其他金属缓蚀性能的报道也较少，如 2-糠硫基-3-甲基吡嗪在硫酸溶液中对铜的缓蚀性能研究，结果表明，当其添加量为 5mmol/L 时缓蚀效率可达到 97％；吡嗪、2-氨基吡嗪、2-甲基吡嗪、2-氨基-5-溴吡嗪对铜的吸附量化计算研究，结果表明，吸附强度顺序为 2-氨基吡嗪＞2-氨基-5-溴吡嗪＞2-甲基吡嗪＞吡嗪。

（4）哒嗪

哒嗪与嘧啶和吡嗪互为同分异构体，其结构如图 2.20 所示。

图 2.20　哒嗪结构示意图

对于哒嗪及其衍生物的缓蚀性能研究，也主要集中在酸性体系中对纯铁、碳钢以及铜的缓蚀研究方面。对于哒嗪衍生物的缓蚀性能研究相关报道，有4-哒嗪甲酰胺、3-氨基甲基哒嗪和 3-氨基-6-甲基哒嗪在 1mol/L 盐酸溶液中对低碳钢的缓蚀性能研究，结果表明，三种哒嗪衍生物均为混合型缓蚀剂，当缓蚀剂的添加量为 5×10^{-4} 时，缓蚀效率顺序为：3-氨基甲基哒嗪＞4-哒嗪甲酰胺＞3-氨基-6-甲基哒嗪，且 3-氨基甲基哒嗪对不锈钢的缓蚀效率可达 91%。5-苄基-6-甲基哒嗪-3-硫酮和 5-苄基-6-甲基哒嗪-3-酮在 1mol/L 盐酸溶液中对纯铁的缓蚀性能研究结果显示，5-苄基-6-甲基哒嗪-3-硫酮作为一种阴极型缓蚀剂，当添加量为 10^{-4} mol/L 时，缓蚀效率就可达到 98%。2-[（6-氯-3-哒嗪基）硫基]-N,N-二乙基乙酰胺、2-[（6-乙氧基-3-哒嗪基）硫基]-N,N-二乙基乙酰胺和 3-氯-6-巯基哒嗪三种哒嗪衍生物，在 0.5mol/L H_2SO_4 溶液中对铜的缓蚀性能研究结果表明，3-氯-6-巯基哒嗪作为混合型缓蚀剂对铜的缓蚀性能最好，为 97.4%。6-甲基-4,5-二氢哒嗪-3（2H)-酮在 1mol/L 盐酸溶液和 0.5mol/L 硫酸溶液中对低碳钢的缓蚀性能研究表明，在盐酸体系中当缓蚀剂的添加量为 5×10^{-3} mol/L 时，其缓蚀效率为 98%；在硫酸体系中当缓蚀剂的添加量为 5×10^{-2} mol/L 时，其缓蚀效率为 75%，说明 6-甲基-4,5-二氢哒嗪-3(2H)-酮在盐酸溶液中的缓蚀性能要强于在硫酸中。2-[（6-乙氧基-3-哒嗪基）硫基]-N,N-二乙基乙酰胺在 0.5mol/L 硫酸溶液中对铜的缓蚀性能研究表明，在常温下，其缓蚀效率最高可达 90% 以上。1-癸基哒嗪-1-碘鎓、1-十四基哒嗪-1-碘鎓在 1mol/L 盐酸溶液中对碳钢的缓蚀性能研究结果表明，两种哒嗪衍生物均具有良好的缓蚀性能，当缓蚀剂的添加量为 10^{-3} mol/L 时，其缓蚀效率分别为 86.7% 和 88.6%。

除了哒嗪及其衍生物的实验研究外，理论计算作为实验研究的辅助手段也能够帮助评价缓蚀剂的性能和筛选缓蚀剂。对于哒嗪及其衍生物缓蚀性能的相关理论计算研究，如 5-[羟基（苯基）甲基]-6-甲基哒嗪-3（2H）-酮、4-（2-氯苄基）-6-肼基-3-甲基-1,6-二氢哒嗪、5-（2,6-二氯苄基）-6-甲基哒嗪-3（2H）-酮在酸性溶液中对铜的缓蚀性能计算分析，结果表明分子结构与缓蚀性能紧密关联。[4-（2-氯苄基）-3-甲基-6-硫氧基哒嗪-1（6H）-基]乙酸乙酯、[4-（3-氯苄基]-3-甲基-6-氧代哒嗪-1（6H-基）]乙酸乙酯、5-（2-氯苯基）-2-（2-羟乙基）-6-甲基哒嗪-3（2H）-酮、5-（2-氯苯基）-2-（2-羟乙基）-6-甲基哒嗪-3（2H）-硫酮在 1mol/L 盐酸溶液中对碳钢的理论计算结果表明，哒嗪衍生物可作为金属防护的有效缓蚀剂。

哒嗪及其衍生物的分子型缓蚀剂研究较多，如上所述，但对于离子型的或季铵化的相关报道较少。目前相关研究有 1-[2-（4-氯苯基）-2-氧乙基]哒嗪溴化物在 1mol/L 盐酸溶液中对碳钢的缓蚀性能研究，结果表明，当缓蚀剂的添加量为 10^{-3} mol/L 时，其缓蚀效率为 91%；1-[2-（4-硝基苯基）-2-氧乙基]哒嗪溴化铵在 1mol/L 盐酸溶液中对碳钢的缓蚀性能研究表明，当缓蚀剂的添加量为 10^{-3} mol/L 时，其缓蚀效率为 85%。

（5）哌嗪

哌嗪又名对二氮己环，其结构如图 2.21 所示。哌嗪是生产乙二胺的副产物，也是重要的医药中间体，对生物体的毒性较小。目前哌嗪已被广泛用于染料、农药等行业，是重要的精细化工产品。

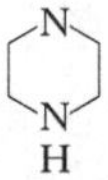

图 2.21　哌嗪结构示意图

哌嗪分子具有对称结构，其六元环中有两个位置相同的 N 原子，活性相同。哌嗪作为一种含杂原子的环状化合物，能够与金属结合成膜而减小腐蚀介质对金属的侵蚀，从而起到防腐的效果。

目前对哌嗪的研究也主要集中在酸性体系中对金属的缓蚀性能研究，包括实验研究和量化计算分析。相关报道有哌嗪、1-甲基哌嗪、1-苯基哌嗪、1-（二苯基甲基）哌嗪在硫酸体系中对铁的缓蚀性能量化计算研究，结果表明，哌嗪衍生物作为缓蚀剂在腐蚀过程中与金属表面的吸附主要为垂直吸附，部分以平面吸附模式存在。N-羰基哌嗪在 4mol/L 盐酸溶液中对 13Cr 钢的缓蚀性能研究结果表明，当缓蚀剂添加量为 44mmol/L 时，其缓蚀效率为 93.7%。1-(4-氯二苯甲酰基) 哌嗪和二苯甲酰哌嗪在 0.5mol/L 硫酸溶液中对铜的缓蚀性能研究表明，当缓蚀剂的添加量为 5mmol/L 时，两种缓蚀剂的缓蚀效率分别为 97.40% 和 95.26%，且两种缓蚀剂均为阴极型缓蚀剂。三种哌嗪衍生物阿莫沙平、洛沙平和氯氮平在 0.5mol/L 硫酸溶液中对铜的缓蚀性能研究表明，当缓蚀剂的添加量为 5mmol/L 时，三种缓蚀剂的缓蚀效率分别为 94.0%、95.2% 及 96.6%，且均为阴极型缓蚀剂。而且作者对其机理分析时说明了在三种药物缓蚀剂中存在的芳香环和哌嗪结构中的 N 原子的共同作用下进而提升了其缓蚀效果。

但在哌嗪及其衍生物的缓蚀性能研究中发现，哌嗪母体和甲氧基哌嗪衍生物对 HP13Cr 钢的缓蚀性能较差。如 N-甲氧基哌嗪、N-羰基哌嗪和 N,N'-二羰基哌嗪在 20% 盐酸溶液中对 HP13Cr 钢的缓蚀性能研究结果表明，在缓蚀剂添加量为 3%（质量分数）时，N-羰基哌嗪和 N,N'-二羰基哌嗪对金属的缓蚀效率分别为 91.0% 和 95.2%；然而，N-甲氧基哌嗪对金属并没有缓蚀能力。对哌嗪、甲氧基哌嗪、N-醛基哌嗪、N,N'-二醛基哌嗪在 15% 盐酸溶液中对 HP13Cr 钢的缓蚀性能研究结果表明，哌嗪及甲氧基哌嗪对金属的缓蚀性能很差，基本无缓蚀能力；但 N-醛基哌嗪、N,N'-二醛基哌嗪对金属的缓蚀效率分别达到 91.6% 和 98.8%，这与上述文献对甲氧基哌嗪衍生物的缓蚀性能结果一致。

此外，将哌嗪及其衍生物作为气相缓蚀剂的相关研究也有报道，如哌嗪、二硝基苯甲酸哌嗪、二马来酸哌嗪、二磷酸哌嗪、二碳酸哌嗪作为气相缓蚀剂对低碳钢防护性能研究，结果显示，这些哌嗪衍生物均为阳极型缓蚀剂，当缓蚀剂添加量为 1g/kg 时，二硝基苯甲酸哌嗪的缓蚀效率达到 99.48%。此外，还有哌嗪、2-甲基哌嗪、1,4-二甲基哌嗪、2,5-二甲基哌嗪作为气相缓蚀剂对黑色金属的缓蚀性能研究等。

（6）吗啉

吗啉又称吗啡林，其结构式如图 2.22 所示。吗啉及其衍生物的毒性较低，是蒸汽冷凝系统最早采用的气相缓蚀剂之一。吗啉在腐蚀防护中的应用主要是作为气相缓蚀剂。

图 2.22　吗啉结构示意图

报道较多的为吗啉及其衍生物在 CO_2 湿气环境下对金属的防护作用研究，如在 CO_2 湿气环境中对钢铁缓蚀性能研究的吗啉类缓蚀剂有苯甲酸吗啉或吗啉的苯甲酸盐。苯甲酸吗啉盐的合成工艺简单、产率较高，是一种具有广泛应用前景的多金属气相缓蚀剂。该缓蚀剂能够挥发并溶解于金属表层的薄膜液中，通过苯甲酸吗啉盐电离产生的阴阳离子分别吸附于表层微电池的阳极和阴极，阻止阴阳极的反应过程，作为一种混合型缓蚀剂对金属起到缓蚀的作用。此外，吗啉的铬酸、琥珀酸等盐类也具有较好的气相缓蚀能力。

为了增强吗啉与金属的吸附性能，通常对吗啉进行修饰来提高其缓蚀性能。如通过分子内的亚甲基链把吗啉和二环己胺分子连接起来，合成的 N,N-二环己基胺甲基吗啉可以在碳钢表面形成多中心的吸附，提高了其在金属表面的覆盖程度和与金属原子的键合强度。目前，已有研究报道，制备得到 4-(N, N)-二异丙基胺甲基吗啉、4-(N,N)-二正丁基胺甲基吗啉、4-(N,N)-二环己基胺甲基吗啉，并将其应用于高炉煤气中钢的腐蚀防护；制备的 N,N-仲胺类甲基吗啉应用到某油田生产平台三相分离器后的气相管线中。

除了将吗啉作为气相缓蚀剂的应用，对于吗啉在其他体系中的研究也有相关报道。如吗啉多元胺在 2000mg/L 氯化钠溶液中可以提高混凝土中钢筋的抗点蚀能力，缓蚀剂通过在钢筋表面吸附成膜抑制钢筋腐蚀电化学反应的进行；而且吗啉多元胺对钢筋的阴极和阳极电化学过程均有抑制作用，是一种混合型缓蚀剂。其他如乙醇胺油酸吗啉在 10% 盐酸体系和 10% 硫酸体系中对碳钢有较好的缓蚀效果；3-吗啉基-1-苯基-1-丙酮、3-(吗啉基甲基)-苯并噻唑-2-硫酮、4-(吗啉基甲基)-苯并三唑应用于碳钢在各种石油酸模拟油中的腐蚀，起到了良好的缓蚀效果；三环吗啉衍生物在 0.5mol/L 硫酸溶液中对铜起到了腐蚀防护作用等。

2.6.3　苯并杂环化合物及其衍生物

有关苯并杂环化合物的报道主要有喹啉、苯并嘧啶（俗称喹唑啉）、苯并

[b] 吡嗪（俗称喹喔啉）、吲哚、吲哚嗪、苯并咪唑、苯并三氮唑、苯并噻唑、苯并噁唑、吖啶、吲唑、邻菲咯啉以及苯并噻吩等。

（1）喹啉

喹啉是吡啶与苯环融合后形成的一种含氮杂环化合物，分子式为 C_9H_7N，其结构如图 2.23（a）所示。喹啉及其衍生物能牢牢吸附在金属表面形成稳定的配合物，进而达到抑制或缓解金属腐蚀的目的。

在喹啉类缓蚀剂中，研究较多的是 8-羟基喹啉，其结构如图 2.23（c）所示。8-羟基喹啉同时具有带有孤电子对的 N 原子和 O 原子，同时又含大 π 键离域体系，对常见金属材料如铜、铁、铝均表现出一定的缓蚀性能。如报道的在中性 NaCl 水溶液中 8-羟基喹啉对铜的缓蚀作用，缓蚀剂分子与二价铜离子配位形成螯合结构，从而在铜表面形成一层保护膜，阻止了溶液中的腐蚀性离子（Cl^-、OH^-）向铜表面的扩散。在 0.5mol/L 硫酸溶液中，在 8-羟基喹啉和氯化钠（NaCl）共同作用下对冷轧钢有明显的缓蚀作用，因为 8-羟基喹啉单独使用时是一种阴极抑制剂，而 8-羟基喹啉和 NaCl 的配合物是一种混合型抑制剂，且溶液中氯离子的存在有助于 8-羟基喹啉分子在金属表面上的吸附，并提高了 8-羟基喹啉的缓蚀效率。相关报道有 8-羟基喹啉在 3.5%（质量分数）NaCl 溶液中对铝合金的腐蚀抑制作用；8-羟基喹啉在 0.1mol/L HCl 中对铜的缓蚀性能。

此外，对于镁在盐酸体系中的研究，8-羟基喹啉表现不如在上述研究中性能优越，故科研人员通过在 8-羟基喹啉上引入其他基团来提升其缓蚀性能。相关研究如 5-(1′,3′-咪唑)甲基-8-羟基喹啉、5-(1′,3′-苯并咪唑)甲基-8-羟基喹啉、5-(1′,3′,4′-苯并三氮唑)甲基-8-羟基喹啉、5-(2′-巯基-1′,3′-苯并咪唑)甲基-8-羟基喹啉在盐酸体系下对镁合金表面上的防腐蚀性能研究等。

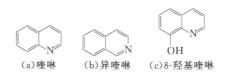

(a)喹啉　　　(b)异喹啉　　(c)8-羟基喹啉

图 2.23　喹啉、异喹啉与 8-羟基喹啉的结构示意图

异喹啉对金属的缓蚀作用研究也较早，异喹啉又称为苯并吡啶，其碱性比喹啉强，为喹啉的同分异构体，其结构式如图 2.23（b）所示。有研究报

道了异喹啉与具有羟基、羧基取代基的异喹啉衍生物在 1mol/L 盐酸溶液中对铁的缓蚀性能（如图 2.24 所示），通过计算方法预测了其缓蚀性能的优劣，得出了所述缓蚀剂在铁表面呈平卧式吸附，且羟基系列中 IQG 的缓蚀性能最好、羧基系列中 IQE 性能最好的结论，为开发新型缓蚀剂提供了相关思路和信息。

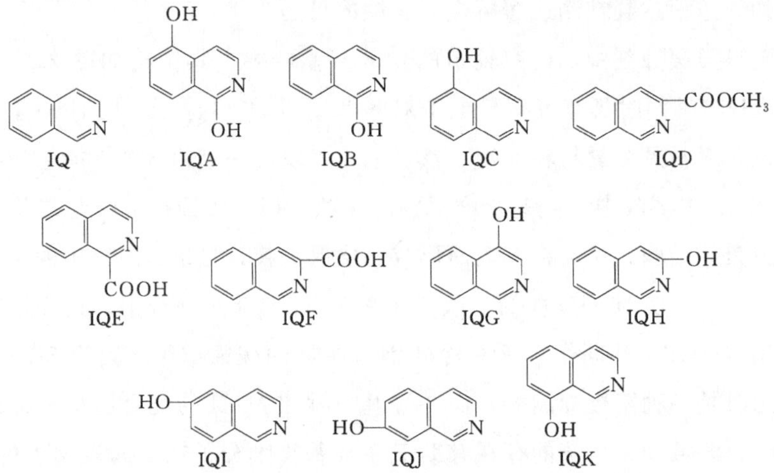

图 2.24 异喹啉与具有羟基、羧基取代基的异喹啉衍生物

由于喹啉系衍生物作为酸性体系缓蚀剂或中性体系缓蚀剂时的性能优异，不仅可以抗高温、高浓度盐酸的腐蚀，而且具有低毒、高效、合成工艺简单等优点。所以，除了对喹啉及其增加官能团的喹啉衍生物的研究以外，为了增强喹啉类缓蚀剂的水溶性能和缓蚀性能，目前研究较多的还有喹啉季铵盐对金属的缓蚀性能。如氯化苄基喹啉、溴化苄基喹啉、氯化苄基异喹啉、溴化苄基异喹啉、氯化十四烷基喹啉、溴化十四烷基喹啉在 1mol/L 硫酸溶液中对碳钢的缓蚀性能研究；溴化 1,4-二喹啉衍生物丁烷、溴化 1,6-二喹啉衍生物己烷、溴化 1,10-二喹啉衍生物癸烷、氯化苄基喹啉在 15％盐酸溶液中对 N80 钢的缓蚀性能研究；氯化-1-甲基喹啉、溴化-1-乙基喹啉、氯化-1-苄基喹啉、氯化-1-萘甲基喹啉在 15％盐酸溶液中对 N80 钢的缓蚀性能研究等。

（2）喹唑啉

喹唑啉由一个苯环与一个嘧啶环稠合而成，也称苯并嘧啶。喹唑啉也可看作萘环的两个 CH 被两个 N 原子替换，这样也可称为萘啶，其结构如图 2.25

所示。

图 2.25　喹唑啉的结构示意图

喹唑啉拥有含氮杂环和 π 电子，易与金属配位形成配合物，所以可作为金属缓蚀剂。喹唑啉的结构与喹啉相比，同样有苯环和含氮六元芳香环，但从理论上来说，由于其环上增多的 N 原子，喹唑啉与金属结合的活性位点要比喹啉与金属结合的活性位点更多，与金属应有良好的配位性能。

近年来，对于喹唑啉类缓蚀剂的研究主要集中在喹唑啉衍生物在酸性体系中对金属的缓蚀性能的研究。

通常为了提升喹唑啉的缓蚀性能，一般采用引入其他取代基或官能团的方法。目前报道的有 2-氯-N-(1-甲基-2,4-二氧代-1,2,3,4-四氢喹唑啉-3-羰基硫代)丙酰胺、2-甲氧基-N-(2-甲基-2,4-二氧代-1,2,3,4-四氢喹唑啉-3-碳硫代)乙酰胺和 N-(1-甲基-2,4-二氧基-1,2,3,4-四氢喹唑啉-3-羰基)丙酰胺在 0.5mol/L 盐酸溶液中对钢的缓蚀性能研究，结果表明其缓蚀效率分别为 95.5%、91.33% 及 86.71%。氯代-2-甲基-4-氧代-3-O-甲苯基-1,2,3,4-四氢喹唑啉-6-磺酰胺喹唑啉衍生物对钢在 0.02mol/L 盐酸溶液中的缓蚀行为研究表明，该缓蚀剂为混合型缓蚀剂，当缓蚀剂添加量为 500mg/L 时，缓蚀效率为 83%。2-溴-6-(2′,6′-二氯苯基)二氢苯并[4,5]咪唑并[1,2-c]喹唑啉在 0.5mol/L 盐酸溶液中对 API5LX52 钢的缓蚀性能研究表明，当缓蚀剂添加量为 1.5×10^{-5} 时，缓蚀效率达到 93%。此外，还有氯苯基和硝基苯基喹唑啉衍生物用作碳钢在 2mol/L HCl 溶液中的缓蚀剂的研究等。

而对于喹唑啉的衍生物，用于金属腐蚀与防护中的重要的一类衍生物为喹唑啉酮，在喹唑啉酮中对于 4-喹唑啉酮及其衍生物的研究较多。如 3-甲基-2-(对甲苯基)-4(3H)-喹唑啉酮、2-(4-羟基苯基)-3-甲基-4(3H)-喹唑啉酮、3-甲基-2-(4-硝基苯基)-4(3H)-喹唑啉酮、3-甲基-2-苯基-4(3H)-喹唑啉酮在 1mol/L 盐酸溶液中对钢的缓蚀性能研究，结果表明其缓蚀效率分别为 92%、96%、82% 及 81%；2-苯基-4(3H)-喹唑啉酮、2-(间氯苯基)-4(3H)-喹唑啉酮、2-(对氯苯基)-4(3H)-喹唑啉酮在 1mol/L 盐酸溶液中对钢的缓蚀性能研究；3-

氨基-2-苯基喹唑啉-4(3H)-酮、ω-溴-N-[4-氧代-2-苯基喹唑啉-3(4H)-基]烷酰胺、1-{3-氧代-3-[(4-氧代 2-苯基喹嗪-3(4H)-基)氨基]烷基}溴化吡啶鎓在1mol/L 盐酸溶液中对钢的缓蚀性能研究。除了将其应用于盐酸酸性体系中钢的腐蚀防护研究外，对于其他体系也有相关报道。如 6,7-二甲氧基乙氧基-4-喹唑啉酮和 6,7-二甲氧基-4-喹唑啉酮在 0.5mol/L 硫酸溶液中对铜的缓蚀性能研究，结果表明其缓蚀效率分别为 93.8％及 88.5％；β-(4-氧代-3,4-二氢喹唑啉-2-基)-丙烯酸、β-(4-肼基喹唑啉-2-基)丙烯酸、β-(4-硫代-3,4-二氢喹唑啉-2-基)丙烯酸、β-[4-(N-苄基吡啶肼)-喹唑啉-2-基]-丙烯酸在 2mol/L 硝酸溶液中对铜的缓蚀性能研究等。

(3) 喹喔啉

喹喔啉与喹唑啉的分子式一样，二者互为同分异构体，其结构如图 2.26 所示，喹喔啉也称苯并吡嗪。

图 2.26　喹喔啉的结构示意图

喹喔啉及其衍生物在酸性介质中对低碳钢表现出良好的缓蚀作用，如 A-bound 对 2,3-二羟基喹喔啉在 1mol/L 盐酸溶液中对低碳钢的缓蚀性能研究证实了该观点。近年来，喹喔啉母体本身在酸性体系中对金属的缓蚀性能研究较少，为了提升喹喔啉类缓蚀剂的缓蚀性能，通常对其赋予新的官能团而进行改性研究。如对喹喔啉衍生物相关报道有 6-氯喹喔啉、6,7-二甲基-2,3-二羟基喹喔啉、2-喹喔啉硫醇在 1mol/L 的硫酸溶液中对碳钢的缓蚀性能研究，研究表明上述三种喹喔啉衍生物均为混合型缓蚀剂，从缓蚀机理来看，属于吸附膜型缓蚀剂；7-氯-3-(4-甲氧基苯乙烯基)喹喔啉-2(1H)-酮和 7-氯-2-(4-甲氧基苯基)噻吩并(3,2-b)喹喔啉在 1mol/L 盐酸溶液中对低碳钢的缓蚀性能研究，研究表明两种缓蚀剂均为阴极缓蚀剂。此外，还有诸如 2-(2,4-二氯苯基)-1,4-二氢喹喔啉和 2-(2,4-二氯苯基)-6-甲基-1,4-二氢喹喔啉在 1mol/L 盐酸溶液中对低碳钢的缓蚀性能研究；蒽并[1,2-b]喹喔啉在 1mol/L 的硫酸溶液中对碳钢的缓蚀性能研究等。

除了相关的实验研究，近年来对于喹喔啉的研究报道主要集中在理论研究层次，通过理论计算或分子动力学模拟的方式评价喹噁啉及其衍生物在酸性体系下对金属的缓蚀性能。如 6-甲基-2-(对甲苯基)-1,4-二氢喹噁啉在 1mol/L 盐酸溶液中对低碳钢的缓蚀性能研究表明，该缓蚀剂为混合型缓蚀剂，从缓蚀机理来看，属于吸附膜型缓蚀剂。在 6-甲基-2,3-二苯基喹噁啉、6-硝基-2,3-苯基喹噁啉和 2,3-二苯基喹噁啉在 1mol/L 盐酸溶液中对钢的缓蚀性能研究中，工作者同时研究了取代基为给电子基团和吸电子基团对缓蚀性能的影响。相关研究还有 2-氨基-1-(4-氨基苯基)-1H-吡咯并(2,3-b)喹噁啉-3-腈在 1mol/L 盐酸溶液中对 C38 钢的缓蚀性能研究；2-[4-(2-乙氧基-2-氧乙基)-2-对甲苯基喹噁啉-1(4H)-基]乙酸乙酯、1-[4-乙酰基-2-(4-氯苯基)喹噁啉-1(4H)-基]丙酮、2-(4-甲基苯基)-1,4-二氢喹噁啉在硝酸溶液中对铜的缓蚀性能研究等。与喹唑啉酮类衍生物的研究类似，喹噁啉衍生物的研究中，喹噁啉酮的相关研究也有陆续报道，如 3,7-二甲基-1-(丙-2-炔-1-基)-2(1H)-喹噁啉酮在 1mol/L 盐酸溶液中对碳钢的缓蚀性能研究；3-(4-二甲氨基)-2(1H)-喹噁啉酮和 3-(4-氯苯乙烯基)-2(1H)-喹噁啉酮在 1mol/L 盐酸溶液中对低碳钢的缓蚀性能研究等。

(4) 吲哚、吲哚嗪

吲哚是苯与吡咯并联的化合物，又称苯并吡咯，其结构如图 2.27(a) 所示。吲哚及其同系物和衍生物广泛存在于自然界，如天然花油（茉莉花、苦橙花、水仙花、香罗兰等）中。吲哚类缓蚀剂的相关研究有对吲哚和含有苯环、氮原子，且含有羧基的吲哚-3-甲酸、吲哚-3-乙酸、吲哚-3-丙酸、吲哚-3-丁酸在 0.1mol/L 硫酸溶液中对 Q235 碳钢的缓蚀性能研究；吲哚-2-甲酸在 0.5mol/L 硫酸溶液中对铜的缓蚀性能研究等。研究结果表明，上述缓蚀剂均属于混合型缓蚀剂，且均表现出优异的缓蚀效果。此外，其他相关报道有作为阳极型缓蚀剂的 5-氨基吲哚和 5-氯吲哚在 0.5mol/L 硫酸体系中对低碳钢的缓蚀性能研究；6-苄基-2H-吲哚-2-酮和 3-甲基吲哚在 1mol/L 盐酸体系中对低碳钢的缓蚀性能研究。作为阴极型缓蚀剂的 3-氨基烷基化吲哚衍生物，如 N-[(1H-吲哚-3-基)(苯基)甲基]-N-乙基乙胺、3-[苯基(吡咯烷-1-基)甲基]-1H-吲哚和 3-[(苯基)哌啶-1-甲基]-1H-吲哚在 1mol/L 盐酸溶液中对钢的缓蚀性能研究等。除了对吲哚及其衍生物在酸性体系下的研究，对于其在 NaCl 体系中的研究也有相关报道，吲哚类缓蚀剂同样具有良好的缓蚀效果。如作为阳极型缓蚀剂的 7-氮杂吲哚在 3.5% NaCl 溶液中对 7075 铝合金的缓蚀性能研究；以及作为阴极型缓蚀剂的吲哚在

3.5% NaCl 溶液中对 7075 铝合金的缓蚀性能研究等。

吲哚类缓蚀剂的季铵盐化过程简单，产物的溶解性好且缓蚀效果优异，也常用作酸化缓蚀剂被研究者所关注。吲哚经季铵化后，可增大缓蚀剂的共轭体系，构成离域大 π 键，相应地增加了缓蚀剂的活性吸附中心数目。吲哚类季铵盐的研究有吲哚与氯辛烷、氯化苄、氯代十四烷及氯代十六烷进行季铵化反应后，得到相应的产物辛烷基氯化吲哚、苄基氯化吲哚、十四烷基氯化吲哚和十六烷基氯化吲哚，将其用于在 20% 盐酸溶液中对 N80 碳钢的缓蚀性能研究中，获得了优异的缓蚀效果，且四种缓蚀剂均为阴极型缓蚀剂，属于安全型缓蚀剂。

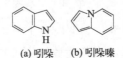
(a) 吲哚　　(b) 吲哚嗪

图 2.27　吲哚与吲哚嗪结构示意图

吲哚嗪是吲哚的同分异构体，其结构如图 2.27（b）所示。因其结构中同样有 π 电子和杂原子，且结构与吲哚相类似，故相关文献上也对其进行了报道。对于吲哚嗪或其衍生物在缓蚀方面的应用，报道较多的也为季铵化的吲哚嗪衍生物。如 2-(4-吡啶基)-吲哚嗪与氯化苄、氯甲基萘、1,4-二氯甲基苯、4,4′-二氯甲基联苯经季铵化反应后得到的四种吲哚嗪季铵盐，氯化-1-苄基-4-(2-吲哚嗪基)吡啶、氯化-1-(1-萘甲基)-4-(2-吲哚嗪基)吡啶、双氯化-1,1′-(1,4-对二苄基)-4,4′-双吲哚嗪基双吡啶、双氯化-1,1′-(联苯对二苄基)-4,4′-双吲哚嗪基双吡啶，将上述四种季铵盐用于在 15% 盐酸体系中对 N80 钢的缓蚀，起到了良好的缓蚀效果，且均为混合型缓蚀剂。其他吲哚嗪类缓蚀剂的研究有以喹啉季铵盐为起始物定向合成的二聚体吲哚嗪衍生物等。

（5）苯并咪唑

苯并咪唑又称苯并二唑或间二氮茚，其结构如图 2.28 所示。苯并咪唑具有高效、低毒和生物易降解等特点，作为缓蚀剂广泛应用于工业部门中的换热设备、传热设备和冷却设备等水垢的清洗中。

苯并咪唑 1 位、3 位上两个 N 原子的活性高，易与金属发生配位而吸附在金属表面，起到防止金属腐蚀的作用。苯并咪唑及其衍生物在酸性溶液体系中对碳钢、铜、铝及其合金等具有优异的缓蚀性能，苯并咪唑类酸洗缓蚀剂最早

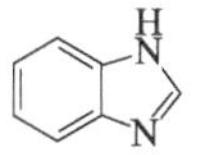

图 2.28　苯并咪唑结构示意图

出现于 20 世纪 80 年代。

　　苯并咪唑母体在酸性体系下对金属有优良的缓蚀性能，故科研人员对苯并咪唑类化合物进行了较多的研究。苯并米唑类衍生物的研究报道较多，因为不同取代基在金属表面具有不同吸附能力，从而可以通过选择合适的取代基来提高缓蚀性能。目前，对于苯并咪唑衍生物作为缓蚀剂的报道较多，尤其是在酸性体系下对金属的缓蚀性能研究。如盐酸体系下的报道有 2-丙基苯并咪唑、2-戊基苯并咪唑、2-己基苯并咪唑、2-对氯苄基苯并咪唑在 5％的盐酸溶液体系中对碳钢的缓蚀性能研究，结果表明上述缓蚀剂对碳钢有明显的缓蚀效果，且 2-对氯苄基苯并咪唑的缓蚀效率能达到 97％以上。烷基苯并咪唑化合物在盐酸溶液中对铜具有较好的缓蚀作用，且文献说明了长碳链的 2-十一烷基苯并咪唑缓蚀效果优于 2-己基苯并咪唑。苯并咪唑烯丙基硫醚在 5％的盐酸溶液体系中能够显著减缓 1Cr18Ni9Ti 不锈钢的腐蚀；α-巯基苯并咪唑在 1mol/L 盐酸溶液体系中对 20$^\sharp$ 碳钢有较好的缓蚀效果；2-巯基苯并咪唑在 0.5mol/L 盐酸溶液体系中对铜有良好的缓蚀性能；苯并咪唑、2-氨基苯并咪唑、2-羟基苯并咪唑、2-(2-吡啶基)苯并咪唑、2-氨甲基苯并咪唑等在 1mol/L 盐酸溶液体系中对铁均有良好的缓蚀效果，且 2-氨基苯并咪唑效果更佳；2,2$'$-双苯并咪唑在 1mol/L 盐酸溶液体系中对碳钢的缓蚀效率可达到 95％以上；2-(4-噻唑基)-1H-苯并咪唑在 1mol/L 盐酸溶液中对钢有优异的缓蚀性能；2-(1$'$,3$'$-二氧五环-4$'$-基)苯并咪唑、1-甲基-2-(1$'$,3$'$-二氧五环-4$'$-基)苯并咪唑和 1-苯基-2-(1$'$,3$'$-二氧五环-4$'$-基)苯并咪唑在 5％HCl 溶液中对 Q235 钢均有良好的缓蚀性能。相关报道较多，在此不再详细说明。

　　除了苯并咪唑及其衍生物在盐酸酸性体系下对金属的缓蚀性能研究，在其他酸性体系中的研究也有报道。如多甲撑-双-2,2-苯并咪唑在含有硫化氢的酸性介质中对钢的缓蚀性能研究，结果显示了七甲撑-双-2,2-苯并咪唑具有优异的缓蚀性能；2-(3-吡啶基)-1H-苯并咪唑在 0.5mol/L 硫酸溶液体系中对钢的缓蚀效率达到 89％以上；2-氨基苯并咪唑、2-正己氨基-4-(3$'$-N,N-二甲氨基-

丙基)氨基-6-(苯并咪唑-2-基)氨基-1,3,5-均三嗪在 0.5mol/L 硫酸溶液体系中对碳钢有良好的缓蚀性能。

关于在中性体系或碱性体系下的报道不多，如 5-甲氧基-2-(十八烷基硫代)苯并咪唑在中性氯化钠溶液中对铜的缓蚀效率可达到 98% 以上，且为阴极型、安全型缓蚀剂。将苯并咪唑用于电池碱性溶液中锌电极的缓蚀性能研究，其作为阳极型缓蚀剂，能够明显抑制锌电极在 KOH 溶液中的腐蚀，并且缓蚀效率随浓度的增大而增强。

（6）苯并三氮唑

苯并三氮唑也称 1,2,3-苯并三氮唑，其别名较多，也常称其为苯并三唑、苯骈三氮唑等，结构如图 2.29 所示。

图 2.29　苯并三氮唑的结构示意图

苯并三氮唑及其衍生物在金属的腐蚀防护中有着举足轻重的地位，早在 20 世纪 40 年代末 50 年代初，就有人发现苯并三氮唑对铜及其合金有良好的缓蚀效果和防变色作用。20 世纪 60 年代初，英国人就正式将苯并三氮唑作为气相缓蚀材料。1962 年，日本引进了苯并三氮唑生产技术，并进行了一系列开发研究。美国于 20 世纪 70 年代中期开始生产苯并三氮唑。我国也于 20 世纪 60 年代初期将苯并三氮唑用作防锈防腐材料，并进行了广泛的研究与应用。

在水基体系中，苯并三氮唑（BAT）有两种电离平衡关系，如下所示：

$$BTAH_2^+ \rightleftharpoons BTA + H^+$$

$$BTA \rightleftharpoons BTA^- + H^+$$

苯并三氮唑在强酸性体系（pH<1）中，以质子化的形式 $BTAH_2^+$ 存在；在弱酸、中性以及弱碱性体系中，以 BTAH 的形式存在；在强碱性体系（pH>8）中，以 BTA^- 的形式存在。

国内外对苯并三氮唑类缓蚀剂及其缓蚀机理研究较多，研究体系涵盖强酸性溶液、近中性溶液、强碱性溶液、含氯溶液以及海水等。Cotten 等是苯并三氮唑作为铜缓蚀剂研究领域的先驱，他们将铜浸入含有苯并三氮唑的溶液后发现，在铜表面形成了一层由苯并三氮唑与铜配位产生的缓蚀膜。之后大量的研究者对苯并三氮唑在不同介质体系下对金属的缓蚀行为进行了研究，但是对于苯并三氮唑的缓蚀机理却一直没有明确的结论。尽管很多研究结果对苯并三氮唑的缓蚀机理进行了描述，但有的结论不一致甚至相互矛盾。如有的文献表明苯并三氮唑是一种混合型缓蚀剂，而也有报道认为苯并三氮唑为阴极型缓蚀剂，另外，还有其为阳极型缓蚀剂的报道。但通常认为，在 pH<1 时，苯并三氮唑与 Cu 配位，且 $BTAH_2^+$ 的化学吸附起到缓蚀作用；在 pH>1 时，容易形成 Cu(Ⅰ)-BTA 保护膜屏蔽腐蚀介质。

除了对苯并三氮唑母体或相关复配技术的研究外，对于苯并三氮唑衍生物的研究一直为缓蚀剂的研究热点。至今已经开发了烷基苯并三氮唑、氨基苯并三氮唑、羟基苯并三氮唑、硝基苯并三氮唑、巯基苯并噻唑、羧基苯并三氮唑、酰基苯并三氮唑等多个具有缓蚀基团（活性吸附中心）的苯并三氮唑类衍生物缓蚀剂，对铜、碳钢、不锈钢、铝在不同的环境下具有高效缓蚀性能。如苯并三氮唑和 1-(1H-苯并三氮唑-1-基)十二烷基在 1‰盐酸溶液和 1‰氯化钠溶液中对碳钢的缓蚀性能研究，结果表明，在同等条件下，苯并三氮唑的缓蚀效率要低于 1-(1H-苯并三氮唑-1-基)十二烷基的缓蚀效率。甲基苯并三氮唑在 5mmol/L 氯化钠溶液中对镀锌钢和铜的缓蚀性能研究结果表明，当缓蚀剂的添加量为 1mmol/L 时，其对铜的缓蚀效率达到 99.99‰；当其添加量为 10mmol/L 时，对镀锌钢的缓蚀效率为 98.2‰。二乙氨基甲基苯并三氮唑在 10‰盐酸溶液中对碳钢的缓蚀性能研究结果表明，当缓蚀剂的添加量为 2‰（质量分数）时，其缓蚀效率达到 93‰。1-羟甲基苯并三氮唑在 1‰盐酸溶液中对不锈钢的缓蚀效率可达到 84.4‰。苯并三氮唑与 5-羧基苯并三氮唑在硼砂缓冲溶液（pH=9.2）中对铜的缓蚀性能研究结果也表明，5-羧基苯并三氮唑的缓蚀效率要高于苯并三氮唑，说明了苯并三氮唑取代基官能团对缓蚀性能有影响。除此以外，国内外对于苯并三氮唑的研究也较多，相关产品均有优异的缓蚀效率，如酰基双苯并三氮唑在 3‰氯化钠水溶液中对铜的缓蚀效率也可达到 90.1‰。相关报道较多，可自行查阅相关文献。

对于苯并三氮唑及其衍生物的季铵化产物的缓蚀性能的研究也有较多报道。如碘化 1-[(1H-苯并三氮唑-1-基)甲基]吡啶盐、碘化 1-[(1H-苯并三氮唑-1-基)甲基]喹啉盐、碘化 1-[(1H-苯并三氮唑-1-基)甲基]-3-氨基甲酰基吡啶盐、碘化 4-甲基-4-(1H-苯并三氮唑-1-基)吗啉盐、碘化 N,N-二甲基-N-

[(1*H*-苯并三氮唑-1-基)甲基]甲胺盐、溴化 *N*,*N*-二甲基-*N*-[(1*H*-苯并三氮唑-1-基)甲基]-1-苯基甲胺盐，在 1mol/L 盐酸溶液体系中对碳钢的缓蚀效率均达到 96% 以上，且为混合型缓蚀剂，对阳极抑制作用稍强，其缓蚀效率优于同等条件下测试的苯并三氮唑母体的缓蚀效率（92.6%）。

（7）苯并噻唑

苯并噻唑结构中包含一个苯环和含有 S、N 杂原子的五元环，其结构如图 2.30 所示。

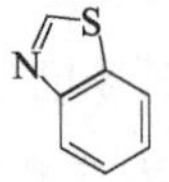

图 2.30　苯并噻唑结构示意图

与上述苯并杂环化合物的母体环不同，本节介绍的苯并噻唑环上的杂原子不仅有 N 原子，而且还含有 S 原子。由于 S 原子同样具有孤对电子，易与金属配位形成配合物，且苯环的大 π 电子可提供更多的吸附位点，结合 N 原子的特性，苯并噻唑成为金属腐蚀防护中的重要物质。研究表明，其是金属铜、钢、铝合金等的有效缓蚀剂。苯并噻唑在金属腐蚀防护中的应用可追溯到 20 世纪 70 年代，甚至更早。苯并噻唑及其衍生物中研究较多的为巯基苯并噻唑、氨基苯并噻唑以及烷基苯并噻唑。

在所提到的苯并噻唑的衍生物中，关于巯基苯并噻唑的研究比氨基苯并噻唑和烷基苯并噻唑更多。如 2-巯基苯并噻唑在 0.6mol/L、pH＝13 的碱性氟化钠、氯化钠、溴化钠、碘化钠等卤化钠溶液中对紫铜的缓蚀性能研究，结果表明，2-巯基苯并噻唑为混合型缓蚀剂，但对于碱性氟化钠、氯化钠、溴化钠溶液，为阳极抑制为主的混合型缓蚀剂，对于碱性碘化钠溶液为阴极抑制为主的混合型缓蚀剂，且 2-巯基苯并噻唑在不同体系中的缓蚀效率均高于 90%。相关研究如 2-巯基苯并噻唑在硫酸溶液中对黄铜脱锌的腐蚀抑制作用研究，2-巯基苯并噻唑对地下水钢铁设备的腐蚀抑制作用研究等，都得出了 2-巯基苯并噻唑具有优良的缓蚀性能。2-巯基苯并噻唑在中性高氯酸钠溶液中对铜的缓蚀效率达到 90% 以上。此外，还有通过量化计算研究 2-巯基苯并噻唑与氯离子在硫酸溶液中对金属铁的协同缓蚀作用；交变磁场与 2-巯基苯并噻唑在氯化钠溶液体系下对铜的协同缓蚀作用；2-巯基苯并噻唑在酸性或碱性脱氧缓冲溶液中对铜、银、金表面的缓蚀性能计算研究等。

对于氨基苯并噻唑和烷基苯并噻唑，有相关报道同时评价了 2-巯基苯并噻唑、2-氨基苯并噻唑、2-甲基苯并噻唑在模拟冷却水中对黄铜脱锌的腐蚀抑制作用，得出了 2-巯基苯并噻唑缓蚀性能更优异的结论。6-羟甲基-氨基苯并噻唑、6-羟甲基-氨基苯并噻唑肉桂酸盐、6-羟甲基-氨基苯并噻唑硝基苯甲酸盐、6-羟甲基-氨基苯并噻唑琥珀酸盐、6-羟甲基-氨基苯并噻唑马来酸盐作为气相缓蚀剂，在相对湿度为 100％的条件下对低碳钢、紫铜和黄铜的腐蚀抑制作用研究结果表明，五种氨基苯并噻唑及其衍生物为阳极型缓蚀剂，均表现出优异的缓蚀性能，其中 6-羟甲基-氨基苯并噻唑肉桂酸盐的缓蚀性能最佳。

对于苯并噻唑衍生物的研究，除了上述提到的，还有近年来报道的 4-[4-(1,3-苯并噻唑-2-基)苯氧基]邻苯二甲腈和四[(苯并[d]噻唑-2-基苯氧基)酞菁]镓（Ⅲ）氯化物在 1mol/L 盐酸溶液中作为铝缓蚀剂的研究，作者推测的缓蚀机理与上述有所差异，他认为缓蚀剂分子具有中性和质子化形式，可以延缓铝在 1mol/L 盐酸溶液中的腐蚀。此外，为了提高苯并噻唑的水溶性，科研人员对巯基噻唑进行了季铵化处理，得到了苯并噻唑的季铵盐。如氯化二甲基苄基[2-(2-苯并噻唑基硫代)乙基]铵、硫酸单甲酯三甲基[2-(2-苯并噻唑基硫代)乙基]铵、硫酸单甲酯甲基二乙基[2-(2-苯并噻唑基硫代)乙基]铵的合成及其作为水处理剂对 A3 钢的缓蚀性能研究，实验结果表明，氯化二甲基苄基[2-(2-苯并噻唑基硫代)乙基]铵的缓蚀性能最佳。2-(2-羟基苯)苯并噻唑在 1mol/L 盐酸溶液中对低碳钢的缓蚀率达到 95％以上。

（8）苯并噁唑

苯并噁唑结构如图 2.31 所示。

图 2.31　苯并噁唑结构示意图

苯并噁唑的缓蚀性能研究很少，下面将查阅到的相关文献涉及的酸性或偏酸性体系、氯化钠体系进行介绍。如 2-[(1E)-2-(1,6-二氢芘-10-基)乙烯基]苯并[d]噁唑和 2-苯乙烯基苯并[d]噁唑在 2mol/L 盐酸溶液中对碳钢的缓蚀性能研究表明，当缓蚀剂添加量仅为 1.1×10^{-5}mol/L 时，缓蚀效率分别达到 71.5％和

60.4％。5-氯-2-(3′-硝基苯基)-1,3-苯并噁唑在 1mol/L 盐酸溶液中对纯铁的缓蚀性能研究表明，当缓蚀剂添加量为 10^{-2} mol/L 时，其缓蚀效率最大为 91％。2-(苯并 [d] 噁唑-2-基) 苯酚、6-(苯并 [d] 噁唑-2-基) 吡啶-2-醇、2-(喹啉-2-基) 苯并 [d] 噁唑在 1mol/L 盐酸溶液中对 N80 钢的缓蚀性能研究，通过实验测试和量化计算分析，结果表明这 3 种缓蚀剂中，缓蚀效率最高的为 2-(喹啉-2-基) 苯并 [d] 噁唑，当缓蚀剂的添加量为 1×10^{-3} mol/L 时，其缓蚀效率为 91.67％。3,3′-(1,4-亚苯基) 双 (2-亚氨基-2,3-二氢苯并 [d] 噁唑-5,3-二基) 双 (4-乙基苯磺酸盐) 在 0.5mol/L 硫酸溶液中对 L316 不锈钢的缓蚀性能研究表明，当缓蚀剂添加量为 1×10^{-3} mol/L 时，其缓蚀效率为 80.4％。(E)-2-苯乙烯基苯并[d]噁唑、(E)-2-[2-(萘-2-基)乙烯基]苯并 [d] 噁唑、(E)-2-[2-(菲-2-基)乙烯基]苯并[d]噁唑、(E)-2-[2-(吡啶-2-基)乙烯基]苯并[d]噁唑在 0.6mol/L 亚硫酸氢铵溶液中对 L316 不锈钢的缓蚀性能研究结果表明，这 4 种缓蚀剂均为混合型缓蚀剂，缓蚀效率均高于 83％，其中(E)-2-[2-(吡啶-2-基)乙烯基]苯并[d]噁唑的缓蚀效率最高，达 90.6％。2-巯基苯并噁唑在 3％氯化钠溶液中对铜的缓蚀性能研究，通过分析不同浸泡时间金属表层的成分，得出 2-巯基苯并噁唑通过化学反应在铜表面形成不溶且致密的膜从而起到缓蚀作用的结论；当缓蚀剂的添加量为 1mmol/L 时，其缓蚀效率为 99％。

（9）吖啶

吖啶又名 10-氮杂蒽或二苯并吡啶，由含 N 杂原子的六元环稠合两个苯环所组成，其结构如图 2.32 所示。吖啶具有提供孤对电子的杂原子和大 π 键结构，使其不仅能向金属表面未被占据的 d 轨道提供电子以形成配位共价键，并能通过反键轨道接纳金属表面的自由电子形成反馈键，而且芳香性大的共轭结构特性有助于其在金属表面吸附，防止金属被介质体系中的腐蚀物侵蚀。此外，杂环上的 N 原子可以衍生出较多的化合物，从而可以赋予吖啶类化合物高效的防腐缓蚀性能。

图 2.32 吖啶结构示意图

相比较其他含氮杂环化合物，吖啶类化合物作为缓蚀剂的报道较少。有文献报道将吖啶作为盐酸体系中钢表面热镀锌及锌铝合金镀层的有效缓蚀剂，在此研究中，吖啶作为混合型缓蚀剂主要通过锌原子与环状分子 π 轨道之间的相互作用实现缓蚀，其中苯环是锌原子与吖啶分子相互作用的活性中心。此外，对吖啶的报道还有吖啶对热浸镀 5％铝-锌和 55％铝-锌合金镀层在盐酸介质中的缓蚀性能研究；吖啶在 HNO₃ 中对 63/37 铜的缓蚀性能研究。上述研究主要为吖啶在酸性条件下对铜、锌、铝及其合金的缓蚀保护性能，对于带有取代基的吖啶衍生物的研究也有报道。科研人员研究了带有不同取代基的吖啶化合物作为碳钢在不同腐蚀环境中的缓蚀剂，如 2-甲基-9-苯基-1,2,3,4-四氢吖啶、9-苯基-1,2,3,4-四氢吖啶-2-羧酸乙酯、9-(4-氯苯基)-2-甲基-1,2,3,4-四氢吖啶、9-(4-氯苯基)-1,2,3,4-四氢吖啶-2-羧酸乙酯在 15％盐酸中对 X80 钢的缓蚀性能研究，结果表明，4 种吖啶衍生物均表现出优异的缓蚀性能，且取代基 —CH₃ 比—CO₂C₂H₅ 具有更高的给电子能力，缓蚀效率更高。以及为了增加缓蚀剂的共轭结构进而提升缓蚀剂的缓蚀性能而进行的，9-羧基吖啶、9-甲基吖啶、9-氨基吖啶、9-苯基吖啶、2-甲基-9-苯基吖啶、2-氯-7-甲基-9-苯基吖啶、2-氯-9-苯基吖啶、2-氯-9-(2-氟苯基）吖啶、2-溴-9-(2-氟苯基）吖啶在 1mol/L 盐酸体系中的缓蚀性能研究。上述缓蚀剂的应用显示，性能最好的缓蚀剂其缓蚀效率最高能达到 98％以上。此外也有报道 10-甲基吖啶碘化物、氯化吖啶、9-氨基吖啶氯化物、9-氨基吖啶和碘化钾在 1mol/L 氯化钠＋0.01mol/L 盐酸体系中对铜的缓蚀性能研究等。

（10）吲唑

对于苯并杂环的研究也有吲唑的相关报道，吲唑与吲哚的区别为吲唑在五元杂环上有两个 N 原子，其结构如图 2.33 所示。

吲唑又称苯并吡唑，是药物化学中一个很重要的结构，苯环上可以连接其他基团，吡唑环上 N—H 可以作为一个反应基团和其他结构连接。由于其特有的结构，在金属的腐蚀中具有优异的防护效果。

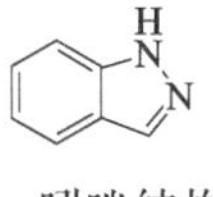

图 2.33　吲唑结构示意图

对于吲唑的相关研究较少，现将一篇关于取代基对吲哚及其衍生物的缓蚀性能影响的研究论文作为吲哚对金属的缓蚀作用的典型事例进行阐述。首先作者对吲唑、两种卤素（Br、I）取代的吲唑衍生物在 0.5mol/L 硫酸溶液中对低碳钢的缓蚀作用进行了探讨，三种吲唑缓蚀剂均为混合型缓蚀剂，缓蚀效率分别为 89.5%、91.9% 及 98.1%。卤素取代基为吸电子基团，会增大苯环上的电子云密度，使取代后的吲哚衍生物的缓蚀性能增强。接着通过改变取代基，对两种含氮取代基（—NO$_2$ 和—NH$_2$）的吲唑衍生物在 1mol/L 盐酸溶液和 0.5mol/L 硫酸溶液中对低碳钢的缓蚀作用进行了探讨，两种缓蚀剂均为混合型缓蚀剂，缓蚀效率高于同浓度下的吲唑缓蚀剂。由于硝基的强吸电子能力，电子云会偏向硝基，苯环上电子云密度减小，致使硝基取代的吲唑衍生物的缓蚀性能不如氨基取代的吲唑衍生物的缓蚀性能。继续对两种羰基取代基（—CO—H、—CO—OH）吲唑衍生物在 0.5mol/L 硫酸溶液中对低碳钢缓蚀作用进行了探讨，两种缓蚀剂均为混合型缓蚀剂，但缓蚀效率均低于同条件下的吲唑的缓蚀性能。醛基和羧基为吸电子基团，在 3-位上取代使得分子前线轨道偏向五元环，从而引起前线轨道能量参数发生变化，造成二者缓蚀效率降低。此外，缓蚀剂分子在金属表面的吸附构型有所差异，对缓蚀效率有较大影响。最后，作者对吲唑和吲哚有卤素取代基时的缓蚀性能进行了对比研究，不同的取代基获得了不同的缓蚀性能。作者指出，通过以上研究发现，缓蚀剂分子的电子云分布和量化参数是缓蚀剂性能的重要指标，上述相关化合物的结构如图 2.34 所示。该课题组还对吲唑、5-氨基吲唑、4-氟-1H-吲唑、4-氯-1H-吲唑、4-溴-1H-吲唑在 3.0%（质量分数）氯化钠溶液中对铜的缓蚀效果，以及吲唑和三种卤代吲唑在 0.5mol/L 硫酸溶液中对铜的缓蚀效果进行了研究，并通过量化计算对实验结果进行了验证。

图 2.34　几种吲唑衍生物的结构示意图

（11）邻菲咯啉

邻菲咯啉由三个环共轭而成，具有平面刚性结构和强的共轭体系，其结构如图 2.35 所示。

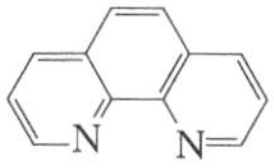

图 2.35　邻菲咯啉结构示意图

从邻菲咯啉的结构来看，其具有丰富的 π 电子和孤对电子，可与金属配位形成吸附膜而隔绝金属和腐蚀体系，进而保护金属基底免于被腐蚀。所以邻菲咯啉用作新型的缓蚀剂具有缓蚀效果好、水溶性好、制备简单、对环境污染小等优点。现已有相关邻菲咯啉在酸性溶液中对金属的缓蚀作用研究报道，如早在 1989 年 Banerjee 和 Misra 等发现 1,10-邻菲咯啉可有效减缓低碳钢在硫酸溶液中的腐蚀速率，之后相关研究陆续报道出来。如邻菲咯啉在 1mol/L 盐酸溶液中对铸铁的缓蚀性能研究表明，当缓蚀剂添加量为 1.4mmol/L 时，其缓蚀效率可达到 96%。邻菲咯啉在 1mol/L 硫酸溶液中对低碳钢的缓蚀性能研究表明，其作为阴极型缓蚀剂，缓蚀效率最高可达 90% 以上；作者也同时报道了邻菲咯啉在盐酸溶液中对低碳钢的缓蚀性能。邻菲咯啉在 1mol/L 盐酸溶液中对铜的缓蚀效率可达到 96.4%。此外，邻菲咯啉在 1mol/L 盐酸体系中对铝的缓蚀性能研究，也验证了邻菲咯啉可作为有效的缓蚀剂。其他相关报道还有邻菲咯啉在酸性体系下对 A3 钢的缓蚀性能研究等。

邻菲咯啉本身在酸性体系下对金属具有良好的防护效果，为了提升其缓蚀效率，对于邻菲咯啉衍生物的研究也有陆续报道。如 2-(2-羟基苯基)-1H-咪唑[4,5-f][1,10]菲咯啉、2-(3-羟基苯基)-1H-咪唑[4,5-f][1,10]菲咯啉、2-(4-羟基苯基)-1H-咪唑[4,5-f][1,10]菲咯啉在 1mol/L 盐酸溶液中对低碳钢的缓蚀性能研究，结果表明，三种缓蚀剂的缓蚀效率均超过了 90%，且因对位—OH 取代的缓蚀剂分子共平面结构最大，缓蚀剂分子疏水能力最强，故对低碳钢的缓蚀性能最好。2-甲磺酰基-1H-咪唑并[4,5-f][1,10]菲咯啉、2-(6-甲基吡啶-2-基)-1H-咪唑并[1,5-f][1,10]菲咯啉、2-(吡啶-2-)-1H-咪唑并[1,5-f][1,10]菲咯啉在酸性体系中对低碳钢的缓蚀性能量化分析表明，除了考虑邻菲咯啉官能团以外，体系的质子化种类等对缓蚀性能的影响也很大。2-苯基-1H-咪唑[4,5-f][1,10]菲咯啉在 1mol/L 盐酸溶液中对铜的缓蚀效率能够达到 99.7％；1H-苯并咪唑菲咯啉在高温下 1mol/L 盐酸溶液中对碳钢的缓蚀效率超过了 92％。此外，2-甲硅基-1H-咪唑并[4,5-f][1,10]-菲咯啉在 0.5mol/L 硫酸溶液中对碳钢的缓蚀性能研究也显示了其高效的缓蚀效率。

邻菲咯啉对金属的缓蚀性能研究中，有与卤素离子相关的报道。如邻菲咯啉和氯离子作为混合型缓蚀剂在 0.5mol/L 硫酸溶液中对钢的缓蚀性能研究；邻菲咯啉和氯离子作为混合型缓蚀剂在 1mol/L 磷酸溶液中对钢的缓蚀性能研究；邻菲咯啉与溴离子在 2.0～9.0mol/L 磷酸溶液中对冷轧钢的缓蚀性能研究等。

（12）其他苯并杂环化合物

其他苯并杂环化合物应用在金属腐蚀防护方面的主要有苯并噻吩、苯并噻二嗪等，这类文献报道很少，下面阐述查阅到的苯并噻吩相关文献。如 3-氯-1-苯并噻吩-2-碳酰肼在 0.5mol/L 和 1mol/L 盐酸溶液中对 6061 铝合金/SiCp 复合材料的缓蚀性能研究，结果显示，作为一种阴极型缓蚀剂，在 30～60℃的温度下缓蚀效率均超过了 82％。2-[(2Z)-2-(1-氰基-2-亚氨基丙基)肼基]-4,5,6,7-四氢-1-苯并噻吩-3-甲酰胺（A）、2-[(2Z)-2-(1-氰基-2-亚氨基丙基)肼基]-4,5,6,7-四氢-1-苯并噻吩-3-羧酸乙酯（B）、2-[(2Z)-2-(1-氰基-2-亚氨基丙基)肼基]-4,5,6,7-四氢-1-苯并噻吩-3-腈（C）在 1mol/L 盐酸溶液中对碳钢的缓蚀性能研究表明。其缓蚀效率顺序为 A＞B＞C。作者表明化合物（A）的缓蚀效率更高主要是由于其有 7 个吸附中心（5N、1S 和 1O），覆盖了金属表面的大面积；而且—CH$_3$ 基团作为给电子基团的存在增加了活性中心上的电子密度，增加了覆盖表面，从而提高了缓蚀效率。而化合物（B）尽管也有 7 个吸附中心（来自酯基的 4N、1S 和 2O），但酯基在酸性介质存在下会转化为羧基，该羧基攻击碳钢表面，会发生可逆反应。化合物（C）由于其小的分子表面积，吸附中心相对较少，有 6 个（5N 和 1S）；且氰化物中的吸电子基团（—CN）能降低活性中心上的电子密度，从而降低缓蚀效率。对于噻吩取代基官能团的分析与前述其他杂环化合物官能团的比较相类似。

2.6.4　嘌呤

嘌呤与咪唑结构相似，是一类由一个嘧啶环和一个咪唑环稠合而成的杂环化合物，其结构如图 2.36 所示。嘌呤本身不存在于自然界中，但是其衍生物如腺嘌呤、鸟嘌呤和次黄嘌呤等存在于生物体中。

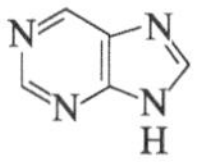

图 2.36　嘌呤结构示意图

嘌呤化合物是典型的杂环化合物，分子结构中不但含有能提供孤对电子的杂原子，而且含有能够提供 π 电子的平面大共轭体系。此外，嘌呤类缓蚀剂毒性小、可生物降解、易于合成且价格低廉，从结构和实际应用上来讲都具备优良缓蚀剂的条件。

对于嘌呤类缓蚀剂的研究，有其应用在不同酸碱性溶液中对铜的缓蚀，如腺嘌呤在不同的酸碱性溶液中，其分子在铜电极上的吸附构型不同，溶液酸性逐步增强的过程中，伴随着分子质子化程度的提高，铜表面腺嘌呤分子的吸附构型发生变化，由直立状态转变为平躺状态。而也有对于嘌呤与腺嘌呤在酸性体系下对铜的缓蚀性能的研究，结果表明，腺嘌呤的缓蚀性能优于嘌呤本身，这主要基于在嘌呤结构中引入的其他官能团的相互作用提升了酸性体系中腺嘌呤对铜的缓蚀性能。鸟嘌呤在中性 NaCl 溶液体系中对铜的缓蚀性能研究结果表明，其对铜的缓蚀效率很高，且其缓蚀效率高于腺嘌呤和母体嘌呤；该体系下的研究结果也表明，鸟嘌呤属于混合型缓蚀剂，腺嘌呤与母体嘌呤都属于阳极抑制型缓蚀剂。

在不同的介质体系中，嘌呤类缓蚀剂的缓蚀效果不同，如科研人员在对鸟嘌呤、腺嘌呤、2,6-二氨基嘌呤、6-硫代嘌呤、2,6-二硫代嘌呤五种嘌呤类化合物，在 1mol/L 盐酸溶液中对碳钢的缓蚀作用进行研究时发现，缓蚀效率顺序为：鸟嘌呤＜腺嘌呤＜2,6-二氨基嘌呤＜6-硫代嘌呤＜2,6-二硫代嘌呤，且五种嘌呤类缓蚀剂都属于混合型缓蚀剂，通过几何覆盖效应覆盖到金属表面起到缓蚀作用。这五种嘌呤类缓蚀剂的结构式和其缓蚀效率结果如表 2.3 所示。其他嘌呤类缓蚀剂的相关报道还有 6-苄基氨基嘌呤、6-氯鸟嘌呤、6-巯基嘌呤等在中性体系中对铜的缓蚀性能研究等。

表 2.3　相关嘌呤类缓蚀剂的缓蚀性能研究结果

序号	种类	结构式	体系	体系浓度	添加剂量 /(mol/L)	缓蚀效率/%
1	鸟嘌呤	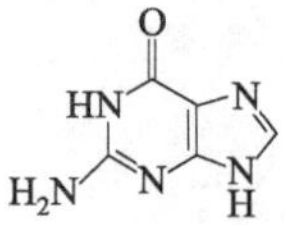	盐酸	1mol/L	1×10^{-3}	65.3
2	腺嘌呤	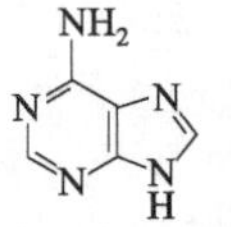	盐酸	1mol/L	1×10^{-3}	69.8
3	2,6-二氨基嘌呤	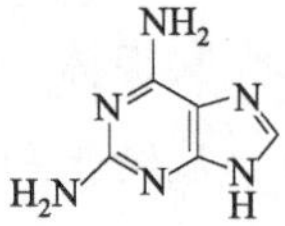	盐酸	1mol/L	1×10^{-3}	73.9
4	2-氨基-6-巯基嘌呤	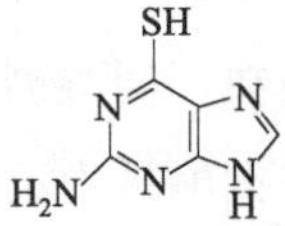	盐酸	1mol/L	1×10^{-3}	79.0
5	2,6-二巯基嘌呤	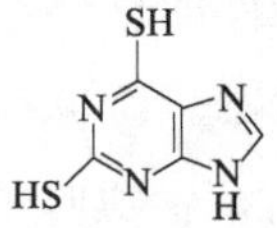	盐酸	1mol/L	1×10^{-3}	88.0

2.7　炔醇类缓蚀剂

炔醇是一种炔烃中炔基的一个末端氢被羟基取代的化合物，从其分子结构来看，炔醇的分子结构中除了本身的烃基基团外，还含有极性基团—OH和 —C≡CH，如图 2.37 所示为丙炔醇与 2-甲基-3-丁炔-2-醇的结构式。

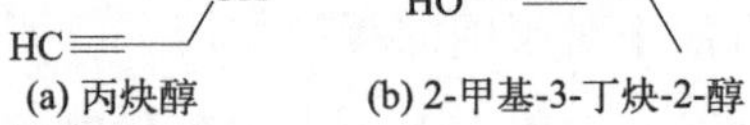

(a) 丙炔醇　　(b) 2-甲基-3-丁炔-2-醇

图 2.37　丙炔醇与 2-甲基-3-丁炔-2-醇的结构示意图

在炔醇的分子结构中炔键上的 π 电子和氧原子上的孤对电子，可以与金属最外层空轨道共用电子形成配位键，化学吸附在金属表面。此外，由于分子间的静电引力和范德瓦尔斯力，炔醇类缓蚀剂也可通过物理吸附的作用吸附在金属表面。其中，物理吸附可逆性高；化学吸附需要更多的活化能，吸附速度较慢，但一旦化学吸附形成吸附膜，膜也较难解吸，因此后效性能好，可以用作高温浓酸条件下的钢铁缓蚀剂。物理吸附和化学吸附的作用使得炔醇类缓蚀剂吸附在金属表面，遮蔽腐蚀介质，起到金属缓蚀的作用。有文献提到丙炔醇（PA）在酸性溶液（HCl）中对钢铁（M）腐蚀的缓蚀作用机理如下所示：

$$M + H_2O \rightleftharpoons (MOH)_{ad} + H^+ + e^-$$

$$M + Cl^- \rightleftharpoons (MCl)_{ad} + e^-$$

$$M + PA \rightleftharpoons (M \cdot PA)_{ad}$$

$$(MOH)_{ad} + H^+ + PA + e^- \rightleftharpoons (M \cdot PA)_{ad} + H_2O$$

$$(MCl)_{ad} + PA + e^- \rightleftharpoons (M \cdot PA)_{ad} + Cl^-$$

形成的稳定配合物 $(M \cdot PA)_{ad}$ 抑制了腐蚀产物 $(MOH)_{ad}$、$(MCl)_{ad}$ 的形成，起到金属缓蚀的作用。

炔醇最引人注目的应用就是在油、气井的酸化处理中用作缓蚀剂。因为炔醇在高温中性能稳定，且能与许多有机化合物复配成高效的高温缓蚀剂，所以许多高效酸化缓蚀剂中都含有炔醇。

目前，相关文献报道的炔醇类缓蚀剂主要有丙炔醇、甲基丁炔醇、甲基戊炔醇、二甲基己炔醇、乙炔基环己醇、1,4-丁炔二醇、3-甲基-1-戊炔-3-醇、1,1,3-三苯基-2-丙炔醇、丙炔醇乙氧基化合物等。炔醇类缓蚀剂的相关报道较多，文献报道的种类多样，可自行查阅相关文献。

在炔醇类缓蚀剂中，比较有代表性的为丙炔醇，而且研究较多的为丙炔醇在酸性体系中对黑色金属的缓蚀行为。如丙烯醇在 0.5mol/L 的硫酸溶液中对 Q235 钢的缓蚀性能研究，结果表明，当丙炔醇的添加量为 0.5mmol/L 时，其缓蚀效率达到 96% 左右。丙炔醇作为阳极抑制为主的混合型缓蚀剂，在含 H_2S 的硫酸溶液中对铁具有良好的缓蚀性能。丙炔醇在 5% 的土酸溶液中对碳钢的缓蚀性能研究结果表明，当丙炔醇的添加量为 0.5%（质量分数）时，其缓蚀效率达到 96% 以上。对于丙炔醇的研究较多，相关内容可自行查阅相关文献。

除此之外还有对其他有色金属的缓蚀性能研究报告，如丙炔醇在 5% 硝酸溶液、10% 盐酸溶液以及 10% 硫酸溶液中对黄铜和紫铜的缓蚀性能研究，结果表明，在硝酸溶液中对黄铜的最大缓蚀效率为 99.5%、对紫铜的最大缓蚀效率为 94.2%；在盐酸溶液中对黄铜和紫铜的缓蚀效率均达到 85% 以上；在硫酸溶液中，对黄铜的最大缓蚀效率为 80.1%，对紫铜的最大缓蚀效率为 78.9%。

其他的炔醇类缓蚀剂的研究，如甲基丁炔醇、甲基戊炔醇、二甲基己炔醇在 15% 盐酸溶液中对 N80 钢的缓蚀性能研究，结果表明，三种缓蚀剂均有良好的缓蚀效果，且甲基戊炔醇的缓蚀效率更高，当其添加量为 0.1%（质量分数）时，并与其他缓蚀组分共同作用，N80 钢片的腐蚀速率可以降到 4.5g/$(m^2 \cdot h)$。1,4-丁炔二醇在 20% 硫酸溶液中对钢的缓蚀性能研究结果表明，当缓蚀剂添加量为 0.5% 时，其缓蚀效率为 81.4%。此外，还有丙炔醇乙氧基化合物、3-甲基-1-戊炔-3-醇、1,1,3-三苯基-2-丙炔醇、羟丙基炔丙基醚、3-甲基丁炔醇在 20% 盐酸溶液中对 N80 钢的缓蚀性能研究等。三种炔醇类缓蚀剂，即溴化-N-辛基-4-(4-羟基-2-炔)、溴化-N-癸基-4-(4-羟基-2-炔) 和溴化-N-十二烷基-4-(4-羟基-2-炔) 在 20% 盐酸溶液中对 X70 钢的缓蚀性能研究表明，当缓蚀剂的添加量为 9×10^{-5} mol/L 时，其缓蚀效率分别为 74.4%、87.89% 及 98.99%。

我国生产的炔醇类缓蚀剂由于原料便宜、生产成本低、价格比国际市场低许多，所以具有很强的市场竞争力。

2.8 有机聚合物类缓蚀剂

聚合物作为缓蚀剂的应用历史悠久，早期使用的糖浆、淀粉、鸡蛋、天然胶、琼脂等都属于聚合物类缓蚀剂。此类聚合物来源广泛、无毒且价廉易得，被广泛地应用在金属的防腐过程中。但由于此类聚合物在应用中出现了缓蚀性能不稳定、用量大且易造成微生物繁殖等问题，在后期应用中受到限制，逐渐被一些合成的新型缓蚀剂所取代。但基于天然产物的研究一直没有间断，主要涉及改性的天然聚合物，如改性淀粉、改性胶原、改性果胶、改性菊粉等，其结构如图 2.38 所示。

而对于天然聚合物来说，其发展速度远低于合成聚合物的研究。如目前用于金属缓蚀的膦基聚羧酸、聚丙烯酸、聚马来酸、聚甲基丙烯酸、聚丙烯酰

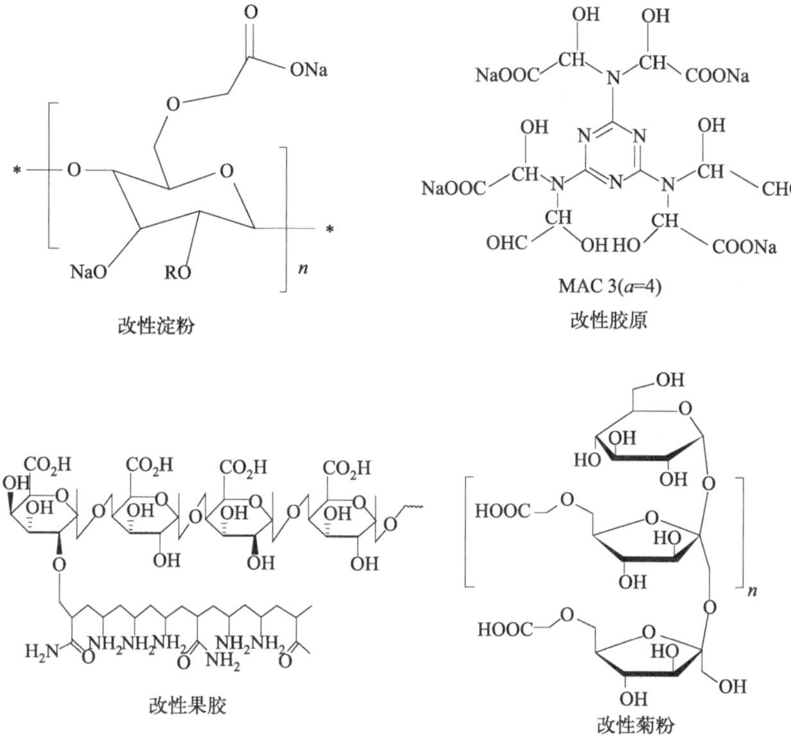

图 2.38　改性天然产物结构示意图

胺、聚乙烯吡咯烷酮、聚乙二胺、烷基环氧羧酸盐、聚天冬氨酸、聚环氧琥珀酸以及改性聚合物（含有氨基、羟基、磺酸基等聚合物）等都是合成聚合物。

其中膦基聚羧酸分子中既含有膦酸基团，又含有羧酸基团。膦酸基团对于介质中的钙有很高的容忍度，且缓蚀除垢性能良好，是一种多功能型的缓蚀除垢剂。由于基团中膦基的存在，尽管较小分子含磷化合物对水体的影响小，但仍会引起水体富营养化。相关研究报道如膦基聚丙烯酸专利的转化，建成了1000t/a 的工业化装置；膦酰基羧酸共聚物对不同金属的缓蚀性能研究，结果表明，该聚合物可以显著提高金属的抗腐蚀能力，改善金属与涂层的附着力等。

聚丙烯酸、聚马来酸、聚甲基丙烯酸归属于羧酸类缓蚀阻垢剂。羧酸类聚合物是"一类以丙烯酸、马来酸或马来酸酐为单体发生均聚或与其他单体发生共聚反应形成的一类水溶性高分子物质"。其中，聚丙烯酸是较早用于缓蚀的乙烯基聚合物。目前常见的羧酸类缓蚀剂为共聚物类羧酸型缓蚀剂，如丙烯酸-甲基丙烯酸共聚物、马来酸酐-丙烯酰胺-苯乙烯共聚物等。羧酸类聚合物能有效抑制金属电化学腐蚀的阳极和阴极过程，提高两种电极材料的耐蚀性，缓蚀剂含量越高，形成的膜层越致密，缓蚀效果越好。

烷基环氧羧酸盐主要具有无毒、耐氯、耐高温的优点，对 $CaCO_3$ 垢具有良好的抑制作用，可用于高 pH 值、高碱度、高硬度的水质中。聚乙烯吡咯烷酮和聚乙二胺可以通过其分子中的 O 或 N 与金属配位形成吸附膜，进而对金属起到缓蚀的作用。磺酸基等聚合物分子结构中含有强极性磺酸基团，对铁垢等均具有良好的抑制作用，能够稳定水中的金属离子和有机膦酸，而且阻垢效果持续时间较长，是目前市场上性能较优越的一类缓蚀阻垢剂。

在上述提到的聚合物中，目前研究较多的为聚天冬氨酸和聚环氧琥珀酸，其结构如图 2.39 所示。

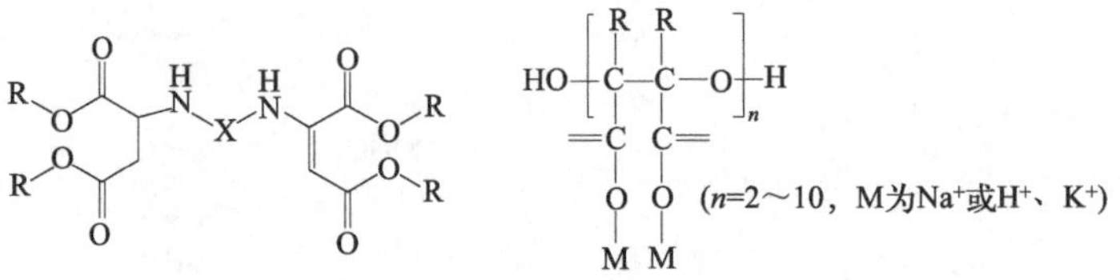

图 2.39　聚天冬氨酸和聚环氧琥珀酸结构示意图

聚天冬氨酸生物降解性好，归属于环境友好型化学品。聚天冬氨酸在 pH 值处于 10 以上时能得到较好的缓蚀效果；pH 值处于 8～9 时较低浓度的聚天冬氨酸在海水中有较好的缓蚀效果。聚天冬氨酸有抑制氧化铁沉淀的能力和耐高温的特性，而且对 $CaSO_4$ 垢具有良好的抑制效果，是一种优良的缓蚀阻垢剂。在酸性体系中，也有聚天冬氨酸的缓蚀性能研究，如聚天冬氨酸在 0.5mol/L 的硫酸溶液中对 20# 碳钢的缓蚀性能研究，结果表明，当缓蚀剂添加量为 100mg/L 时，其缓蚀效率为 71.8%。而对其进行进一步改性的产物，如用聚琥珀酰亚胺与氨丙基咪唑、烷基胺、苯乙胺、多巴胺、巯基乙胺等氨基化合物合成的聚天冬氨酸衍生物，在同等添加剂量下，缓蚀效率为 90% 左右，其中巯基乙胺改性的聚天冬氨酸缓蚀剂的缓蚀效率最高，达到 96.5%。这主要是由于氨丙基咪唑、苯乙胺、多巴胺中的 π 键以及巯基中硫的孤对电子与金属的空轨道发生配位作用，提升了其缓蚀效率；此外，烷基链的引入可以在碳钢表面形成疏水层，并对腐蚀离子形成排斥作用，对缓蚀剂性能的提高也有重要的作用。

聚环氧琥珀酸首次出现是在 1973 年，由美国的 Best 实验室开发出来，作为洗涤剂的螯合成分用在水处理的阻垢分散剂中。聚环氧琥珀酸是一种绿色环保的水处理剂，具有良好的缓蚀阻垢性能，且无磷无氮，易生物降解，适用于高碱高固水系，其阻垢和缓蚀性能都明显优于聚丙烯酸钠、聚马来酸等。如相关研究有，聚环氧琥珀酸及其衍生物在天然海水中对 Q235 钢的缓蚀阻垢性能研究，结果表明，当其添加量为 160mg/L 时，缓蚀效率为 52.17%，2-氨基乙磺酸改性的聚环氧琥珀酸的缓蚀效率增至 61.82%。为了进一步提升其缓蚀性能，有相关研究表明，通过复配后的缓蚀效果更佳，明显优于单剂配方。关于缓蚀剂的复配后续单独在第 4 章进行讨论。

聚合物在金属基底表面能形成单层或多层致密的保护膜，成膜性能比单体好，在金属表面有较大的覆盖面积，而且聚合物比低分子缓蚀剂高效，毒性也较其单体低，所以可作为持久、高效、环保型缓蚀剂。

2.9 曼尼希碱类缓蚀剂

曼尼希碱为 2016 年公布的一个化学名词，其作为缓蚀剂应用很广，尤其作为高温 HCl 缓蚀剂的主要成分而备受重视。曼尼希碱也常用作油气田酸化缓蚀剂，具有酸溶性强、耐温性好等特点。

曼尼希碱是指含有 α-活泼氢原子的有机化合物与醛和胺发生缩合反应（即曼尼希反应）生成的酮醛胺缩合物——β-氨基酮，也称胺甲基化反应产物，其反应式如图 2.40 所示。

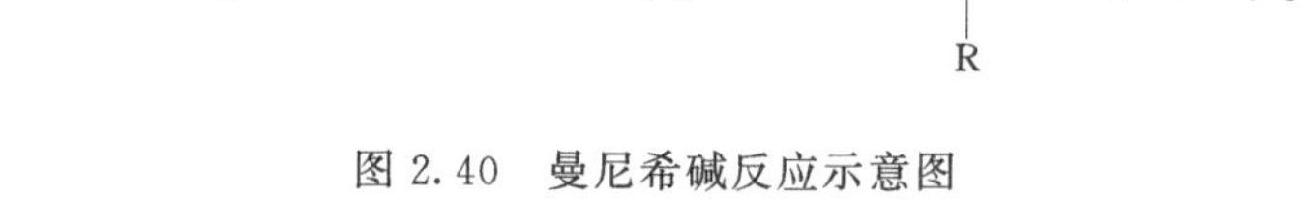

$$R'-\overset{\overset{O}{\|}}{C}-CH_2R + HCHO + HN(CH_3)_2 \xrightarrow{H^+} R'-\overset{\overset{O}{\|}}{C}-\underset{\underset{R}{|}}{C}H-CH_2N(CH_3)_2$$

图 2.40 曼尼希碱反应示意图

上述曼尼希（Mannich）反应中的反应物胺一般为二级胺，如二甲胺、哌啶等。因为如果反应物胺用一级胺，其缩合产物氮原子上的氢能继续发生反应；如果反应物胺用三级胺或芳香胺，反应中无法生成亚胺离子，将停留在季铵离子步骤。Mannich 反应中的反应物醛常用甲醛，除甲醛外，也可用其他单醛或双醛。Mannich 反应中的含 α-活泼氢原子的有机化合物一般为带有羰基的化合物（醛、酮、羧酸、酯）、腈、脂肪硝基化合物等。若用不对称的酮，则产物是混合物。呋喃、吡咯、噻吩等杂环化合物也可反应。

由于曼尼希碱分子中含有多个带有孤对电子的杂原子，而且在氧、氮或氮、氮之间隔着 2 个或 3 个非配位原子，其作为良好的配体能够与金属原子的空 d 轨道配位形成保护膜，通过上述保护膜的形成和几何覆盖效应抑制了电化学腐蚀的阳极和阴极过程，使腐蚀速率变慢，达到保护金属的目的。

目前对曼尼希碱的缓蚀作用研究得较多，如以芳香胺、芳香酮和对羟基苯甲醛为原料合成的曼尼希碱缓蚀剂 LDH-9 在 20％盐酸溶液中对 N80 钢的缓蚀性能研究，结果表明，该缓蚀剂有良好的耐酸、耐温性能，且以几何覆盖的方式长时间作用于碳钢表面；当缓蚀剂的添加量为 1％时，其缓蚀效率达到 99.98％。其他报道的曼尼希碱有：1-苯胺甲基苯并咪唑和 1-(1-苯胺基-3-苯基-2-丙烯基)-2,3-二氢苯并咪唑在 15％盐酸溶液中对 N80 钢的缓蚀性能研究，结果表明，两种缓蚀剂均有较好的缓蚀性能，且 1-(1-苯胺基-3-苯基-2-丙烯基)-2,3-二氢苯并咪唑的缓蚀效果比 1-苯胺甲基苯并咪唑更好；当前者的添加量为 0.2mmol/L 时，其缓蚀效率高达 99％。苯并三氮唑曼尼希碱在模拟 CO_2 水体系中对 L245 钢的缓蚀性能研究结果表明，当缓蚀剂添加量为 200mg/kg 时，其缓蚀效率为 90.4％。十二胺丙炔醇曼尼希碱季铵盐在 H_2S/CO_2 体系中对 X52 钢的缓蚀性能研究结果表明，当缓蚀剂的添加量为 200mg/L 时，其缓蚀效率为 88.7％。苄叉丙酮曼尼希碱在 15％盐酸溶液中对 N80 钢的缓蚀性能研究结果表明，作为阴极型缓蚀剂，当缓蚀剂的添加量为 0.1％（质量分数）时，其缓蚀效率为 89.51％。1-苯基-3-二乙氨基-1-丙酮在 15％盐酸和土酸（12％盐酸＋3％氢氟酸）介质中对 N80 钢片的缓蚀性能研究表明，当缓蚀剂的添加量为 0.75％时，其缓蚀效率达到 99.55％。1-苯基-3-吗啉基-1-丙酮在 15％盐酸中对 N80 钢片的缓蚀性能研究结果表明，其作为混合型缓蚀剂，最高缓蚀效率达 99％。

近年来，对曼尼希碱的研究较多，而且曼尼希碱用于金属的腐蚀防护表现出了优异的缓蚀性能。相关研究较多，可自行查阅相关文献。

为了研制新型的曼尼希碱缓蚀剂或进一步增强曼尼希碱类缓蚀剂的缓蚀性

能，有研究者报道了较多的双曼尼希碱用于金属的腐蚀与防护，其结构如图 2.41 所示。

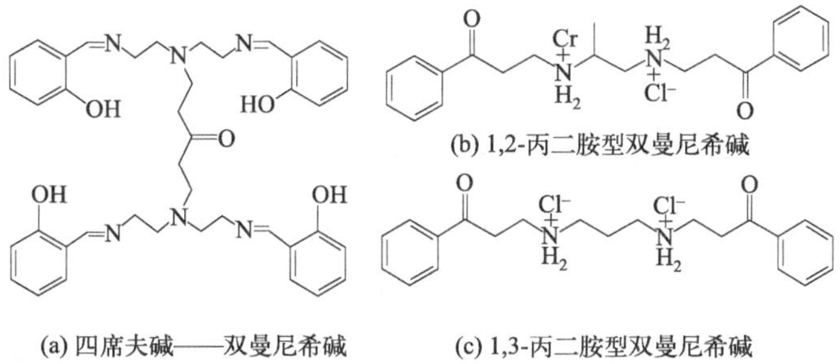

(b) 1,2-丙二胺型双曼尼希碱

(a) 四席夫碱——双曼尼希碱　　　(c) 1,3-丙二胺型双曼尼希碱

图 2.41　双曼尼希碱结构示意图

对于双曼尼希碱分子的缓蚀作用说明如下：分子中的氮、氧原子与酸液中的 H$^+$ 结合转化为相应的阳离子，吸附在金属表面有过剩电子的位置上，形成吸附膜，分子中苯环及烷基的空间位阻和疏水性提高了吸附强度与致密性。该吸附膜提高了 H$^+$ 的过电位，减弱放电作用，主要抑制阴极反应。由于金属原子有空的 3d 轨道，所以双曼尼希碱分子中有未共用电子对的氮、氧原子以及含有 π 键的苯环，可以和金属表面的原子通过配位键形成吸附膜，强化了该缓蚀剂在金属表面的吸附作用，该吸附膜主要抑制阳极反应。

对于曼尼希碱结构中碳链长度对缓蚀性能的影响，有研究表示：在较低缓蚀剂添加浓度下，碳链短的曼尼希碱缓蚀性能要优于碳链长的曼尼希碱。其主要解释如下：①在较低的缓蚀剂浓度下，曼尼希碱的碳链越短，分子极性越强，其水溶性越好，缓蚀剂在金属表面的吸附量就会越多，其缓蚀性能越好。②在较低的缓蚀剂浓度下，短碳链的曼尼希碱分子之间存在相互协同效应，能够形成能量低的稳定构象吸附在金属表面，抑制腐蚀反应的进行；而长碳链的曼尼希碱缓蚀剂之间存在位阻效应，吸附不稳定，分子不易有序吸附在金属表面。

2.10　非杂环含硫化合物类缓蚀剂

非杂环的含硫化合物类缓蚀剂主要有硫脲、硫醇、硫醚及有机磺酸等，其结构如图 2.42 所示。

图 2.42　硫脲、硫醇、硫醚、有机磺酸结构示意图

非杂环的含硫化合物类缓蚀剂中的硫脲最开始可追溯到 20 世纪 20～30 年代，科研人员从煤焦油中分离出包括硫脲的含杂原子有机化合物，并评价了其缓蚀性能。1923 年，美国 Chemical&PaintCo. 研究并开发出了至今仍广泛使用的若丁（rodine）系列缓蚀剂，其主要成分为硫脲。rodine 系列缓蚀剂最初得到推广应用的典型实例为 1932 年美国海湾石油公司将其用于油井酸化工艺中，解决了油井设备的腐蚀难题。20 世纪 40 年代初，硫脲已普遍用作酸洗缓蚀剂。之后，关于硫脲及其衍生物以及其他含杂原子有机化合物在酸性介质中的缓蚀性能研究被各国重视起来。1948 年，美国的 H. H. Uhlig 编写的《腐蚀手册》第一版中的 120 个硫酸缓蚀剂，大部分都属于含硫化合物，其中就包含硫脲、硫醚、硫醇等。20 世纪 80 年代，苏联在石油工业中使用硫脲衍生物——二邻甲苯硫脲作为控制氨基磺酸对 20[#] 碳钢腐蚀的主要成分。我国缓蚀剂的研究起点比较晚，首次研究是 1953 年以邻甲苯硫脲为主要组分的酸洗缓蚀剂（五四牌若丁），并取得了成功。1958 年中国科学院成功仿制出苏联的以乌洛托品为主的酸洗剂。

我国对于硫脲的应用研究有陕西省石油化工研究设计院研发的仿若丁产品，其主要成分为二乙基硫脲。其他相关的有天津若丁、抚顺若丁等。

除了硫脲以外，报道的硫脲衍生物有甲基硫脲、乙基硫脲、丙基硫脲、苯基硫脲、氨基硫脲、二甲基硫脲、二乙基硫脲、二异丙基硫脲、烯丙基硫脲、氯苯基硫脲、二甲基二苯基硫脲、苯基氨基硫脲、杂环化合物基硫脲以及醛缩合硫脲等。

硫脲在不同介质中的缓蚀特点如下：

① 硫脲既能抑制阳极反应，也能抑制阴极反应。

② 在酸性体系中，尤其是浓度较高的酸性体系中，常常包含分子型硫脲和质子化硫脲，分子化硫脲起缓蚀作用，质子化硫脲则加速了阴极的析氢反应，两者的相互作用会产生缓蚀效率的浓度极值。而且在不同种类的酸中对金

属基底的作用也不相同，如盐酸中硫脲的还原产物会加速阳极铁的溶解，硝酸中其氧化产物可能会抑制铁的溶解。

③ 体系中硫脲浓度太高，不仅会参与阳极铁的溶解，且浓度太高时，吸附取向倾向于垂直吸附，相较于低浓度下的缓蚀效果会极大降低。

在实际应用中，硫脲具有以下优点：①缓蚀效率高于 97% 以上；②高温下分子结构稳定，可用于高温酸洗过程中；③毒性较低，易溶于水，可现配现用，使用方便。

尽管对于硫醇和硫醚的研究不如硫脲多，应用上也不如硫脲的应用广泛，但因硫醇和硫醚均含有给电子有机杂原子，能够与金属作用形成致密吸附膜而起到缓蚀作用，因此也有相关的研究报道。如对不同链长的烷基硫醇（正十二硫醇、正十六硫醇、正十八硫醇）的研究，不同取代基硫醇（如苯硫醇、三嗪二硫醇以及硫醇基硫代磷酸酯）的研究，以及环己基多硫醚、4'4-二巯基二苯硫醚缓蚀性能的研究等。

由于有机磺酸及其盐类缓蚀剂中的磺酸基团是一个强水溶性的强酸性基团，故磺酸及其盐类缓蚀剂都是水溶性的强酸性化合物。目前报道的磺酸类有机缓蚀剂有：烷基磺酸钠、烷基苯磺酸钠、氨基磺酸、木质素磺酸钠、咪唑啉磺酸盐、石油磺酸钡等。有机磺酸盐类缓蚀剂有较高的适应性，其原料易得、成本低、生产工艺简单，而且有机磺酸盐的生产技术和工艺成熟，目前主要用来与其他添加剂复配进而提升缓蚀剂的缓蚀性能。

2.11 金属有机配位化合物类缓蚀剂

金属有机配位化合物类缓蚀剂为近年来新兴研究的缓蚀剂之一。金属有机配位化合物，以下简称配合物，是由金属和有机配体通过配位键形成的一类化合物，从金属在周期表中的归属不同可分为过渡金属配合物和稀土金属配合物。由于金属与有机物的种类很多，且配位方式相异，因此配合物的种类和结构千变万化。

配合物所用配体一般为含有 N、S、O 杂原子的有机化合物，此类杂环化合物作为缓蚀剂如前所述已被广泛研究和应用。配合物是由无机金属离子和有机配体共同组成，应兼备有机物和无机物的特性。研究发现，相比于配体杂环化合物本身，配合物的缓蚀性能更好，缓蚀效率更高。如对于 2-[(苯硫基)苯基]-1-(邻甲苯基)甲亚胺（PTM）配体及双（乙酸）[2-(苯硫基)苯基-1-(邻甲苯基)甲亚胺]合钴（CoPTM）配合物在 1mol/L 盐酸溶液中对钢的缓蚀性能研究，结果表明，PTM 为阳极控制的缓蚀剂，CoPTM 为阴极控制的缓蚀剂，且配合物的缓蚀性能要远高于杂环化合物配体本身，CoPTM 的缓蚀效率达到 97.8%。以 2-氨基-苯甲酸（1-苯基-亚丙基）-酰肼和 2-羟基苯甲酸（1-苯基-亚丙基）酰肼分别为配体的两种镍（Ⅱ）的配合物 0.5mol/L 硫酸溶液中对低碳钢的缓蚀性能研究结果表明，配合物对金属的缓蚀效率要高于配体本身，配体的缓蚀效率分别为 63.2% 和 61.1%，形成的配合物的缓蚀效率为 76% 和 73.1%。以吡啶基亚氨基苯酚磺酸钠为配体源的铜和钴的两种配合物在 1mol/L 盐酸溶液中对碳钢的缓蚀性能研究也表明，铜和钴的两种配合物的缓蚀效率要高于配体，当缓蚀剂的添加量为 4×10^{-4} mol/L 时，铜配合物的缓蚀效率更高，为 98.64%，钴配合物的缓蚀效率为 97.32%，而配体的缓蚀效率为 92.89%。四氮杂四齿大环配体(2E)-3,6,10,13-四甲基-2,7,9,14-四氮杂-1,8(1,4)二苯环十四烷-2,6,9,13-四烯，及其镍、铜的配合物在 3.5%氯化钠溶液中对 Cu10Ni 合金的缓蚀性能研究结果表明，当配合物的添加量为 100μmol/L 时，铜配合物的缓蚀效率更高，为 95.7%，镍配合物的缓蚀效率为 91.5%，而配体的缓蚀效率为 86.5%。以 5-甲基-2-噻吩甲酸和 4,4-二联吡啶为双配体的铜配合物在 1mol/L 盐酸溶液中对碳钢的缓蚀性能研究表明，铜配合物在碳钢表面形成一层致密的保护膜，且当铜配合物的添加量为 50mg/L 时，其缓蚀效率达到 82.42%。以对苯二甲酰水杨酸二腙为配体的钒和镍的两种配合物分别在饱和 CO_2 的氯化钠溶液中对低碳钢的缓蚀性能研究结果表明，作为混合型缓蚀剂，当缓蚀剂的添加量为 0.1mmol/L 时，钒配合物的缓蚀效率为 98.22%，镍配合物的缓蚀效率为 97.25%，而配体的缓蚀效率为 89.57%。其他相关配合物还有锌、铁配合物等的报道以及在高氯酸等溶液中的缓蚀性能研究，配合物均表现出了良好的缓蚀性能。

上述研究均表明了所研究的配合物对金属的缓蚀在不同体系内都取得了良好的缓蚀效果，且配合物的缓蚀性能要优于配体本身。配体本身为含杂原子的有机缓蚀剂，对于金属具有很好的缓蚀性能，但是配体的稳定性往往低于配合物，所以，配合物的相关研究对于缓蚀剂结构的稳定或在高温环境下的使用具有较好的指导作用。

除了过渡金属配合物的研究以外，对稀土金属配合物的缓蚀性能研究也有相关报道。稀土金属配合物的研究主要集中在水基体系金属的防护研究，主要是因为稀土金属盐缓蚀剂具有毒性低的优点，稀土金属离子可在金属表面沉淀，形成防护膜，且稀土金属盐本身就可以作为一种绿色环保的无机缓蚀剂。而由于杂环化合物具有优异的缓蚀性能，所以稀土金属离子与有机配体配位后形成的配合物的应用研究也逐渐发展起来。如以 1,10-邻菲咯啉、丁二酸作为配体，合成的稀土镧三元配合物在 0.5mol/L 盐酸溶液中对 P110 低碳钢的缓蚀性能研究，结果表明，配合物的缓蚀性能优于配体，当缓蚀剂添加量为 400mg/kg 时，配合物缓蚀效率达到 96.27%，且高温时，配合物仍能表现出良好的缓蚀性能。其他报道如 Eu 配合物在 3.5% NaCl 溶液中对碳钢的缓蚀作用研究，发现其在碳钢表面形成了金属有机膜；La、Ce 配合物在 0.01mol/L NaCl 介质中对碳钢的缓蚀性能研究等。大量文献数据表明，稀土金属配合物类缓蚀剂在酸性和中性介质中对碳钢有良好的缓蚀效果。

配合物应用于酸性或中性体系中对金属的防护起到了显著的效果。主要因为其二维或三维空间网络结构能够在金属表面形成相较杂环化合物本身更为致密的防护膜，减少了周围介质中的腐蚀物质对金属的侵蚀。此外，由于其稳定的结构和高温下不易分解的特性，配合物有望应用于目前中、高温环境中金属的腐蚀防护。

2.12 生物质提取物类缓蚀剂

由于合成有机缓蚀剂的过程涉及较多的环境安全等问题，所以，近年来开发廉价、无毒和环保的天然型有机缓蚀剂作为金属的高效缓蚀剂已经成为研究人员的关注热点。相关的天然有机缓蚀剂一般可以从药用植物、芳香草药和香料中提取。而在天然有机缓蚀剂的原料中，植物提取物被视为有机缓蚀剂的重要原料来源，因为其不仅容易提取，而且具有低成本、可生物降解等优点。植物的提取物作为有机缓蚀剂主要是利用了天然高分子中存在大量的活性基团，这些基团可在金属表面发生吸附作用。

已报道了许多植物提取物被用作缓蚀剂，如石楠叶提取物、银杏叶提取物、柿叶提取物、茶叶提取物、花椒提取物、果皮提取物、海带提取物、大蒜提取物等，以及相关报道的可用作缓蚀剂的各种植物油，如大豆油、玉米油、葵花籽油、肉豆蔻油、蓖麻油、罗勒香油等。而已经使用的植物提取物缓蚀剂有油酸、琥珀酸、抗坏血酸、氨基酸、菊苣酸、咖啡酸等。如 Zahra Sanaei 等人研究了菊苣提取物中的绿色缓蚀剂分子在钢铁抗氯离子侵蚀中的应用，菊苣提取物主要包含菊苣酸和咖啡酸，这些提取物为含有大量氧杂原子的化合物，这些氧的孤对电子与金属的空轨道相结合，在金属表面形成不溶性配合物，进而达到缓蚀的目的。M. Abdallah 等人研究了肉豆蔻油在 1.0mol/L 盐酸溶液中对 L-52 碳钢的缓蚀性能，肉豆蔻油主要含有肉豆蔻醚和烯类等活性基团，这些活性基团与金属表面经化学作用结合，最终隔离腐蚀介质避免侵蚀金属。Yujie Qiang 等人研究了银杏叶提取物在 1.0mol/L 盐酸溶液中对 X70 钢的缓蚀性能，银杏叶提取物主要含有黄酮苷、萜类内酯等化学成分，这些物质在酸性体系下以质子化形式通过静电作用吸附在钢表面；除了物理吸附外，提取物中的其他中性和阳离子有机成分还可以通过杂原子中的孤电子对与金属的空轨道结合而吸附在金属表面，这些共同作用促使银杏叶的提取物具备了高效的缓蚀性能。这些植物提取物或生物质油的主要作用方式与之前讲述的有机缓蚀剂的缓蚀作用机制类似，可参考之前的作用机制进行分析。

近年来，除了生物质本身，常见的高效生物质类缓蚀剂都需要对其提取物或者生物质油进行技术处理，如采用改性、修饰等方法处理原料进而制备生物质衍生的有机缓蚀剂。比如，通过环氧化/环氧乙烷开环、酯交换/酰胺化、加氢甲酰化/还原和臭氧分解/还原等方法对植物提取物或生物质油进行官能团化。Weiguo Zeng 等人通过对大豆油进行改性制备了大豆油基酰胺类缓蚀剂，其显著抑制了 A13 钢在 5%盐酸溶液中的腐蚀，提高了大豆油对金属的缓蚀性能。Abdolreza Farhadian 等人选用含有亚油酸和油酸等不饱和脂肪酸的葵花油作为原料，经环氧化/环氧乙烷开环的方式处理后得到了葵花籽油基缓蚀剂，将其用于 15%盐酸体系下抑制碳钢腐蚀的缓蚀剂，缓蚀效率高于 96%。葵花籽油基缓蚀剂中含有醚基和甘油三酯基，这些基团具有高的分子活性，能显著增强缓蚀剂与金属表面的结合力。

参考文献

［1］　张天胜，张浩，高红，等．缓蚀剂［M］．北京：化学工业出版社，2008.

［2］　Ameh P O，Koha P U，Eddy N O. Experimental and Quantum Chemical Studies on the Corrosion Inhibition Potential of Phthalic Acid for Mild Steel in 0. 1M H_2SO_4 ［J］．Chemical Sciences Journal，2015，6：100.

［3］　Zhang D Q，Yang H X，Li X H. Inhibition Effect and Theoretical Investigation of Dicarboxylic Acid Derivatives as Corrosion Inhibitor for Aluminium Alloy［J］．Materials and Corrosion，2020：1-11.

［4］　Patel N S，Jauhari S，Mehta G N，et al. The Effect of 2-Aminoquinoline-6-carboxylic Acid on the Corrosion Behavior of Mild Steel in Hydrochloric Acid［J］．Journal of the Iranian Chemical Society，2012，9：635-641.

［5］　Obot I B，Onyeachu Ikenna B，Wazzan N，et al. Theoretical and Experimental Investigation of Two Alkyl Carboxylates as Corrosion Inhibitor for Steel in Acidic Medium［J］．Journal of Molecular Liquids，2019，279：190-207.

［6］　Ghasemi O，Ghanbariadivi H，Ghasemi V. Inhibition Effect of Hydroxybenzaldehyde Schiff Bases on the Corrosion of Mild Steel in Hydrochloric Acid Solution［J］．Journal of Dispersion Science and Technology，2014，35（5）：706-716.

［7］　Jafari H，Danaee I，Eskandari H，et al. Electrochemical and Quantum Chemical Studies of N,N''-bis（4-hydroxybenzaldehyde）-2,2-dimethylpropandiimine Schiff Base as Corrosion Inhibitor for Low Carbon Steel in HCl Solution［J］．Journal of Environmental Science and Health Part A：Toxic/Hazardous Substances and Environmental Engineering，2013，48（13）：1628-1641.

［8］　Hassan Hala M，Attia A，Zordok Wael A，et al. Potentiodynamic Polarization，Electrochemical Impedance Spectroscopy（EIS）and Density Functional Theory Studies of Sulfa Guanidine Azomethine as Efficient Corrosion Inhibitors for Nichel Surface in Hydrochloric Acid Solution［J］．International Journal of Scientific & Engineering Researchh，2014，5（8）：369-380.

［9］　Yang D Q，Feng X J，Yan N，et al. Corrosion Inhibition Studies of Benzoxazole Derivates for N80 Steel in 1M HCl Solution：Synthesis，Experimental，and DTF Studies［J］．Open Journal of Yangtze Gas and Oil，2022，7：101-123.

［10］　Reda Y，Hassan Hala M，Attia A，et al. Electrochemical and Morphology of Corrosion Inhibition of C-Steel in 2 M HCl [J]. Journal of Bio- and Tribo-Corrosion, 2022, 8: 79.

[11] Foudaa A S, Elmorsib M A, Fayed T, et al. Oxazole Derivatives as Corrosion Inhibitors for 316L Stainless Steel in Sulfamic Acid Solutions [J]. Desalination and Water Treatment, 2016, 57 (10): 4371-4385.

[12] Fouda A S, Attia A A, Negm A A. Some Thiophene Derivatives as Corrosion Inhibitors for Carbon Steel in Hydrochloric Acid [J]. Journal of Metallurgy, 2014: 472040.

[13] Kini U A, Shetty P, Schetty S D, et al. Corrosion Inhibition of 6061 Aluminium alloy/SiCp Composite in Hydrochloric Acid Medium Using 3-Chloro-1-benzothiophene-2-carbohydrazide [J]. Indian Journal of Chemical Technology, 2011, 18: 439-445.

[14] Woods R, Hope G A, Watling K. A SERS Spectroelectrochemical Investigation of the Interaction of 2-Mercaptobenzothiazole with Copper, Silver and Gold Surfaces [J]. Journal of Applied Electrochemistry, 2000, 30: 1209-1222.

[15] Nnaji N, Nwaji N, Fomo G. Inhibition of Aluminium Corrosion Using Benzothiazole and Its Phthalocyanine Derivative [J]. Electrocatalysis, 2019, 10: 445-458.

[16] Huang D B, Tu Y Q, Song G L, et al. Inhibition Effects of Pyrazine and Piperazine on the Corrosion of Mg-10Gd-3Y-0.5Zr Alloy in an Ethylene Glycol Solution [J]. American Journal of Analytical Chemistry, 2013, 4: 36-38.

[17] Bouklah M, Attayibat A, Kertit S, et al. A Pyrazine Derivative as Corrosion Inhibitor for Steel in Sulphuric Acid Solution [J]. Applied Surface Science, 2005, 242: 399-406.

[18] Behzadi H, Manzetti S, Dargahi M, et al. Application of Calculated NMR Parameters, Aromaticity Indices and Wave Function Properties for Evaluation of Corrosion Inhibition Efficiency of Pyrazine Inhibitors [J]. Journal of Molecular Structure, 2018, 1151: 34-40.

[19] Abdallah M, Sobhi M, Al-Tass H M. Corrosion Inhibition of Aluminum in Hydrochloric Acid by Pyrazinamide Derivatives [J]. Journal of Molecular Liquids, 2016, 223: 1143-1150.

[20] Guo L, Tan B C, Zuo X L, et al. Eco-friendly Food Spice 2-Furfurylthio-3-methylpyrazine as an Excellent Inhibitor for Copper Corrosion in Sulfuric Acid Medium [J]. Journal of Molecular Liquids, 2020, 317: 113915.

[21] Kissi M, Bouklah M, Hammouti B, et al. Establishment of Equivalent Circuits from Electrochemical Impedance Spectroscopy Study of Corrosion Inhibition of Steel by

Pyrazine in Sulphuric Acidic Solution [J]. Applied Surface Science, 2006, 252: 4190-4197.

[22] Obot I B, Umoren S A, Ankah N K. Pyrazine Derivatives as Green Oil Field Corrosion Inhibitors for Steel [J]. Journal of Molecular Liquids, 2019, 277: 749-761.

[23] Obot I B, Onyeachu Ikenna B, Umoren S A. Pyrazines as Potential Corrosion Inhibitors for Industrial Metals and Alloys: A Review [J]. Journal of Bio- and Tribo-Corrosion, 2018, 4: 18.

[24] Li X H, Deng S D, Fu H. Three Pyrazine Derivatives as Corrosion Inhibitors for Steel in 1.0 M H_2SO_4 Solution [J]. Corrosion Science, 2011, 53: 3241-3247.

[25] Deng S D, Li X H, Fu H. Two Pyrazine Derivatives as Inhibitors of the Cold Rolled Steel Corrosion in Hydrochloric Acid Solution [J]. Corrosion Science, 2011, 53: 822-828.

[26] Mashuga M E, Olasunkanmi L O, Lgaz H, et al. Aminomethylpyridazine Isomers as Corrosion Inhibitors for Mild Steel in 1M HCl: Electrochemical, DFT and Monte Carlo simulation studies [J]. Journal of Molecular Liquids, 2021, 344: 117882.

[27] Abderrahman B, Ali A, Mouslim M, et al. Corrosion Inhibition of Carbon Steel in Aggressive Acidic Media with 1-[2-(4-Chlorophenyl)-2-oxoethyl] Pyridazinium Bromide [J]. Journal of Molecular Liquids, 2015, 211: 1000-1008.

[28] Messali M, Bousskri A, Anejjar A, et al. Electrochemical Studies of 1-[2-(4-nitrophenyl)-2-oxoethyl]pyridazinium bromide, On Carbon Steel Corrosion in Hydrochloric Acid Medium [J]. International Journal of Electrochemcal Science, 2015, 10: 4532-4551.

[29] Benbouya K, Forsal I, Elbakri M, et al. Influence of Pyridazine Derivative on Corrosion Inhibition of Mild Steel in Acidic Media [J]. Research on Chemical Intermediates, 2014, 40: 1267-1281.

[30] Zarrouk A, Hammouti B, Zarrok H, et al. Theoretical Study Using DFT Calculations on Inhibitory Action of Four Pyridazines on Corrosion of Copper in Nitric Acid [J]. Research on Chemical Intermediates, 2012, 38: 2327-2334.

[31] El Hajjaji F, Salim R, Messal M, et al. Electrochemical Studies on New Pyridazinium Derivatives as Corrosion Inhibitors of Carbon Steel in Acidic Medium [J]. Journal of Bio- and Tribo-Corrosion, 2019, 5: 4.

[32] Luo W, Lin Q Y, Ran X, et al. A New Pyridazine Derivative Synthesized as an Efficient Corrosion Inhibitor for Copper in Sulfuric Acid Medium: Experimental and Theo-

retical Calculation Studies [J]. Journal of Molecular Liquids, 2021, 341: 117370.

[33] Zerga B, Hammouti B, Ebn Touhami M, et al. Comparative Inhibition Study of New Synthesised Pyridazine Derivatives Towards Mild Steel Corrosion in Hydrochloric Acid. Part-Ⅱ: Thermodynamic Proprieties [J]. International Journal of Electrochemcal Science, 2012, 7: 471-483.

[34] Chetouani A, Hammouti B, Aouniti A, et al. New Synthesised Pyridazine Derivatives as Effective Inhibitors for the Corrosion of Pure Iron in HCl Medium [J]. Progress in Organic Coatings, 2002, 45: 373-378.

[35] Zhang S T, Tao Z H, Li W H, et al. The Effect of Some Triazole Derivatives as Inhibitors for the Corrosion of Mild Steel in 1M Hydrochloric Acid [J]. Applied Surface Science, 2009, 255: 6757-6763.

[36] About H, El Faydy M, Benhiba F, et al. Synthesis, Experimental and Theoretical Investigation of Tetrazole Derivative as an Effective Corrosion Inhibitor for Mild Steel in 1M HCl [J]. Journal of Bio- and Tribo-Corrosion, 2019, 5: 50.

[37] Outirite M, Lagrenée M, Lebrini M, et al. Ac Impedance, X-ray Photoelectron Spectroscopy and Density Functional Theory Studies of 3,5-Bis (n-pyridyl)-1,2,4-oxadiazoles as Efficient Corrosion Inhibitors for Carbon Steel Surface in Hydrochloric Acid Solution [J]. Electrochimica Acta, 2010, 55: 1670-1681.

[38] Bentiss F, Traisnel M, Chaibi N, et al. 2,5-Bis (n-methoxyphenyl)-1,3,4-oxadiazoles Used as Corrosion Inhibitors in Acidic Media: Correlation Between Inhibition Efficiency and Chemical Structure [J]. Corrosion Science, 2002, 44: 2271-2289.

[39] Quraishi M A, Jamal D. Corrosion Inhibition by Fatty acid Oxadiazoles for Oil Well Steel (N-80) and Mild Steel [J]. Materials Chemistry and Physics, 2001, 71: 202-205.

[40] Kumar S, Kalia V, Goyal M, et al. Newly Synthesized Oxadiazole Derivatives as Corrosion Inhibitors for Mild Steel in Acidic Medium: Experimental and Theoretical Approaches [J]. Journal of Molecular Liquids, 2022, 357: 119077.

[41] Alamiery A. Corrosion Inhibition Effect of 2-N-phenylamino-5-(3-phenyl-3-oxo-1-propyl)-1,3,4-oxadiazole on Mild Steel in 1 M Hydrochloric Acid Medium: Insight from Gravimetric and DFT Investigations [J]. Materials Science for Energy Technologies, 2021, 4: 398-406.

[42] Joseph Raj X, Rajendran N. Effect of Some Oxadiazole Derivatives on the Corrosion Inhibition of Brass in Natural Seawater [J]. Journal of Materials Engineering and Per-

formance，2012，21：1363-1373.

[43] Ammal P R，Prajila M，Joseph A. Effect of Substitution and Temperature on the Corrosion Inhibition Properties of Benzimidazole Bearing 1,3,4-oxadiazoles for Mild Steel in Sulphuric Acid：Physicochemical and Theoretical Studies [J]. Journal of Environmental Chemical Engineering，2018，6：1072-1085.

[44] Rochdi A，Kassou O，Dkhireche N，et al. Inhibitive Properties of 2,5-Bis (*n*-methylphenyl)-1,3,4-oxadiazole and Biocide on Corrosion，Biocorrosion and Scaling Controls of Brass in Simulated Cooling Water [J]. Corrosion Science，2014，80：442-452.

[45] Lagrenee M，Mernari B，Chaibi N，et al. Investigation of the Inhibitive Effect of Substituted Oxadiazoles on the Corrosion of Mild Steel in HCl Medium [J]. Corrosion Science，2001，43：951-962.

[46] Rochdi A，Touir R，El Bakri M，et al. Protection of Low Carbon Steel by Oxadiazole Derivatives and Biocide Against Corrosion in Simulated Cooling Water System [J]. Journal of Environmental Chemical Engineering，2015，3 (1)：233-242.

[47] Goni L，Jafar Mazumder Mohammad A，QuraishiBioinspired M A，et al. Heterocyclic Compounds as Corrosion Inhibitors：A Comprehensive Review [J]. Chemistry，an Asian journal，2021，16 (11)：1324-1364.

[48] Moretti G，Guidi F，Fabris F. Corrosion Inhibition of the Mild Steel in 0.5M HCl by 2-Butyl-hexahydropyrrolo [1, 2-*b*] [1, 2] oxazole [J]. Corrosion Science，2013，76：206-218.

[49] Hosseini S，Amiri M. Electrochemical and Dissolution Behavior of the Ti-alloy VT-9 in H$_2$SO$_4$ Solution in the Presence of the Organic Inhibitor(2-Phenyl-4-[(*E*)-1-(4-solphanylanilino) methylyden]-1,3-oxazole-5(4*H*)-one [J]. Journal of the Iranian Chemical Society，2007，4 (4)：451-458.

[50] Rahmani H，El-Hajjaji F，El Hallaoui A，et al. Experimental，Quantum Chemical Studies of Oxazole Derivatives as Corrosion Inhibitors on Mild Steel in Molar Hydrochloric Acid Medium [J]. International Journal of Corrosion and Scale Inhibition，2018，7 (4)：509-527.

[51] Ahmed Z W，Naser J A，Farooq A. Inhibition of Aluminum Alloy 7025 in Acid Solution Using Sulphamethoxazole [J]. The Egyptian Journal of Chemistry，2020，63 (10)：3703-3711.

[52] Foad El Sherbini E E. Sulphamethoxazole as an Effective Inhibitor for the Corrosion of Mild Steel in 1.0 M HCl Solution [J]. Materials Chemistry and Physics，1999，61：

223-228.

[53] Issaadi S, Douadi T, Chafaa S. Adsorption and Inhibitive Properties of a New Heterocyclic Furan Schiff Base on Corrosion of Copper in HCl 1 M: Experimental and Theoretical Investigation [J]. Applied Surface Science, 2014, 316: 582-589.

[54] Machnikova E, Whitmire Kenton H, Hackerman N. Corrosion Inhibition of Carbon Steel in Hydrochloric Acid by Furan Derivatives [J]. Electrochimica Acta, 2008, 53: 6024-6032.

[55] Al-Fakih A M, Abdallah H H, Aziz M. Experimental and Theoretical Studies of the Inhibition Performance of Two Furan Derivatives on Mild Steel Corrosion in Acidic Medium [J]. Materials and Corrosion. 2018: 1-14.

[56] Al-Amiery A A, Shaker L M, Kadhum A H, et al. Exploration of Furan Derivative for Application as Corrosion Inhibitor for Mild Steel in Hydrochloric Acid Solution: Effect of Immersion Time and Temperature on Efficiency [J]. Materials Today: Proceedings, 2021, 42: 2968-2973.

[57] Al-Fakih A M, Aziz M, Abdallah H H, et al. High Dimensional QSAR Study of Mild Steel Corrosion Inhibition in Acidic Medium by Furan Derivatives [J]. International Journal of Electrochemical Science, 2015, 10: 3568-3583.

[58] Al-mousawi I, Ahmed R S, Kadhim N J, et al. Study of Corrosion Inhibition for Mild Steel in Hydrochloric Acid Solution by a New Furan Derivative [J]. Journal of Physics: Conference Series, 2021, 1879: 022061.

[59] Guo L, Obot I B, Zheng X W, et al. Theoretical Insight into an Empirical Rule about Organic Corrosion Inhibitors Containing Nitrogen, Oxygen, and Sulfur Atoms [J]. Applied Surface Science, 2017, 406: 301-306.

[60] Lebrini M, Benkayba W, Jama C, et al. 2-Amino-1-(4-aminophenyl)-1*H*-pyrrolo (2, 3-*b*) quinoxaline-3-carbonitrile as an Efficient Inhibitor for the Corrosion of C38 Steel in Hydrochloric Acid Solution [J]. International Journal of Electrochemical Science, 2020, 15: 2326-2334.

[61] Zarrouk A, Zarrok H, Ramli Y, et al. Inhibitive Properties, Adsorption and Theoretical Study of 3, 7-Dimethyl-1-(prop-2-yn-1-yl) quinoxalin-2(1*H*)-one as Efficient Corrosion Inhibitor for Carbon Steel in Hydrochloric Acid Solution [J]. Journal of Molecular Liquids, 2016, 222: 239-252.

[62] Zarrouk A, Hammouti B, Dafali A, et al. A Theoretical Study on the Inhibition Efficiencies of Aome Quinoxalines as Corrosion Inhibitors of Copper in Nitric Acid

[J] . Journal of Saudi Chemical Society, 2014, 18 (5): 450-455.

[63]　Saranya J, Sounthari P, Parameswar K, et al. Acenaphtho [1,2-*b*] quinoxaline and Acenaphtho [1,2-*b*] pyrazine as Corrosion Inhibitors for Mild Steel in Acid Medium [J] . Measurement, 2016, 77: 175-186.

[64]　Benhiba F, Benzekri Z, Guenbour A, et al. Combined Electronic/atomic Level Computational, Surface (SEM/EDS), Chemical and Clectrochemical Studies of the Mild Steel Surface by Quinoxalines Derivatives Anti-corrosion Properties in 1 mol • L^{-1} HCl Solution [J] . Chinese Journal of Chemical Engineering, 2020, 28 (5): 1436-1458.

[65]　Adardour K, Touir R, Ramli Y, et al. Comparative Inhibition Study of Mild Steel Corrosion in Hydrochloric Acid by New Class Synthesised Quinoxaline Derivatives: Part I [J] . Research on Chemical Intermediates, 2013, 39: 1843-1855.

[66]　Laabaissi T, Benhiba F, Missioui M, et al. Coupling of Chemical, Electrochemical and Theoretical Approach to Study the Corrosion Inhibition of Mild Steel by New Quinoxaline Compounds in 1 M HCl [J] . Heliyon, 2020, 6: e03939.

[67]　Benhiba F, Hsissou R, Benzekri Z, et al. DFT/electronic Scale, MD Simulation and Evaluation of 6-Methyl-2-(*p*-tolyl)-1,4-dihydroquinoxaline as a Potential Corrosion Inhibition [J] . Journal of Molecular Liquids, 2021, 335: 116539.

[68]　Ouakkil M, Galai M, Benzekri Z, et al. Insights into Corrosion Inhibition Mechanism of Mild Steel in 1M HCl Solution by Quinoxaline Derivatives: Electrochemical, SEM/EDAX, UV-Visible, FT-IR and Theoretical Approaches [J] . Colloids and Surfaces A: Physicochemical and Engineering Aspects, 2021, 611: 125810.

[69]　Abeng F E, Anadebe V C, Nkom P Y, et al. Experimental and Theoretical Study on the Corrosion Inhibitor Potential of Quinazoline Derivative for Mild Steel in Hydrochloric Acid Solution [J] . Journal of Electrochemical Science and Engineering, 2021, 11 (1): 11-26.

[70]　Aldana-González J, Cervantes-Cuevas H, Alfaro-Romo C, et al. Experimental and Theoretical Study on the Corrosion Inhibition of API 5L X52 Steel in Acid Media by a New Quinazoline Derivative [J] . Journal of Molecular Liquids, 2020, 320: 114449.

[71]　Pradeep Kumar C B, Prashanth M K, Mohana K N, et al. Protection of Mild Steel Corrosion by Three New Quinazoline Derivatives: Experimental and DFT Studies [J] . Surfaces and Interfaces, 2020, 18: 100446.

[72]　Fouda A S, Abdallah M, El-Dahab R A. Some Quinazoline Derivatives as Corrosion Inhibitors for Copper in HNO$_3$ Solution [J] . Desalination and Water Treatment,

2010，22：340-348.

[73] Zhang J，Zhang S T. Study of Novel Quinazolinone Derivatives with Different Chain Lengths as Corrosion Inhibitors for Copper in 0. 5M Sulfuric Acid Medium [J]. International Journal of Electrochemical Science，2021，16：210752.

[74] Öztürk S. Synthesis and Corrosion Inhibition Effects of Quinazolin-(3H)-4-one Derivatives Containing Long-Chain Pyridinium Salts on Carbon Steel in 1. 5 M HCl [J]. Protection of Metals and Physical Chemistry of Surfaces，2017，53（5）：920-927.

[75] Idir B，Kellou-Kerkouche F. Experimental and Theoretical Studies on Corrosion Inhibition Performance of Phenanthroline for Cast Iron in Acid Solution [J]. Journal of Electrochemical Science and Technology，2018，9（4）：260-275.

[76] Li X H，Deng S D，Xie X G. Experimental and Theoretical Study on Corrosion Inhibition of o-Phenanthroline for Aluminum in HCl Solution [J]. Journal of the Taiwan Institute of Chemical Engineers，2014，45（4）：1865-1875.

[77] Lei X W，Wang H Y，Feng Y R，et al. Synthesis，Evaluation and Thermodynamics of a 1H-benzo-imidazole Phenanthroline Derivative as a Novel Inhibitor for Mild Steel against Acidic Corrosion [J]. RSC Advances，2015，5：99084-99094.

[78] Zhang J T，Bai Z Q，Zhao J，et al. The Synthesis and Evaluation of N-carbonyl Piperazine as a Hydrochloric Acid Corrosion Inhibitor for High Protective 13Cr Steel in an Oil Field [J]. Petroleum Science and Technology，2012，30：1851-1861.

[79] Zeng W J，Tan B C，Zheng X W，et al. Penetration Into the Inhibition Performance of Two Piperazine Derivatives as High-efficiency Inhibitors for Copper in Sulfuric Acid Environment [J]. Journal of Molecular Liquids，2022，356：119015.

[80] Zhao J，Zhang J T，Xie J F，et al. Electrochemical Oxidation Products of Piperazine as Corrosion Inhibitor for HP13Cr Steel in 20% HCl Solution [J]. International Journal of Electrochemical Science，2019，14：5472-5482.

[81] Bereket G，Öǧretir C，Özsahin C. Quantum Chemical Studies on the Inhibition Efficiencies of Some Piperazine Derivatives for the Corrosion of Steel in Acidic Medium [J]. Journal of Molecular Structure (Theochem)，2003，663：39-46.

[82] Li Y，Chen H，Tan B C，et al. Three Piperazine Compounds as Corrosion Inhibitors for Copper in 0. 5 M Sulfuric Acid Medium [J]. Journal of the Taiwan Institute of Chemical Engineers，2021，126：231-243.

[83] Palomar-Pardavé M，Romero-Romo M，Herrera-Hernández H，et al. Influence of the Alkyl Chain Length of 2-Amino-5-alkyl-1,3,4-thiadiazole Compounds on the Corrosion Inhibition of Steel Immersed in Sulfuric Acid Solutions [J]. Corrosion Science，2012，54：231-243.

[84] Tezcan F，Yerlikaya G，Mahmood A，et al. A Novel Thiophene Schiff Base as an Efficient Corrosion Inhibitor for Mild Steel in 1.0 M HCl：Electrochemical and Quantum Chemical Studies [J]. Journal of Molecular Liquids，2018，269：398-406.

[85] Aouniti A，Elmsellem H，Tighadouini S，et al. Schiff's Base Derived from 2-Acetyl Thiophene as Corrosion Inhibitor of Steel in Acidic Medium [J]. Journal of Taibah University for Science，2016，10 (5)：774-785.

[86] Singh A K，Singh M，Thakur S，et al. Adsorption Study of N (-Benzo [d] thiazol-2-yl)-1-(thiophene-2-yl) methanimine at Mild Steel/aqueous H_2SO_4 Interface [J]. Surfaces and Interfaces，2022，33：102169.

[87] Usman B，Maarof H，Abdallah H H，et al. Inhibition Performance of Mild Steel Corrosion in Thiophene Acetyl Chloride [J]. Bayero Journal of Pure and Applied Sciences，2017，10 (1)：590 -595.

[88] Yadav M，Behera D，Sinha R R，et al. Experimental and Quantum Studies on Adsorption and Corrosion Inhibition Effect on Mild Steel in Hydrochloric Acid by Thiophene Derivatives [J]. Acta Metallurgica Sinica (English Letters)，2014，27 (1)：37-46.

[89] Boulkroune M，Chibani A. 2-Thiophene Carboxaldehyde as Corrosion Inhibitor for Zinc in Phosphoric Acid Solution [J]. Chemical Science Transactions，2012，1 (2)：355-364.

[90] Fouda A S，Etaiw S H，Ism M A，et al. Novel Naphthybithiophene Derivatives as Corrosion Inhibitors for Carbon Steel in 1 M HCl：Electrochemical，Surface Characterization and Computational Approaches [J]. Journal of Molecular Liquids，2022，367：120394.

[91] Dao D Q，Hieu T D，Pham T L，et al. DFT Study of the Interactions Between Thiophene-based Corrosion Inhibitors and an Fe-4 Cluster [J]. Journal of Molecular Modeling，2017，23：260.

[92] Allal H，Belhocine Y，Zouaoui E. Computational Study of Some Thiophene Derivatives as Aluminium Corrosion Inhibitors [J]. Journal of Molecular Liquids，2018，265：668-678.

[93] Fouda A S，Wahed H A. Corrosion Inhibition of Copper in HNO_3 Solution Using Thio-

phene and its Derivatives [J]. Arabian Journal of Chemistry, 2016, 9: S91-S99.

[94] Fouda A S, Alsawy T F, Ahmed E S, et al. Performance of Some Thiophene Derivatives as Corrosion Inhibitors for 304 Stainless Steel in Aqueous Solutions [J]. Research on Chemical Intermediates, 2013, 39: 2641-2661.

[95] Benali O, Zebida M, Benhiba F, et al. Carbon Steel Corrosion Inhibition in H_2SO_4 0.5 M Medium by Thiazole-based Molecules: Weight Loss, Electrochemical, XPS and Molecular Modeling Approaches [J]. Colloids and Surfaces A: Physicochemical and Engineering Aspects, 2021, 630: 127556.

[96] Khalifa M E, Abdel-Latif E, Amer F A, et al. Synthesis of Some New 5-Arylazothiazole Derivatives as Disperse Dyes for Dyeing Polyester Fibers [J]. International Journal of Textile Science, 2012, 1 (6): 62-68.

[97] Saracoglu M, Kandemirli F, Amin M A, et al. The Quantum Chemical Calculations of Some Thiazole Derivatives [J]. 3rd International Conference on Computation for Science and Technology (ICCST-3), 2015: 149-154.

[98] Lgaz H, Saha S K, Lee H S, et al. Corrosion Inhibition Properties of Thiazolidinedione Derivatives for Copper in 3.5wt.% NaCl Medium [J]. Metals, 2021, 11: 1861.

[99] El aoufir Y, Zehra S, Lgaz H, et al. Evaluation of Inhibitive and Adsorption Behavior of Thiazole-4-carboxylates on Mild Steel Corrosion in HCl [J]. Colloids and Surfaces A: Physicochemical and Engineering Aspects, 2020, 606: 125351.

[100] Raviprabha K, Bhat R S. Inhibition Effects of Ethyl-2-amino-4-methyl-1,3-thiazole-5-carboxylate on the Corrosion of AA6061 Alloy in Hydrochloric Acid Media [J]. Journal of Failure Analysis and Prevention, 2019, 19: 1464-1474.

[101] Tüzün B, Bhawsar J. Quantum Chemical Study of Thiaozole Derivatives asCorrosion Inhibitors Based on Density Functional Theory [J]. Arabian Journal of Chemistry, 2021, 14: 102927.

[102] Foudaa A S, Abdel-Latifa E, Helal H M, et al. Synthesis and Characterization of Some Novel Thiazole Derivatives and Their Applications as Corrosion Inhibitors for Zinc in 1 M Hydrochloric Acid Solution [J]. Russian Journal of Electrochemistry, 2021, 57 (2): 159-171.

[103] Benali O, Zebida M, Maschke U. Synthesis and Inhibition Corrosion Effect of Two Thiazole Derivatives for Carbon Steel in 1 M HCl [J]. Journal of the Indian Chemical Society, 2021, 98 (8): 100113.

[104] Fouda A S, Shalabi K, Maher R. New Aryl Azo-thiazolin-4-one Derivatives as Inhibi-

tors for the Acid Corrosion of α-Brass [J]. International Journal of Advanced Research, 2014, 2 (7): 1171-1192.

[105] Moradi M, Duan J Z, Du X Q. Investigation of the Effect of 4,5-Dichloro-2-n-octyl-4-isothiazolin-3-one Inhibition on the Corrosion of Carbon Steel in Bacillus Sp. Inoculated Artificial Seawater [J]. Corrosion Science, 2013, 69: 338-345.

[106] Liu J, Zhou Y, Zhou C Y, et al. 1-Phenyl-1H-tetrazole-5-thiol as Corrosion Inhibitor for Q235 Steel in 1 M HCl Medium: Combined Experimental and Theoretical Researches [J]. International Journal of Electrochemical Science, 2020, 15: 2499-2510.

[107] Li X H, Deng S D, Lin T, et al. Inhibition Action of Triazolyl Blue Tetrazolium Bromide on Cold Rolled Steel Corrosion in Three Chlorinated Acetic Acids [J]. Journal of Molecular Liquids, 2019, 274: 77-89.

[108] Deng S D, Li X H, Du G B. Two Ditetrazole Derivatives as Effective Inhibitors for the Corrosion of Steel in CH_3COOH Solution [J]. Journal of Materials Research and Technology, 2019, 8 (1): 1389-1399.

[109] Younes A K, Ghayad I, Ömer E B, et al. Corrosion Inhibition of Copper in Sea Water Using Derivatives of Tetrazoles and Thiosemicarbazide [J]. Innovations in Corrosion and Materials Science, 2018, 8: 60-66.

[110] Rao B V, Kumar K C. 5-(3-Aminophenyl) tetrazole-A New Corrosion Inhibitor for Cu-Ni (90/10) Alloy in Seawater and Sulphide Containing Seawater [J]. Arabian Journal of Chemistry, 2017, 10: S2245-S2259.

[111] Khaled K F, Al-Qahtani M M. The Inhibitive Effect of Some Tetrazole Derivatives Towards Al Corrosion in Acid Solution: Chemical, Electrochemical and Theoretical Studies [J]. Materials Chemistry and Physics, 2009, 113: 150-158.

[112] Ojo F K, Adejoro I A, Lori J A, et al. Indole Derivatives as Organic Corrosion Inhibitors of Low Carbon Steel in HCl Medium-Experimental and Theoretical Approach [J]. Chemistry Africa, 2022, 5: 943-956.

[113] Verma C, Quraishi M A, Ebenso E E, et al. 3-Amino Alkylated Indoles as Corrosion Inhibitors for Mild Steel in 1M HCl: Experimental and Theoretical Studies [J]. Journal of Molecular Liquids, 2016, 219: 647-660.

[114] Lv T M, Zhu S H, Guo L, et al. Experimental and Theoretical Investigation of Indole as a Corrosion Inhibitor for Mild Steel in Sulfuric Acid Solution [J]. Research on Chemical Intermediates, 2015, 41: 7073-7093.

[115] Chen M, Cen H Y, Guo C B, et al. Preparation of Cu-MOFs and its Corrosion Inhi-

bition Effect for Carbon Steel in Hydrochloric Acid Solution [J] . Journal of Molecular Liquids，2020，318：114328.

[116]　Mishra M，Tiwari K，Mourya P，et al. Synthesis，Characterization and Corrosion Inhibition Property of Nickel（Ⅱ）and Copper（Ⅱ）Complexes with Some Acyl-hydrazine Schiff Bases [J] . Polyhedron，2015，89：29-38.

[117]　Adam M S，Mohamad A D. Catalytic（ep）Oxidation and Corrosion Inhibition Potentials of Cu^{Ⅱ} and Co^{Ⅱ} Pyridinylimino Phenolate Complexes [J] . Polyhedron，2018，151：118-130.

[118]　Keles H，Emir D M，Keles M. A Comparative Study of the Corrosion Inhibition of Low Carbon Steel in HCl Solution by an Imine Compound and its Cobalt Complex [J] . Corrosion Science，2015，101：19-31.

[119]　Shalabi K，El-Gammal O A，Abdallah Y M. Adsorption and Inhibition effect of Tetraaza-tetradentate macrocycle ligand and its Ni（Ⅱ），Cu（Ⅱ）Complexes on the corrosion of Cu10Ni alloy in 3.5％ NaCl Solutions [J] . Colloids and Surfaces A：Physicochemical and Engineering Aspects，2021，609：125653.

[120]　Adam H S，Soliman K A，Abd El-Lateef H M. Omo-dinuclear VO^{2+} and Ni^{2+} Dihydrazone Complexes：Synthesis，Characterization，Catalytic Activity and CO$_2$-corrosion Inhibition Under Sustainable Conditions [J] . Inorganica Chimica Acta，2020，499：119212.

[121]　Mahdavian M，Attar M M. Electrochemical Assessment of Imidazole Derivatives as Corrosion Inhibitors for Mild Steel in 3.5％ NaCl Solution [J] . Progress in Color Colorants and Coatings，2015，8：177-196.

[122]　Trueba M，Trasatti S P. Characterization and Corrosion Performance of Poly（pyrrole-siloxane）Films on Commercial Al Alloys [J] . Journal of Applied Electrochemistry，2009，39：2061-2072.

[123]　Duran B，Bereket G. Cyclic Voltammetric Synthesis of Poly（N-methyl pyrrole）on Copper and Effects of Polymerization Parameters on Corrosion Performance [J] . Industrial ＆ Engineering Chemistry Research，2012，51：5246-5255.

[124]　Cherrak K，Belghiti M E，Berrissoul A，et al. Pyrazole Carbohydrazide as Corrosion Inhibitor for Mild Steel in HCl Medium：Experimental and Theoretical Investigations [J] . Surfaces and Interfaces，2020，20：100578.

[125]　Álvarez-Bustamante R，Negrón-Silva G，Abreu-Quijano M，et al. Electrochemical Study of 2-Mercaptoimidazole as a Novel Corrosion Inhibitor for Steels [J] . Electrochimica Acta，

2009，54：5393-5399.

[126] Dögru Mert B，Yazıcı B. The Electrochemical Synthesis of Poly（pyrrole-co-*o*-anisi-dine）on 3102 Aluminum Alloy and its Corrosion Protection Properties [J]. Materials Chemistry and Physics，2011，125：370-376.

[127] Verma C，Quraishi M A，Korde R. Corrosion Inhibition and Adsorption Behavior of 5-(phenylthio)-3*H*-pyrrole-4-carbonitriles on Mild Steel Surface in 1M H₂SO₄：Ex-perimental and Computational Approach [J]. Analytical and Bioanalytical Electro-chemistry，2016，8（8）：1012-1032.

[128] Verma C B，Ebenso E E，Bahadur I，et al. 5-(Phenylthio)-3*H*-pyrrole-4-carboni-triles as Effective Corrosion Inhibitors for Mild Steel in 1 M HCl：Experimental and Theoretical Investigation [J]. Journal of Molecular Liquids，2015，212：209-218.

[129] Chaouiki A，Chafiq M，Lgaz H，et al. Experimental and Theoretical Insights into the Corrosion Inhibition Activity of a Novel Pyrazoline Derivative for Mild Steel in 1.0 M HCl [J]. Applied Journal of Enviromental Engineering Science，2020，6（1）：79-93.

[130] Zhang W Q，Wang T J，Yu S Y，et al. The Inhibition Effect Mechanism of Pyrazole on Cobalt Corrosion in Alkaline Solution [J]. International Journal of Electrochemical Science，2021，16：211219.

[131] Yadav M，Sinha R R，Sarkar T K，et al. Corrosion Inhibition Effect of Pyrazole De-rivatives on Mild Steel in Hydrochloric Acid Solution [J]. Journal of Adhesion Science and Technology，2015，29（6）：1690-1713.

[132] Cherrak K，El Massaoudi M，Outada H，et al. Electrochemical and Theoretical Per-formance of New Synthetized Pyrazole Derivatives as Promising Corrosion Inhibitors for Mild Steel in Acid Environment：Molecular Structure Effect on Efficiency [J]. Journal of Molecular Liquids，2021，342：117507.

[133] Hou Y G，Zhu L M，He K，et al. Synthesis of Three Imidazole Derivatives and Cor-rosion Inhibition Performance for Copper [J]. Journal of Molecular Liquids，2022，348：118432.

[134] Costa S N，Almeida-Neto F Q，Campos O S，et al. Carbon Steel Corrosion Inhibition in Acid Medium by Imidazole-based Molecules：Experimental and Molecular Model-ling Approaches [J]. Journal of Molecular Liquids，2021，326：115330.

[135] Abdallah M，Altass H M，Al-Gorair A S，et al. Natural Nutmeg Oil as a Green Cor-rosion Inhibitor for Carbon Steel in 1.0 M HCl Solution：Chemical，Electrochemical，

and Computational Methods [J]. Journal of Molecular Liquids，2021，323：115036.

[136] Zeng W G，Jia H M，Xu D X，et al. Synthesis and Performance of Soybean Oil Derived Amide Inhibitor [J]. International Conference on Green Chemical and Environmental Science，2020，545：012034.

[137] Sanaei Z，Bahlakeh G，Ramezanzadeh B，et al. Application of Green Molecules from Chicory Aqueous Extract for Steel Corrosion Mitigation Against Chloride Ions Attack；the Experimental Examinations and Electronic/atomic Level Computational Studies [J]. Journal of Molecular Liquids，2019，290：111176.

[138] Farhadian A，Rahimi A，Safaei N，et al. Exploration of Sunflower Oil as a Renewable Biomass Source to Develop Scalable and Highly Effective Corrosion Inhibitors in a 15% HCl Medium at High Temperatures [J]. ACS Applied Material & Interfaces，2021，13：3119-3138.

[139] Qianga Y J，Zhang S T，Tan B C，et al. Evaluation of Ginkgo Leaf Extract as an Eco-friendly Corrosion Inhibitor of X70 Steel in HCl Solution [J]. Corrosion Science，2018，133：6-16.

[140] 杨标标，孙擎擎，孙睿吉，等. 氨基酸对 7B50 铝合金在 1mol/L NaCl＋0.1mol/L HCl 溶液中缓蚀性能的影响 [J]. 中国有色金属学报，2015，25（11）：2990-2999.

[141] 刘佳，刘文，周红英. 环保型水溶性防锈剂的制备及应用 [J]. 润滑与密封，2014，39（1）：119-124.

[142] 谭晓林，龙媛媛，刘晶姝. 胜利油田抗氧缓蚀剂的研制与应用 [J]. 油田化学，2020，37（3）：504-509.

[143] 张倩. 羧酸型咪唑啉类缓蚀剂的合成及性能研究 [D]. 青岛：中国石油大学，2017.

[144] 林冬. 氢氟酸介质中锌缓蚀剂的研制 [D]. 大连：辽宁师范大学，2015.

[145] 李春颖. 氢氧化钠介质中铝缓蚀剂的研制 [D]. 大连：辽宁师范大学，2007.

[146] 任晓英，兰天丽，陈莹莹，等. 土酸溶液中肉桂醛对锌的缓蚀作用及吸附热力学研究 [J]. 2010，24（3）：8-11.

[147] 史慧，史静，唐俊杰，等. 盐酸溶液中糠醛对锌的缓蚀作用 [J]. 清洗世界，2012，28（9）：14-16，41.

[148] 唐永明，王磊，杨文忠，等. 2-癸硫基乙基胺盐酸盐的合成及其缓蚀性能研究 [J]. 现代化工，2007，27（2）：225-227.

[149] 李晓杰，郭庆行，赵景茂．3 种有机胺在盐酸溶液中的缓蚀性能对比研究 [J]．表面技术，2015，44（7）：103-107.

[150] 张永志．304 不锈钢表面苯胺及其衍生物碱性聚合膜的制备与抗蚀性能研究 [D]．重庆：西南大学，2010.

[151] 张鳍丹，王以元，施云海，等．N-苯基苯甲亚胺希夫碱合成与缓蚀性能的评价 [J]．精细与专用化学品，2015，23（2）：5-8.

[152] 王海博，武玮，李云，等．多种有机胺的中和缓蚀性能评定 [J]．石油炼制与化工，2018，49（3）：103-106.

[153] 申桂英．缓蚀剂的品种与市场 [J]．精细与专用化学品，2015，23（2）：1-4.

[154] 邵明鲁，刘德新，朱彤宇，等．乌洛托品季铵盐缓蚀剂的合成与复配研究 [J]．中国腐蚀与防护学报，2020，40（3）：244-250.

[155] 高军林．乌洛托品作为酸洗缓蚀剂的探讨 [J]．腐蚀与防护，2009，30（3）：182-183.

[156] 帅长庚，邓淑珍，宋玉苏，等．盐酸介质中脂肪胺类化合物对铝材的缓蚀作用 [J]．材料保护，2001，34（4）：10-12.

[157] 卢爽，刘琳，谢锦印，等．2-氨基苯并咪唑缩对甲基苯甲醛席夫碱的合成及缓蚀性能 [J]．材料导报，2021，35（20）：20195-20199.

[158] 罗亮．2-氨基吡啶缩水杨醛席夫碱对 Q235 钢在盐酸介质中的缓蚀性能 [J]．中国腐蚀与防护学报，2013，33（3）：221-225.

[159] 曾永昌，付朝阳．氨基磺酸中肉桂醛缩甲胺席夫碱对 Q235 钢的缓蚀吸附行为 [J]．材料保护，2017，50（12）：19-23.

[160] 范保弯．氨基酸席夫碱镁合金缓蚀剂的合成及缓蚀性能研究 [D]．开封：河南大学，2020.

[161] 李林峰．苯胺类席夫碱缓蚀剂的制备及缓蚀性能探讨 [D]．成都：西南石油大学，2015.

[162] 陈瑶，陈嫚丽，张玲，等．两种席夫碱缓蚀剂对碳钢材料的缓蚀性能探究 [J]．化学研究与应用，2012，24（9）：1348-1353.

[163] 郑云香，王向鹏，张春晓．肉桂醛壳聚糖席夫碱对 N80 钢的缓蚀行为评价 [J]．化学研究与应用，2022，34（9）：2012-2018.

[164] 任正博．噻唑型席夫碱分子设计及对铜的缓蚀性能研究 [D]．锦州：渤海大学，2020.

[165] 李志道．席夫碱表面活性剂型缓蚀剂的合成及其缓蚀性能研究 [D]．天津：河北工业大学，2018.

[166] 刘光增，朱文彩，魏培海．苯硫醇及其衍生物缓蚀机理的分子模拟研究 [C]．中国腐蚀电化学及测试方法专业委员会 2012 学术年会论文集，2013：155-158.

[167] 程志．嘧啶与硫醇类化合物在模拟海水中对纯铜缓蚀性能的研究 [D]．重庆：西南大学，2016.

[168] 樊瑞彬，贾梦珂，徐久帅．三嗪二硫醇化合物对铝合金的缓蚀性能 [J]．材料科学与工程学报，2014，32 (4)：577-581，591.

[169] 王福生．有机多硫醚类缓蚀剂的合成及其缓蚀效果的研究 [D]．青岛：中国石油大学，2010.

[170] 徐斌，刘瑛，尹晓爽，等．2-吡啶甲醛缩氨基硫脲席夫碱在 HCl 溶液中对 Q235 钢的缓蚀作用 [J]．腐蚀与防护，2013，34 (7)：569-572.

[171] 张红红，谢彦，杨仲年．2-羟基-4-甲氧基苯甲醛缩氨基硫脲对碳钢的缓蚀作用 [J]．应用化工，2014，43 (11)：1973-1976.

[172] 孟玥，宁文博，徐斌．4-苯基氨基硫脲在盐酸介质中对 Q235 钢的缓蚀性能 [J]．表面技术，2016，45 (7)：68-73.

[173] 李淑娟，邱于兵，陈振宇，等．酰胺咪唑基硫脲衍生物的缓蚀性能与机理研究 [C]．2008 全国缓蚀防锈学术讨论与技术交流大会论文集，2008：158-160.

[174] 张红红，谢彦，刘元伟．盐酸介质中水杨醛缩氨基硫脲对碳钢的缓蚀作用 [J]．应用化学，2015，32 (6)：720-725.

[175] 徐斌，刘瑛，尹晓爽，等．盐酸介质中异烟醛缩氨基硫脲对 Q235 钢缓蚀性能的研究 [J]．腐蚀科学与防护技术，2013，25 (4)：303-307.

[176] 钱菁，沈长斌．盐酸溶液中二环己基硫脲对 304 不锈钢的缓蚀作用 [J]．大连交通大学学报，2014，35 (2)：76-79.

[177] 郑兴文，龚敏，卢立娟．一种硫脲基咪唑啉季铵盐在 3.5% NaCl 中对黄铜的缓蚀作用 [J]．腐蚀与防护，2012，33：32-36.

[178] 朱海林，李晓芬，陆小猛，等．磺酸盐表面活性剂的合成及其对碳钢的缓蚀性能 [J]．日用化学工业，2021，51 (5)：375-382.

[179] 陈永强，雷然，李向红．木质素磺酸钠对 1060 工业纯铝在盐酸介质中的缓蚀性能 [J]．应用化工，2022，51 (2)：360-366，372.

[180] 李海云，王永全，朱梦泽，等．丙炔醇对黄铜和紫铜的缓蚀性能研究 [J]．井冈山大学学报（自然科学版），2018，39 (2)：19-22.

[181] 芦艾，钟传蓉，王建华，等．几种炔醇的合成及缓蚀效果 [J]．精细化工，2001，18 (9)：550-552，557.

[182] 张苯．含磺酸基、羟基和芳香杂环聚天冬氨酸接枝物的制备及阻垢缓蚀性能研究

[D]．开封：河南大学，2014．

[183] 苏明瑾．聚环氧琥珀酸分子量与阻垢缓蚀性能的关联及机理研究［D］．青岛：中国石油大学，2015．

[184] 冯增辉，李冬冬，汪洋，等．聚羧酸类缓蚀剂对锅炉钢的缓蚀作用［J］．腐蚀与防护，2019，40（6）：414-418．

[185] 肖俊霞，梅平，吴卫霞，等．膦基聚羧酸新型水处理剂的研究及应用［J］．精细石油化工进展，2004，5（1）：47-49．

[186] 贺波，李循迹，王福善，等．H_2S/CO_2 介质中十二胺丙炔醇曼尼希碱/咪唑啉对 X52 钢的缓蚀行为研究［J］．石油管材和仪器，2020，6（1）：43-47．

[187] 苏铁军，罗运柏，李克华，等．苯并咪唑-*N*-曼尼希碱对盐酸中 N80 钢的缓蚀性能［J］．中国腐蚀与防护学报，2015，35（5）：415-422．

[188] 王福善，陈庆国，夏明明，等．苯并三氮唑曼尼希碱缓蚀剂的合成与缓蚀性能研究［J］．石油管材和仪器，2020，6（5）：58-65．

[189] 杨婷，邓子健，石东坡，等．苄叉丙酮曼尼希碱的合成及其缓蚀性能研究［J］．精细石油化工，2019，36（4）：10-14．

[190] 潘原，战风涛，张森田，等．曼尼希碱 1-苯基-3-二乙氨基-1-丙酮的合成、性能及其缓蚀机理［J］．腐蚀与防护，2014，35（7）：715-720．

[191] 潘原，战风涛，杨震，等．曼尼希碱 1-苯基-3-吗啉基-1-丙酮的合成及其对 N80 钢的缓蚀吸附行为［J］．材料保护，2015，48（3）：23-26．

[192] 潘原，战风涛，杨震．曼尼希碱疏水基团碳链长度对其缓蚀性能的影响［J］．材料保护，2015，48（2）：23-25，50．

[193] 李建波，吕杰，符罗坪，等．四希夫碱-双曼尼希碱的合成及酸化缓蚀性能［J］．精细石油化工，2018，35（6）：25-31．

[194] 刘博祥，许可，卢拥军，等．新型曼尼希碱缓蚀剂的合成及缓蚀机理研究［J］．应用化工，2022，51（9）：2548-2552．

[195] 张维维．吖啶类化合物缓蚀剂的合成及其对碳钢的缓蚀性能研究［D］．哈尔滨：哈尔滨工业大学，2020．

[196] 李超，胡志勇，朱海林，等．2-氨基苯并咪唑及其衍生物在 0.5mol/L 硫酸中对碳钢的缓蚀性能［J］．腐蚀与防护，2018，39（5）：380-386，390．

[197] 贾刘超．苯并咪唑对碱性溶液中锌电极的缓蚀研究［D］．昆明：云南师范大学，2016．

[198] 王娴．苯并咪唑类缓蚀剂缓蚀机理以及研究趋势［J］．清洗世界，2012，28（6）：27-33．

[199] 高成庄，李焱．苯并咪唑衍生物的特性及应用研究进展［J］．郑州轻工业学院学报（自然科学版），2007，22（2/3）：35-36，57.

[200] 付姝蕾．苯并咪唑衍生物对碳钢在酸性介质中缓蚀性能研究［D］．重庆：重庆大学，2020.

[201] 李杰兰，梁成浩，黄乃宝，等．苯并咪唑衍生物缓蚀剂研究进展［J］．腐蚀科学与防护技术，2011，23（2）：191-195.

[202] 吕松，贾群坡，李伟光，等．新型苯并咪唑衍生物的合成及其缓蚀行为［J］．腐蚀与防护，2020，41（4）：1-6.

[203] 霍胜娟，陈利红，祝卿，等．2-巯基苯并噻唑对铜缓蚀行为的表面增强红外光谱研究［J］．物理化学学报，2013，29（12）：2565-2572.

[204] 夏君，涂郑禹，孙玉春．2-巯基苯并噻唑季铵盐型复配水处理剂的合成及性能研究［J］．化学工程师，2015（4）：65-67.

[205] 孙旭辉，齐原，董书玉．磁处理与缓蚀剂2-巯基苯并噻唑结合对铜的缓蚀效能与机理［J］．化工学报，2018，69（5）：2120-2126.

[206] 金阳群．钢铁表面有机缓蚀膜的制备和性能研究［D］．西安：西安电子科技大学，2009.

[207] 刘冬梅，杨康，石鑫，等．硫酸溶液中2-巯基苯并噻唑与氯离子的协同缓蚀作用［J］．表面技术，2021，50（7）：351-357.

[208] 杨海娇．卤化钠溶液中铜的缓蚀研究［D］．重庆：重庆大学，2012.

[209] 闫艳红．苯并三氮唑类化合物对典型金属合金的腐蚀抑制机制研究［D］．沈阳：东北大学，2016.

[210] 邓杨．苯并三氮唑类衍生物缓蚀剂的合成及其应用研究［D］．长沙：中南大学，2010.

[211] 王金刚，刘旭洋．二乙氨基甲基苯并三氮唑缓蚀剂的合成及其性能［J］．石油炼制与化工，2020，51（11）：94-98.

[212] 黄金．新型苯并三氮唑衍生物的合成及其缓蚀性能的研究［D］．南京：南京理工大学，2014.

[213] 李忠炉．新型苯并三氮唑衍生物缓蚀剂的合成与性能研究［D］．沈阳：辽宁大学，2022.

[214] 邓书端，李向红，付惠．H_3PO_4中溴化十四烷基吡啶在钢表面的吸附及缓蚀作用［J］．腐蚀与防护，2010，31：24-27，35.

[215] 李向红，邓书端，付惠．HCl中溴化十四烷基吡啶在钢表面的吸附及缓蚀作用［J］．云南化工，2009，36（6）：14-17.

[216] 韩成利，马琳，孙雪，等．氨基磺酸溶液中溴化十六烷基吡啶对碳钢的缓蚀作用和吸附热力学研究 [J]．高师理科学刊，2012，32（6）：46-49.

[217] 杜娟．氯代十六烷基吡啶及乙酰羟肟酸分子对铜缓蚀性能的研究 [D]．上海：上海师范大学，2016.

[218] 颜肖慈，文汉，余娜，等．纳米锌镀层在硫酸中的腐蚀和缓蚀机理 [J]．武汉大学学报（理学版），2005，51（6）：683-686.

[219] 涂胜，蒋晓慧，王娅，等．双子吡啶季铵盐缓蚀剂的合成及性能评价 [J]．西南大学学报（自然科学版），2014，36（11）：132-137.

[220] 张天保．新型铜/铝有机缓蚀剂的创制及其缓蚀/失效行为研究 [D]．大连：大连理工大学，2020.

[221] 杨惠芳，雷然，李向红．溴代十六烷基吡啶对冷轧钢在柠檬酸中的缓蚀性能 [J]．应用化工，2022，51（9）：2575-2581.

[222] 魏高飞，雷然，李向红．溴代十六烷基吡啶对冷轧钢在三氯乙酸中的缓蚀性能 [J]．化学研究与应用，2022，34（9）：1994-2003.

[223] 涂胜，汤琪，李传强．溴化-N-十六烷基-2-(4-羟基丁-2-炔) 吡啶的合成及缓蚀性能 [J]．精细化工，2015，32（4）：451-456.

[224] 徐昕，李向红．溴化十六烷基吡啶在硫酸溶液中对钢的缓蚀性能研究 [J]．电镀与精饰，2021，43（10）：1-7.

[225] 陈庆国，李玲杰，韩文礼，等．一种二酰胺基吡啶季铵盐的合成及其缓蚀性能 [J]．腐蚀与防护，2020，41（2）：28-32.

[226] 贾永富，刘玉明，张颖，等．一种抗二氧化氯腐蚀缓蚀剂的开发及性能研究 [J]．石油化工应用，2013，32（6）：85-88.

[227] 董秋辰，张光华，张万斌，等．一种新型联吡啶双子季铵盐的合成及缓蚀性能 [J]．精细化工，2019，36（5）：1005-1011.

[228] 石鑫，姜云瑛，王洪博，等．4 种吡嗪类缓蚀剂及其在 Cu（111）面吸附行为的密度泛函理论研究 [J]．化工学报，2017，68（8）：3211-3217.

[229] 罗微．哒嗪衍生物在 0.5 M H_2SO_4 介质中对铜的缓蚀性能研究 [D]．重庆：重庆大学，2021.

[230] 刘琳，苏红玉，邢锦娟，等．噻二唑缓蚀膜的制备及抗腐蚀性能 [J]．精细化工，2018，35（10）：1784-1790.

[231] 涂继军．新型噁二唑类缓蚀剂的合成及缓蚀性能研究 [D]．武汉：华中科技大学，2007.

[232] 范兆廷，张胜涛，刘佳，等．盐酸中两种唑类药品在 45# 钢表面的吸附缓蚀行为分

析 [J]. 重庆大学学报，2013，36（7）：93-97.

[233] 吴刚，耿玉凤，贾晓林，等. 异噁唑衍生物缓蚀剂缓蚀性能的理论评价 [J]. 中国腐蚀与防护学报，2012，32（6）：513-519.

[234] 雷祖磊. 8-羟基喹啉衍生物的合成及其在 0.5M H_2SO_4 中对铜的缓蚀性能研究 [D]. 重庆：重庆大学，2018.

[235] 魏萌. 8-羟基喹啉唑类衍生物的合成及其自组装膜对镁合金的防腐性能研究 [D]. 大连：大连理工大学，2014.

[236] 罗明道，毕刚，旷富贵，等. 异喹啉及其衍生物的电子结构与缓蚀性能关系的研究 [J]. 化学学报，1994，52：620-624.

[237] 臧海山. 喹啉衍生物的合成及其缓蚀性能研究 [D]. 南京：南京理工大学，2011.

[238] 张维维. 盐酸介质中唑类和喹啉衍生物对碳钢的缓蚀性能研究 [D]. 济南：山东大学，2016.

[239] 齐公台，郭稚弧，耿义. 邻菲咯啉和联吡啶在盐酸介质中对碳钢的缓蚀研究 [C]. 第十届全国缓蚀剂学术讨论会论文集，1997：546-548.

[240] 张为波，厉梦琳，田磊，等. 邻菲咯啉及其衍生物的应用进展 [J]. 江西化工，2016（2）：12-15.

[241] 初娅图，吕艳丽，单明军，等. 邻菲咯啉及其衍生物对盐酸中铜的缓蚀性能 [J]. 材料保护，2015，48（19）：20-22.

[242] 郭强，逯凯丽，王洋霞，等. 邻菲咯啉与溴离子对磷酸溶液中冷轧钢的缓蚀研究 [J]. 云南化工，2013，40（6）：1-6，16.

[243] 赵若彤，吕艳丽，周丽，等. 羟基取代菲并咪唑衍生物对低碳钢的缓蚀性能 [J]. 化学研究与应用，2022，34（10）：2333-2341.

[244] 吕艳丽. 酸性体系中邻菲咯啉衍生物结构对低碳钢缓蚀性能的影响 [D]. 鞍山：辽宁科技大学，2021.

[245] 黄金营，吴伟平，张雷，等. CO_2 湿气环境中吗啉类气相缓蚀剂对顶部腐蚀的抑制作用 [J]. 腐蚀与防护，2012，33：62-64.

[246] 张大全，俞路，陆柱. 苯甲酸吗啉盐气相缓蚀性能的研究 [J]. 腐蚀与防护，1998，19（6）：250-252.

[247] 张虎. 高炉煤气 TRT 缓蚀阻垢剂的研制与配方设计 [D]. 武汉：江汉大学，2015.

[248] 袁宏强，杜冠乐，张颖，等. 吗啉类气相缓蚀剂的合成及在渤海油田的应用 [J]. 山东化工，2019，48（9）：159-162.

[249] 余菲菲，吕涯，范海波. 吗啉系缓蚀剂分子结构、缓蚀效果及分子动力学模拟

[J]. 石油炼制与化工, 2022, 53 (1): 29-35.

[250] 张大全, 高立新, 周国定. 吗啉衍生物气相缓蚀剂的分子设计和缓蚀协同作用研究 [J]. 中国腐蚀与防护学报, 2006, 26 (2): 120-124.

[251] 冯洋洋. 烯烃的氧化加成环合反应与产物的金属防腐性能研究 [D]. 重庆: 重庆大学, 2020.

[252] 何冠宁, 袁斌, 吕松, 等. 1-(β-羟乙基)-2-混合脂肪基咪唑啉的制备及缓蚀性能 [J]. 应用化工, 2018, 47 (7): 1400-1403.

[253] 李海云, 王永垒, 许涛. 2-苯基咪唑啉在常见酸洗液中对 20#、45# 碳钢的缓蚀性能 [J]. 黄山学院学报, 2017, 19 (5): 37-40.

[254] 李文涛. 二苯乙酮咪唑啉季铵盐的合成及其在盐酸溶液中缓蚀性能研究 [D]. 合肥: 中国科学技术大学, 2021.

[255] 李建波, 吴晓丹, 吕杰, 等. 二氧化碳缓蚀剂研究进展 [J]. 应用化工, 2022, 51 (2): 509-513.

[256] 陈展. 高温 CO_2 缓蚀剂的合成及其缓蚀机理的研究 [D]. 武汉: 华中科技大学, 2021.

[257] 温福山, 李白, 楚雨格, 等. 癸酸基双环咪唑啉缓蚀剂的缓蚀性能及机理研究 [J]. 材料保护, 2018, 51 (6): 4-7, 22.

[258] 曾文广, 李芳, 胡广强, 等. 含氟咪唑啉耐高温缓蚀剂合成研究及性能评价 [J]. 应用化工, 2020, 49: 57-62.

[259] 周昕媛, 吕志凤, 高统海, 等. 含羧基咪唑啉对 A3 钢在油田污水中的缓蚀性能研究 [J]. 应用化工, 2016, 45 (7): 1328-1335.

[260] 范兴钰, 陈波水, 丁建华, 等. 环保型金属缓蚀剂的研究进展 [J]. 当代化工, 2018, 47 (1): 136-139.

[261] 张天盼. 咪唑啉缓蚀剂官能团结构对 20# 碳钢缓蚀作用影响 [J]. 石化技术, 2021, (10): 18-21.

[262] 王子恒, 朱雨晴, 余洪洋, 等. 咪唑啉缓蚀剂在 1mol/L 盐酸中 20# 碳钢的缓蚀作用 [J]. 精细石油化工, 2021, 38 (4): 53-56.

[263] 田亚斌, 叶昌美, 赵宇娟, 等. 咪唑啉缓蚀剂在 NaCl 溶液中对 2099Al-Li 合金的缓蚀行为 [J]. 有色金属科学与工程, 2018, 9 (5): 14-20.

[264] 潘杰, 严志轩, 张黎, 等. 咪唑啉类化合物在 HCl 溶液中对碳钢的缓蚀机理分析 [J]. 表面技术, 2018, 47 (10): 200-207.

[265] 宋绍富, 郭银银. 咪唑啉类缓蚀剂的研究现状及进展 [J]. 广东化工, 2016, 43 (22): 91-92, 119.

[266] 刘晶. 咪唑啉类衍生物的合成、缓蚀性能及机理研究 [D]. 西安：陕西科技大学，2021.

[267] 刘建国，高歌，徐亚洲，等. 咪唑啉类衍生物缓蚀性能研究 [J]. 中国腐蚀与防护学报，2018，38（6）：523-532.

[268] 赵海洋，石鑫，曾文广，等. 适用于 H_2S、CO_2、Cl^- 较高浓度环境下的咪唑啉衍生物缓蚀剂的制备与性能评价 [J]. 油田化学，2020，37（2）：325-329.

[269] 刘婉，李谦定，李丛妮. 水溶性松香咪唑啉的合成及缓蚀性能研究 [J]. 应用化工，2018，47（7）：1395-1399.

[270] 杜威. 抑制 CO_2 腐蚀用咪唑啉类缓蚀剂及机理研究进展 [J]. 腐蚀科学与防护技术，2016，28（6）：584-588.

[271] 张智，吕祎阳，桑鹏飞，等. 油酸咪唑啉缓蚀剂对三高气井碳钢 110S 管材的生产适应性研究 [J]. 材料保护，2021，54（4）：46-52.

[272] 李东良，贾李军，徐一平，等. 油田系统的缓蚀剂研究进展 [J]. 材料保护，2021，54（1）：147-153，183.

[273] 李向红. 嘧啶衍生物对冷轧钢在 HCl 和 H_2SO_4 介质中的缓蚀性能及机理研究 [D]. 昆明：云南大学，2015.

[274] 李云玲. 尿嘧啶及其硫代衍生物与铜表面作用机制的理论研究 [D]. 曲阜：曲阜师范大学，2013.

[275] 侯保山. 新型高效嘧啶类缓蚀剂的开发、缓蚀性能及理论计算 [D]. 武汉：华中科技大学，2021.

[276] 张娟涛. 改性哌嗪酸化缓蚀剂合成及应用研究 [D]. 西安：西安石油大学，2014.

[277] 杨耀永. 甲基哌嗪的气相缓蚀能力探讨 [J]. 材料保护，2004（2）：50-51，65.

[278] 田培培. 金属铜绿色缓蚀剂的光谱电化学及定量构效关系研究 [D]. 上海：上海师范大学，2009.

[279] 王锦锦. 嘌呤类物质对金属铜绿色缓蚀作用的光谱电化学研究 [D]. 上海：上海师范大学，2014.

[280] 闫莹. 新型杂环化合物碳钢酸洗缓蚀剂的合成、评价及机理研究 [D]. 青岛：中国科学院海洋研究所，2007.

[281] 李帅. 中性介质中嘌呤衍生物抑制铜腐蚀的作用机制研究 [D]. 济南：山东大学，2017.

[282] 刘琳，潘晓娜，张强，等. 2,5-二芳基-噻二唑的合成及其缓蚀性能研究 [J]. 化学研究与应用，2015，27（7）：984-990.

[283] 刘琳，刘璐，张艳萍，等. 噻二唑类衍生物对银片的缓蚀性能研究 [J]. 化学研究

与应用，2014，26（6）：833-837.

[284]　刘琳，潘晓娜，张强，等 . 噻二唑衍生物分子结构与其缓蚀性能的关系［J］. 化工学报，2014，65（10）：4039-4048.

[285]　徐慎颖 . 酸性介质中含 N、S 杂环有机化合物对低碳钢缓蚀性能研究［D］. 重庆：重庆大学，2019.

[286]　周娟娟 . 铁和 20# 钢表面自组装含氮杂环化合物和希夫碱类化合物分子膜的研究［D］. 济南：山东大学，2008.

[287]　陈文 . 硫酸介质中噻唑化合物在碳钢表面的吸附及缓蚀作用［J］. 腐蚀研究，2013，27（5）：36-41.

[288]　梅平，施汉荣，张引，等 . 噻唑类缓蚀剂 QADT 的合成及缓蚀性能研究［J］. 油气田环境保护，2011，21（4）：14-16.

[289]　连辉青，刘瑞泉，朱丽琴，等 . 噻唑衍生物在酸性介质中对 A3 钢的缓蚀性能［J］. 应用化学，2006，23（6）：676-681.

[290]　陈威 . 噻唑啉类高温缓蚀剂的合成及缓蚀性能研究［D］. 青岛：中国石油大学，2011.

[291]　陈威，战风涛，王鑫，等 . 噻唑啉类高温缓蚀剂的缓蚀性能研究及量子化学计算［J］. 石油学报（石油加工），2010：213-217.

[292]　张哲，阮乐，李秀莹，等 . 3-氨基-1,2,4-三氮唑及 3-氨基-1,2,4-三氮唑并芳香醛类希夫碱自组装膜对碳钢在 0.5mol/L 盐酸中的缓蚀性能研究［J］. 表面技术，2017，46（1）：193-199.

[293]　王俊伟 . 9 种三氮唑类化合物的合成及其缓蚀性能研究［D］. 青岛：青岛科技大学，2013.

[294]　胡李超 . 模拟海水中三氮唑类铜缓蚀剂的性能及机理研究［D］. 重庆：重庆大学，2010.

[295]　何桥 . 新型三氮唑缓蚀剂的缓蚀性能及机理研究［D］. 重庆：重庆大学，2007.

[296]　强玉杰 . 新型含氮类有机分子缓蚀行为的电化学与分子模拟研究［D］. 重庆：重庆大学，2019.

[297]　王业飞，杨震，战风涛，等 . 喹啉季铵盐二聚体吲哚嗪衍生物的合成与酸化缓蚀性能［J］. 石油学报，2019，40（1）：67-73，114.

[298]　吕祥超 . 新型吲哚嗪季铵盐酸化缓蚀剂的合成及性能研究［D］. 青岛：中国石油大学，2020.

[299]　闫治涛，杨震，王冰冰，等 . 新型吲哚嗪类酸化用缓蚀剂研究［J］. 应用化工，2021，50（1）：1801-1806.

［300］ 吕堂满 . 吲哚系列物质对碳钢的缓蚀性能研究［D］. 重庆：重庆大学，2014.

［301］ 杜森 . 杂环类缓蚀剂的合成及其缓蚀性能评价［D］. 西安：西安石油大学，2019.

［302］ 李露，靳惠明，时军，等 . 有机杂环化合物对铝合金在 3.5% NaCl 介质中的缓蚀作用［J］. 化工学报，2012，63（11）：3632-3638.

［303］ 孙岳 . 稀土、过渡金属三元配合物的缓蚀性能研究［D］. 沈阳：沈阳化工大学，2021.

第 3 章

有机缓蚀剂的
表征和性能评价

判断有机缓蚀剂是否有效或是否显著降低金属的腐蚀速率的方法较多，目前主要采用的方法是电化学测试法，而且通过电化学测试法也可以初步判断缓蚀剂的类型。随着大型精密仪器的市场化，通过大型仪器对缓蚀剂进行分析，可以更直观地了解金属表面状态并推测有机缓蚀剂的缓蚀机理。在实验基础上获得成功的缓蚀剂须通过现场性能评价，最终可投入市场，满足行业对金属腐蚀防护的需求。

3.1 常规表征测试法

对有机缓蚀剂进行常规表征和测试的目的是获得所研究缓蚀剂的缓蚀效率大小和缓蚀剂的类型。下面介绍常见的几种常规表征测试手段。

3.1.1 重量法

重量法是最简单的一种表征缓蚀剂缓蚀效率的方法，这种方法的步骤较为简便，主要是通过比较相同暴露面积的金属试样在添加缓蚀剂一段时间后，相对于空白试验中试样的质量变化情况。

重量法表征时有失重和增重两种情况。如果金属腐蚀产物溶解在溶液中，使得金属本身的质量减少，则为失重；而如果腐蚀产物附着在金属表层或者腐蚀产物可以全部收集起来，则为增重或可以用增重进行表征。一般来说，重量法的表征中，失重法应用较多。尽管失重法快捷、简单，但是只适应于全面腐蚀的情况。

失重法计算缓蚀效率 η 依据的表达式为：

$$\eta = \frac{W - W_0}{W} \times 100\% \qquad (3.1)$$

式中，η 为缓蚀效率；W 为相同暴露面积的金属试样在添加缓蚀剂一段时间后的质量损失；W_0 为空白试验中试样经历相同时间后的质量损失。

（1）试验方法

失重法的试验方法主要为浸泡试验，浸泡试验是公认的最便捷的一种腐蚀试验测试方法。浸泡试验分为三种，即全浸试验、部分浸泡试验及间浸试验。

① 全浸试验　全浸试验就是将所测金属试片全部浸泡在腐蚀介质中，如图 3.1(a) 所示。试片应有大的表面积且试片的侧面面积尽可能地小些。如需挂片浸泡，开孔直径不能大于 4mm。

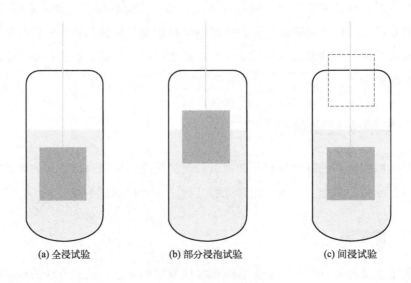

|（a）全浸试验|（b）部分浸泡试验|（c）间浸试验|

图 3.1　浸泡试验形式

全浸试验中，试片不能与容器接触。如容器为金属材料制成，试片与金属器壁要绝缘，防止电偶腐蚀发生。试片进入腐蚀介质中，离液面的最小深度要大于 2cm，尽可能避免氧扩散的影响。

② 部分浸泡试验　部分浸泡试验也被称为水线腐蚀试验。部分浸泡即表示试片的一部分在腐蚀介质中，另一部分暴露在外界环境中。在试验中要尽可能地保持试片的水线部分稳定，保证腐蚀的部位不因外界干扰而发生变化。部分浸泡试验如图 3.1(b) 所示。

③ 间浸试验　间浸试验与上述两种腐蚀试验在操作方式上有明显的不同，间浸试验属于交替型的浸泡试验，是将金属试片交替地沉下或提出腐蚀介质，具体操作如图 3.1(c) 所示。间浸试验主要是用来模拟实际应用中出现的金属材料干湿交替腐蚀的情况。

（2）腐蚀产物收集与处理

腐蚀试验结束后，要清除腐蚀金属试片上的所有腐蚀产物，但该过程要注意不要或尽可能少地带走金属本身。如果腐蚀产物直接溶解到了腐蚀介质中，则不需要该步骤，只需对腐蚀后的试片进行简单清洗、吹干等处理步骤即可。

去除试片上的腐蚀产物的方法主要有电镀去膜法、超声处理法、刮片法以及化学溶解法。

① 电镀去膜法　电镀去膜法主要是选择适宜的介质，将试片作为阴极，用石墨或铅等作为阳极，外加电流电解，使得试片阴极析氢，进而通过氢气气泡对腐蚀层的膨胀作用对试片上的腐蚀产物进行剥离。该法对金属基底的损伤较小，去除腐蚀层的效果也很好。但是有电化学氧化还原的作用，会使得易还原的离子沉积。

② 超声处理法　超声处理法是在超声波的作用下对腐蚀产物进行剥离。该法不涉及反应过程，仅为物理剥离，所以对金属基底无损伤，而且可有效地剥离腐蚀产物。该法适用于处理与金属基底具有一定结合力的腐蚀产物。

③ 刮片法　刮片法是指用刮刀或其他器械将腐蚀产物从试片上刮或刷下来。该法的操作方式相较其他方法比较"粗暴"，对于腐蚀产物与金属基底结合力较弱的试片比较有效，如果结合力较强，则在刮的过程中有可能将少量金属带下来。尽管一些缺点，但刮片法更为简单、方便，很多时候做简单评价时可采用该法进行。

④ 化学溶解法　化学溶解法是收集试片上少量腐蚀产物的一种方法，主要是采用适宜的溶剂溶解掉试片上的腐蚀产物。化学溶解法有时会损伤金属基底，所以，如果采用该法收集腐蚀产物，则需要同时做空白试验，即用未被腐

蚀的、同样规格的试片做相同的化学溶解处理，扣除空白试验得到的数据，以校正溶剂对金属基底的影响。

（3）结果评价

腐蚀试验中前期的操作就是为了评价缓蚀剂的缓蚀效果，所以除了根据式（3.1）计算缓蚀效率外，还可实时观察试片表面和介质的变化情况。如金属表面的颜色变化、腐蚀形态、溶液的颜色变化和溶液中是否有其他物质等。

3.1.2 大型仪器测试分析法

为了对腐蚀情况，腐蚀产物的成分、结构和特征，以及缓蚀剂的稳定性和分子结构或者缓蚀剂与金属基底的作用方式等有全面的了解，大型仪器测试法已成为不可或缺的辅助表征手段。对于缓蚀剂的评价，主要涉及以下几种常用大型仪器设备，如扫描电子显微镜（简称扫描电镜）、原子力显微镜、热分析仪、红外光谱仪、拉曼光谱仪、接触角测试仪、X射线粉末衍射仪、X射线光电子能谱仪等。下面对每一种分析手段进行阐述。

（1）扫描电镜测试及分析

扫描电镜测试能够清晰地观察到试片表面的微观形貌结构，对试片的腐蚀状况或缓蚀剂在试片表面的覆盖状态或缓蚀效果等可以作出相应的判断。此外，很多时候扫描电镜与电子能谱仪联用，通过联用电子能谱仪还可以分析金属表面各元素的分布，提供腐蚀状况的初步判断和缓蚀剂的元素分布情况等。下面以本书作者所在课题组的相关研究成果为例进行相关事例分析。

图3.2为两种不同缓蚀剂，2-甲基苯并咪唑和2-甲基苯并咪唑与苯并三氮唑复配物，对铜的缓蚀试验前[图3.2(a)、(b)]和缓蚀试验后[图3.2(c)、(d)、(e)、(f)]的扫描电镜图。从图中可以看出，单一缓蚀剂2-甲基苯并咪唑在铜表面形成的保护膜，与2-甲基苯并咪唑和苯并三氮唑复配物在铜表面形成的保护膜明显不同。单一缓蚀剂尽管在铜表面形成了保护膜，但存在局部聚集的问题，而且单一缓蚀剂在铜表面形成的膜层主要为片层状结构；2-甲基苯并咪唑与苯并三氮唑复配物在铜表面形成的为网状且致密的保护膜，膜层均一，能够有效避免单一缓蚀剂成膜不完全的弊端。从图中也可以初步判断出如果要达到良好的缓蚀效果，单一缓蚀剂用量要大于复配物的用量，也间接说明了复配后

缓蚀剂对铜的缓蚀性能要优于单一缓蚀剂。

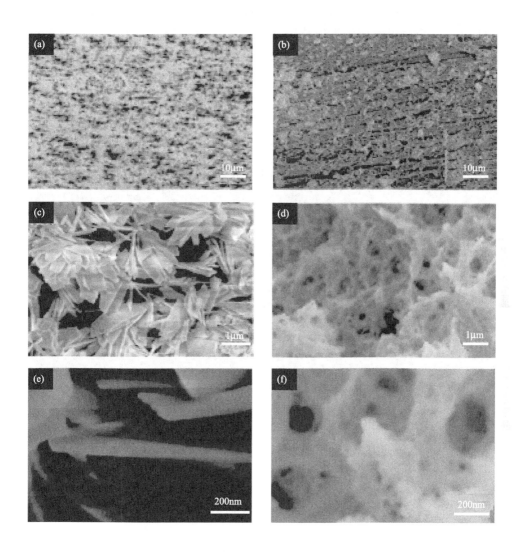

图 3.2　2-甲基苯并咪唑（a）、（c）、（e）和 2-甲基苯并咪唑与
苯并三氮唑复配物（b）、（d）、（f）对铜的缓蚀试验前后的扫描电镜图

再引入文献中的一个例子，图 3.3 为 Nnaemeka Nnaji 等报道的采用扫描
电镜研究加入缓蚀剂前后金属铝的表面形貌。从图中可以看出，没有缓蚀剂加
入的情况下，金属铝处在盐酸溶液中，由于氯离子的侵蚀，金属表面腐蚀情况
严重。当加入 4-[4-(1,3-苯并噻唑-2-基)苯氧基]邻苯二甲腈缓蚀剂后，金属铝

表面由于缓蚀剂的保护作用,损坏程度显著减轻。为了对比选用的另外一种缓蚀剂——四[(苯并[d]噻唑-2-基苯氧基)酞菁]镓(Ⅲ)氯化物的缓蚀效果,同样观察了其在金属铝表面的缓蚀情况,结果表明,四[(苯并[d]噻唑-2-基苯氧基)酞菁]镓(Ⅲ)氯化物的缓蚀效果更好,显著地改善了金属铝的腐蚀情况。

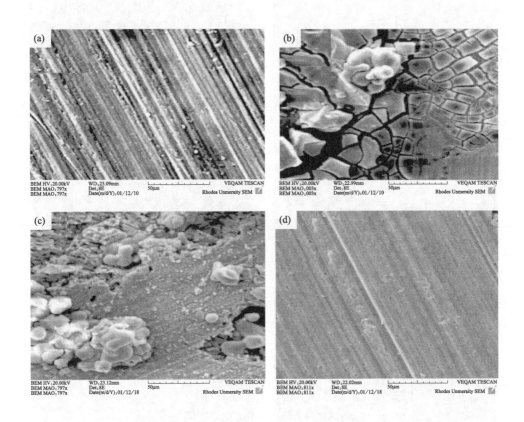

图 3.3　相关金属试片的扫描电镜图

(a) 裸金属铝;(b) 浸入 1mol/L HCl 后的金属铝;(c) 浸入含有 6μmol/L 的
4-[4-(1,3-苯并噻唑-2-基)苯氧基]邻苯二腈缓蚀剂的 1mol/L HCl 后的金属铝;(d) 浸入含 6μmol/L
四[(苯并[d]噻唑-2-基苯氧基)酞菁]镓(Ⅲ)氯化物缓蚀剂的 1mol/L HCl 后金属铝

所以,扫描电镜能够更直观地观察到试片表面的腐蚀状况,对于评价腐蚀环境的影响程度、缓蚀性能的优劣,尤其是对于局部腐蚀或全面腐蚀的试片微观形貌的观察和对腐蚀的研究具有重要的作用。

（2）原子力显微镜测试及分析

原子力显微镜（AFM）是一种常常被用来研究材料表面结构、表面性质的分析测试仪器，主要通过敏感元件在材料表面施加一个微弱的原子间作用力来研究材料的表面结构及性质等，可以以纳米级的分辨率来获得金属表面的形貌结构信息及表面粗糙度等。由于该法是采用一个微型力敏感元件与金属试片之间的原子力扫描手段进行测量，所以这种方法测出的表面形貌信息更精细，更能说明表面的微观形貌。

以本书作者所在课题组的相关研究成果为例进行相关事例分析。图 3.4 为 2-甲基苯并咪唑和 2-甲基苯并咪唑与苯并三氮唑复配物在金属铜表面形成缓蚀膜的表面特性。用该测试方法可以得到 2-甲基苯并咪唑缓蚀剂在铜表面形成的缓蚀膜的粗糙度为 135nm，而 2-甲基苯并咪唑与苯并三氮唑复配物在铜表面形成的缓蚀膜的粗糙度为 98nm。说明复配物形成的膜更平整光滑，进一步验证了前面扫描电镜得出的结论。

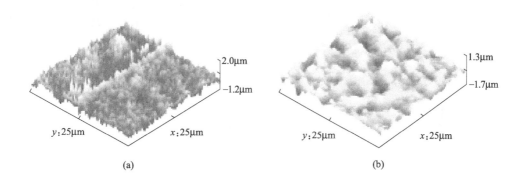

图 3.4　2-甲基苯并咪唑（a）和 2-甲基苯并咪唑与
苯并三氮唑复配物（b）在金属铜表面的 AFM 图

图 3.5 为 J. Saranya 等报道的低碳钢在添加和不添加缓蚀剂前后的 AFM 二维、三维图像。图 3.5(a)、(c) 为未添加缓蚀剂的裸低碳钢在 1mol/L 硫酸溶液中的二维、三维 AFM 图像，图 3.5(b)、(d) 为添加 2mmol/L 的苊并 [1,2-b]喹喔啉和苊并[1,2-b]吡嗪后的低碳钢在 1mol/L 硫酸溶液中的二维、三维 AFM 图像。图示结果说明，添加缓蚀剂后在低碳钢表面吸附有带状保护

膜。通过粗糙度的计算说明，未加缓蚀剂时试片表层的粗糙度为 530nm，添加缓蚀剂后的粗糙度降为 126nm。

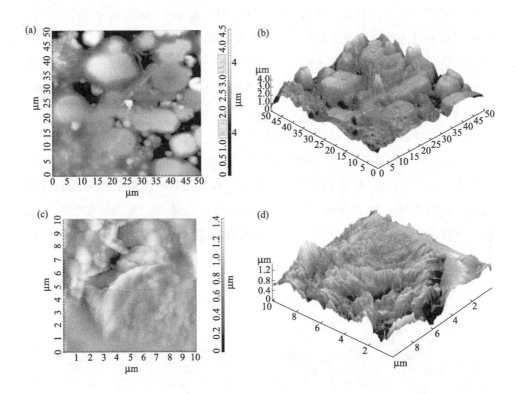

图 3.5　试片表层的 AFM 图像

(a) 未添加缓蚀剂时低碳钢在 1mol/L 硫酸溶液中的二维 AFM 图像；

(b) 未添加缓蚀剂时低碳钢在 1mol/L 硫酸溶液中的三维 AFM 图像；

(c) 添加缓蚀剂后低碳钢在 1mol/L 硫酸溶液中的二维 AFM 图像；

(d) 添加缓蚀剂后低碳钢在 1mol/L 硫酸溶液中的三维 AFM 图像

　　尽管具有较多的优点，但该方法受到金属表面的影响也较大，在金属表层结构不均一或者金属腐蚀情况严重的情况下，采用该法反而会得出相反的结论；或者当腐蚀产物与基底的结合力弱时，在测试中也会影响仪器的正常使用和表征。所以，对于这样的试样，不适宜用该法进行研究。

　　(3) 热分析测试

　　热分析测试主要是进行热重分析，热重分析是指在程序升温的情况下，通入一定的气氛，在该气氛下测量物质的质量随着温度或时间变化的关系的一种方法。

对于缓蚀剂来说，如果缓蚀剂应用的介质（气相、液相或固态环境）不与缓蚀剂发生化学反应，那么通过热分析测试可以评价缓蚀剂的高温性能。一般来说，缓蚀剂会与金属基底发生配位作用而形成一层保护膜，形成的配合物的热稳定性常常要高于缓蚀剂本身。所以对缓蚀剂或配合物进行热分析，可以获得缓蚀剂应用或配合物热分解的温度和稳定的使用温度范围，这对于筛选高温下应用的缓蚀剂具有重要的意义。

在很多情况下，对于已知缓蚀剂，其热稳定性为确定信息，但是对于新型缓蚀剂或者缓蚀剂与金属基底形成的保护膜的稳定性却是未知的，所以热分析也成为表征的重要手段。

（4）红外光谱测试及分析

红外光谱是定性表征分子结构的一种重要的手段，主要是依据物质或分子能选择性地吸收一定波长的红外波，进而引起分子中能级的跃迁，包括振动能级的跃迁和转动能级的跃迁。红外光谱主要是通过给予分子一定波长的红外辐射，分子吸收辐射后经仪器检测就得到分子的红外吸收光谱，也称分子振动光谱或分子振转光谱。

分子结构不同，其在吸收红外辐射后能级的跃迁情况也不同，所以每种物质或分子都有其独有的红外吸收光谱。

现引用 Nnaemeka Nnaji 报道的红外光谱图进行说明，如图 3.6 所示。图中显示了研究的两种缓蚀剂 4-[4-(1,3-苯并噻唑-2-基)苯氧基]邻苯二甲腈（以下均简写为 BT）和四[(苯并[d]噻唑-2-基苯氧基)邻苯二甲酸]镓(Ⅲ)氯化物（以下均简写为 ClGaBTPc）的红外光谱图，以及未加缓蚀剂时在介质中的腐蚀铝和加入缓蚀剂后的铝的红外光谱图。

无缓蚀剂存在下在 1mol/L 盐酸溶液中金属铝（图中标记为 Al_{corr}）的红外光谱图在 3100cm^{-1} 处显示振动峰，该峰为 Al(OH)$_3$、AlO·OH 和水合铝（Al-H$_2$O）的伸缩振动峰，这表明金属表面主要是由铝的氧化物组成。在添加 BT（图中标记为 BT_{corr}）缓蚀剂后，金属铝的红外光谱在 3100cm^{-1} 处的峰值强度降低且移动至 3320cm^{-1} 处。在添加 ClGaBTPc（图中标记为 $ClGaBTPc_{corr}$）缓蚀剂后，在 3100cm^{-1} 处的峰基本不存在，腐蚀氧化物产物并未形成，这说明了添加缓蚀剂后腐蚀延迟/降低或无腐蚀现象，缓蚀剂有效地保护了金属不被腐蚀。

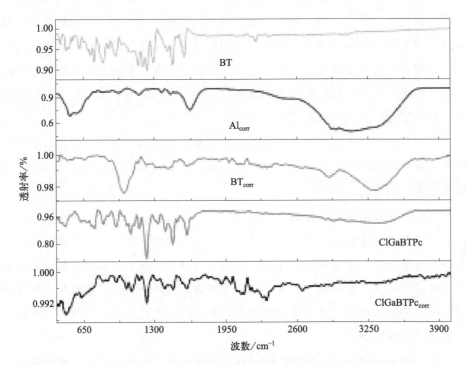

图 3.6　BT、未加缓蚀剂时在介质中的金属铝、加入 BT 后的金属铝、
ClGaBTPc 以及添加 ClGaBTPc 后的金属铝的红外光谱图

从上往下排列

（5）拉曼光谱测试及分析

拉曼光谱是一种散射光谱，是分子对光的散射，是一种通过对与入射光频率不同的散射光谱进行分析，以得到分子的振动、转动方面的相关信息，进而研究分子结构的方法。

拉曼光谱与红外光谱一样，都属于分子振动光谱，只是其机制不同，前者属于散射光谱，后者属于吸收光谱。所以拉曼光谱也类似于红外光谱的表述，每种物质或分子都有其独有的拉曼光谱。拉曼光谱作为缓蚀剂评价的辅助手段，通过拉曼光谱的测试，可以得到缓蚀剂分子在金属表面的吸附模式、结合状态等信息。

下面以已报道文献作为事例进行说明，如黄陟峰等利用拉曼光谱和电化学技术研究碱性条件下苯并三氮唑对金属钴的缓蚀作用，结果如图 3.7 所示。

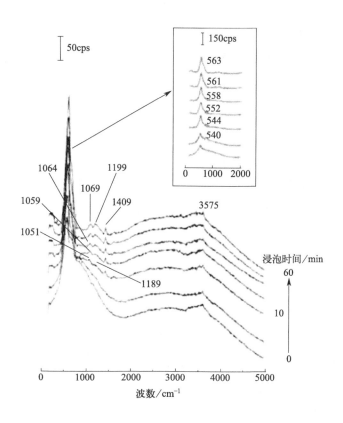

图 3.7　在加有缓蚀剂的溶液中在不同的浸泡时间下测得的金属钴的拉曼光谱图

　　他们以溶液作为背景，通过差减法进行表面谱的分析，在不同的浸泡时间下采集体系的拉曼光谱数据。在差谱中检测到 $3600cm^{-1}$ 附近为 H_2O 中 O—H 的不对称伸缩振动峰，随着浸泡时间的加长，峰强度略有降低。在 $540cm^{-1}$ 的谱峰变化最为明显，浸泡的起始阶段该谱峰延展到 $1600cm^{-1}$（H_2O 的面内弯曲振动），且随着浸泡时间的延长，峰逐渐变窄。在 $1051cm^{-1}$ 处的峰为苯并三氮唑环中三氮环的振动峰，$1189cm^{-1}$ 处的峰为三氮环的不对称伸缩振动和 C—H 的平面弯曲振动，$1409cm^{-1}$ 处的峰为苯环骨架的伸缩振动和 C—H 的平面弯曲振动，这三个峰在浸泡了 20min 以后才开始出现。因此推断在 Co 电极浸入溶液的前 20min，由于表面苯并三氮唑离子（BTA⁻）的浓度较低，不易被检测到。随着浸泡时间的延长，在 $1051cm^{-1}$、$1189cm^{-1}$

和 $1409cm^{-1}$ 处峰的强度略有增强,据此推断,可能是因为 BTA^{-} 和 O 在金属钴表面的覆盖度增加,结构发生重排而使得表面结构更为有序;另一原因可能是 BTA 分子吸附取向(平躺→垂直)的改变。在 $1409cm^{-1}$ 的峰并没有发生太大的改变,而 $1051cm^{-1}$ 和 $1189cm^{-1}$ 的峰发生了蓝移,他们推断随着浸泡时间的延长,三氮环周围的化学环境发生了改变,但对于苯环的影响不大。在 $400\sim1600cm^{-1}$ 处的峰随着浸泡时间的延长而变窄,而 Co—O 和 BTA 的峰随浸泡时间的延长而增强,这可能是 Co 和 O 及 BTA 的作用加强,使得缓蚀剂在金属钴表面的覆盖度增加。

从上面的分析可知,拉曼光谱能够提供缓蚀剂对金属的缓蚀作用方面的较多信息,所以作为重要的辅助手段,也被科研工作者广泛使用。

(6)接触角测试及分析

接触角指的是气、液、固三相交界处,自固-液界面经过液体内部到气-液界面之间的夹角。接触角测试方便、快捷,能够实时评价腐蚀试片表面的状态或吸附膜的物理性能。而且在测试接触角时,可以通过肉眼观察或引入光的折射数据等计算金属表面有缓蚀剂吸附膜时膜的厚度。

对本节内容也引入本书作者所在课题组的研究成果进行说明,主要评价四种噻二唑类缓蚀剂在室温下对 50mg/L 硫乙醇溶液中银片的缓蚀性能。四种缓蚀剂分别为 2,5-二苯基-1,3,4-硫二唑(DPTD)、2,5-二(2-羟基苯基)-1,3,4-噻二唑(2-DHPTD)、2,2-二(3-羟基苯基)-1,3,4-噻二唑(3-DHPTD)和 2,5-二(4-羟基苯基)-1,3,4-噻二唑(4-DHPTD)。接触角测试结果如图 3.8 所示。

图 3.8(b)~(f)的金属试片为添加或不添加缓蚀剂时在 50mg/L 的硫乙醇溶液中浸泡 4h 后的试片,从图可以明显看出,不同的缓蚀剂在银片表面的接触角不同,接触角的测试结果也客观地显示了缓蚀剂的极性特征。裸银的接触角为 67.7°,腐蚀银片的接触角仅为 48.5°,表明银片在腐蚀介质中被腐蚀,金属表面粗糙,润湿性强。在腐蚀介质中加入不同的缓蚀剂后,银片的接触角不同程度地增大,且添加 DPTD 缓蚀剂后的接触角最大,为 124.2°。由此可以得知,在这四种噻二唑类缓蚀剂中,DPDT 的极性最弱,吸附在金属表面后导致金属的疏水性增强,这对于评价缓蚀剂的分子结构、缓蚀性能和分子结构的关系以及吸附机理有重要的意义。

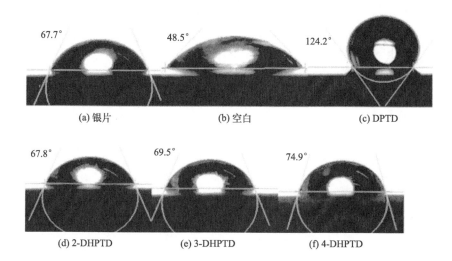

图 3.8　四种噻二唑类缓蚀剂在室温下对 50mg/L 硫乙醇溶液中银片的缓蚀试验后的接触角

（a）裸银与水的接触角；（b）腐蚀试片与水的接触角；（c）添加 DPTD 缓蚀剂后金属

试片与水的接触角；（d）添加 2-DHPTD 缓蚀剂后金属试片与水的接触角；（e）添加 3-DHPTD

缓蚀剂后金属试片与水的接触角；（f）添加 4-DHPTD 缓蚀剂后金属试片与水的接触角

（7）X 射线粉末衍射测试及分析

X 射线粉末衍射测试也称 XRD 测试法，是被广泛应用的一种材料分析手段和方法，在金属腐蚀与防护技术方面的研究中，对于腐蚀机理的描述具有不可忽视的作用。XRD 测试法的具体过程是通过对材料进行 X 射线衍射，收集响应信号并转换数据，分析衍射谱图，进而获得被测物质的组分、材料内部原子或分子的结构或形态等方面的信息。

XRD 测试法是目前研究晶态结构最有力的方法之一，通过衍射谱图上衍射峰的位置、强度以及形状等对物相进行分析。通过谱图不仅可以定性分析被检测的物质，而且可以定量地对组分，尤其是复合组分进行分析。

下面依然采用 Nnaemeka Nnaji 报道的 X 射线粉末衍射测试结果（图 3.9）进行说明。

从图 3.9 中可以分析得到以下信息，未经腐蚀的铝在 2θ 角为 $39.3°$、$45.5°$、$65.8°$、$78.8°$ 和 $83.1°$ 处出现特征峰，这些峰分别对应于 $\gamma\text{-Al}\,(OH)_3$、$\alpha\text{-Al}\,(OH)_3$、Al_2O_3、$AlO\cdot OH$、$\chi\text{-Al}_2O_3/\kappa\text{-Al}_2O_3$ 的特征峰。如不添加任何缓蚀剂，则铝在盐酸中被腐蚀后的 XRD 衍射峰显示在 2θ 角为 $39.8°$、

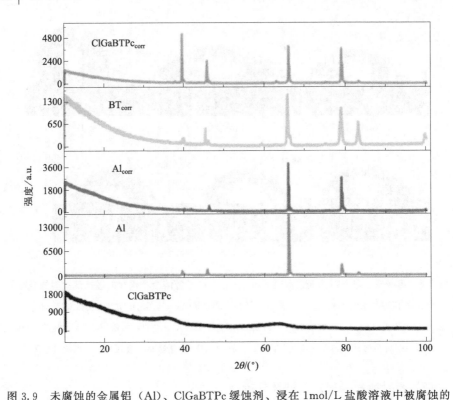

图 3.9 未腐蚀的金属铝（Al）、ClGaBTPc 缓蚀剂、浸在 1mol/L 盐酸溶液中被腐蚀的

金属铝（Al$_{corr}$）、浸在含有 BT 缓蚀剂的 1mol/L 盐酸溶液中的金属铝（BT$_{corr}$）、

浸在含有 ClGaBTPc 缓蚀剂的 1mol/L 盐酸溶液中的金属铝（ClGaBTPc$_{corr}$）的 XRD 谱图

41.5°、46.0°、65.7°、78.8°和 99.6°处出现特征峰。这些峰中在 2θ 角为 41.5°和 99.6°处出现两个新的衍射峰，说明在金属表面有新相产生；而在 2θ 角为 83.1°处的衍射峰消失，说明在盐酸溶液中有些相溶解在介质中消失。在添加缓蚀剂后（ClGaBTPc 和 BT），83.1°处的峰再次出现，说明缓蚀剂在金属表面形成保护膜，未被介质侵蚀。而缓蚀剂由于其无定形的性质，并无尖锐的特征峰，在衍射图中以一宽峰显示。

所以，对 XRD 的测试结果的分析，可以明确金属表面的腐蚀产物和缓蚀剂的保护作用，对于分析腐蚀机理具有重要的意义。

（8）X 射线光电子能谱测试及分析

X 射线光电子能谱是一种用于测定材料中元素构成以及材料中元素化学态和电子态的定量能谱技术。

　　将 X 射线光电子能谱应用于缓蚀剂或金属腐蚀与防护的研究中的相关报道较多，这主要是因为该法能够提供较多的腐蚀试片或添加缓蚀剂后的金属试片表面的一些详细信息，对于缓蚀机理或腐蚀产物的结构、组分等分析起到重要的理论支撑作用。而且 X 射线光电子能谱也可定量地分析各元素的比例，进而可对金属表层中的物质分布或化合物的结构等进行推导和分析。

　　下面以 Moha Outiritea 报道的 X 射线光电子能谱（XPS）测试结果进行说明。如下图 3.10 所示。采用 XPS 测试技术对 3,5-双(4-吡啶基)-1,2,4-噁二唑缓蚀剂在 1mol/L 盐酸溶液中对 C38 钢的缓蚀试验后金属表面有机吸附层的组分进行分析。

　　通过对 C 1s 谱图[图 3.10(a)]的分析可知，在 284.9eV 处的最大峰归因于缓蚀剂中 C—C、C=C 和 C—H 芳香键中碳原子的谱峰；286.5eV 处出现的第二个强峰为与噁二唑环中 C—N 和 C=N 键的氮键合的碳原子的谱峰；最后一个在 288.4eV 处的峰归因于噁二唑环中 C—O 键结合的碳原子的谱峰。

　　在 O 1s 谱图[图 3.10(b)]中，在 530.1eV 结合能处的峰为缓蚀剂中的 O^{2-} 的谱峰，这个 O 可与碳钢中的 Fe 结合为 Fe_2O_3 或 Fe_3O_4；在 531.6eV 结合能处的峰为 OH^- 中的氧原子的谱峰，OH^- 可认为是水合氧化铁，如 FeOOH 或 Fe(OH)$_3$ 中的 OH^-；而在 533.0eV 结合能处的峰为噁二唑环中的 O—C 键或吸附水中的氧原子的谱峰。

　　对于 N 1s 谱图[图 3.10(c)]，在 398.8eV 结合能处的峰为噁二唑环中 C—N 键中的氮原子和未质子化的 N 原子（=N—）的谱峰；在 400.1eV 处的峰为与钢表面配位的噁二唑和/或吡啶环中的 N 原子的谱峰，即 N—Fe 中的 N 原子的谱峰；在 401.8eV 结合能处的峰归因于噁二唑和/或吡啶环中质子化的 N 原子的谱峰。

　　在最后一个 Fe 2p 的谱图中[图 3.10(d)]，在 711eV 和 724.1eV 结合能处的峰为 Fe 2p3/2 和 Fe 2p1/2 自旋分裂缝，这个 Fe 的谱峰主要来源于铁氧化物中的铁；在 714.7eV 结合能处的峰为铁盐的卫星峰；在 719.4eV 结合能处的峰为铁化合物的卫星峰；在 707.2eV 处的峰为金属铁原子的谱峰。

　　通过上述分析得到，缓蚀剂在碳钢表面以吸附膜的形式形成保护膜，起到了优异的缓蚀效果。所以对于试片表面的元素分析可以获得较多的关于元素分布、腐蚀产物类型以及缓蚀剂的键合方式的相关信息，对缓蚀机理的研究或表

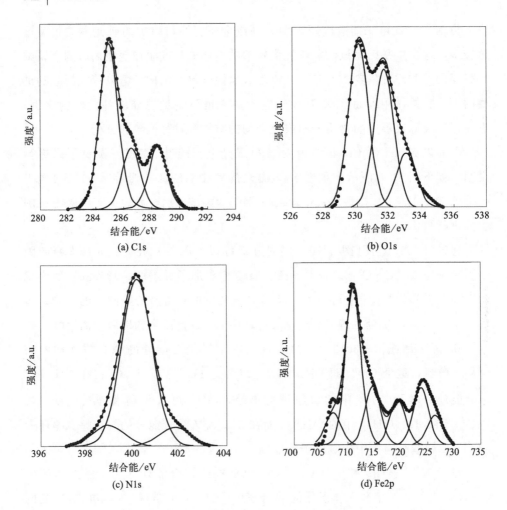

图 3.10　在含有 $12×10^{-4}\,mol/L$ 3,5-双(4-吡啶基)-1,2,4-噁二唑的
$1\,mol/L$ 盐酸介质中进行缓蚀试验后碳钢的 C 1s、O 1s、N 1s 和 Fe 2p 的 XPS 谱图

述具有重要的支撑作用。

3.2　电化学测试法

电化学测试法是评价缓蚀剂性能的主要方法，常见的电化学研究方法主要
包括极化曲线及测量、交流阻抗分析等。除这两种方法外，还有一些电化学测
试方法也被科研工作者应用，如本节中提到的微分电容法和电化学噪声、电化

学发射谱测试、电化学频率调制技术，以及光电化学法、Mott-Schottky 法、恒电位-恒电流法。

3.2.1 极化曲线及测量

在对极化曲线进行介绍之前，首先引入电极极化产生的原因和极化的相关概念。

（1）电极的极化

电极的极化是指当有外电流通过电极与介质的界面时，电极电位随电流密度的变化而偏离平衡电极电位的现象。

电极极化可根据动力学中的速度控制步骤来进行分类，这种分类依据为速率最慢步骤为极化的控制步骤，据此可将电极极化分为电化学极化、浓差极化和电阻极化。与电化学反应相关联的有电化学极化和浓差极化。电阻极化是指电流通过电解液时产生的欧姆降，如果电极表面镀膜，应该也包含这部分欧姆降。由于电阻极化并不反映腐蚀反应和腐蚀速率的控制步骤，故在这里就不再多提及电阻极化的相关内容。

电极极化可以通过阳极极化和阴极极化行为来进行研究。阳极极化指外电流发生在阳极方向上，即此时阴极反应可以忽略，电极电位向正方向移动的情况；阴极极化指外电流发生在阴极方向上，即此时阳极反应可以忽略，电极电位向负方向移动的情况。

（2）稳态极化测试

为了研究电极极化行为，一般借助仪器来测定电极电位或极化值随电流密度变化的趋势。电极电位和电流密度的关系曲线图一般横坐标为电流密度或电流密度的对数值，纵坐标为电极电位。但在很多文献中的表示方法正好相反，横坐标为电极电位，纵坐标为电流密度或电流密度的对数值。

通常想要知道的是腐蚀速率的大小，而极化曲线表示的是电流密度和电极电位的关系。在稳态极化测试中，将腐蚀速率或电极反应速率与极化曲线关联的关系式为法拉第定律，法拉第定律表示电极上发生反应的物质的量与通过电解池的电荷量成正比。如果再将反应速率的定义结合在一起，即反应速率为单位面积、单位时间内物质的量的变化量，可知，电极反应速率与通过界面的电量成正比。

在腐蚀电化学中，稳态时的极化曲线反映了电极反应速率与电极电位或极化值之间的关系。对稳态极化曲线分析时，可以求解曲线上某一点的斜率$\frac{\mathrm{d}\varphi}{\mathrm{d}i}$，该值表示电极电位随电流密度的变化情况，即极化率。极化率越大则表示极化的倾向越大，说明电流的微小变化会引起电位的显著变化。反之，电极电位如果变化很大，但电极反应速率变化较小，说明电极过程不容易进行。极化率也被称为反应电阻R_r，即R_r数值越大，腐蚀电流密度越小。由于在极化值或偏离稳定电位的值很小的情况下，极化曲线总是近似为直线形，在这个区域进行的极化测试即为线性极化测量。线性极化测量中施加的极化值一般在腐蚀电位的$\pm 10\mathrm{mV}$。因此，在极化值很小的情况下，通过直线的斜率可以测得反应电阻的近似值。

稳态测量有两种方式，一种是控制外侧电极电流密度为不同的数值，进而测量电极在这些电流密度下的电极电位，称为恒电流测量。另一种是控制电极电位为不同的数值，进而测量这些电极电位下的外侧电流密度，这种测量方式包含两种：一种是逐个控制电极的电位为不同的数值，为恒电位测量；另一种为控制电位以一定的速度连续变化，称为电位扫描法。但电位扫描法的扫描速度不能太快，速度太快容易偏离稳态条件，一般选用$20\sim 60\mathrm{mV/min}$的扫描速度。

对于稳态的电化学测量，一般选用控制电极电位的方式进行。主要有两个原因：一个原因是在很多情况下，电极电位和电流密度之间不是一一对应的单值函数；另一个原因是电流密度的变化要比电位的变化大得多，控制电位的方法更容易进行。

（3）弱极化测试

当极化曲线已经明显偏离直线，极化值增大，但是电极的阳极反应和阴极反应的速率都不能忽视时的区域称为弱极化区。

弱极化测试也可以得到腐蚀电流密度的数据以及其他的电化学参数信息，而且弱极化的极化值并不是很大，对金属表面或附近介质的影响不比强极化的大，所以得到的电化学信息也有重要的意义。

一般，弱极化区的测试采用恒电位测量，弱极化测试常选取的极化区域为极化值在 20～70mV 的极化区域。弱极化测试一般是依据三参数极化曲线方程式求解 3 个未知数，即阳极极化的塔费尔斜率 β_a、阴极极化的塔费尔斜率 β_c 及腐蚀电流密度 I_{corr}，其他依据的二参数极化曲线方程和四参数极化曲线方程可以从三参数极化曲线方程中说明。这里提到的塔费尔斜率是遵循塔费尔关系式得到的测量曲线的相关斜率。塔费尔式即在比较大的过电位下，过电位与外侧电流密度绝对值的对数之间呈线性关系。

为了说明弱极化测试的相关信息，在这里首先要说明一下极化曲线的数学表达式。引入最简单的腐蚀反应，也就是在腐蚀电极上只进行阴极的还原和阳极的氧化两个电极反应，而且假设电化学反应过程为速率控制步骤，反应的逆过程可以忽略。那么依据的三参数极化曲线方程式中电极电位或极化值与电流密度的关系式（即 E-I 曲线）为：

$$I = I_{corr}\left[\exp\left(\frac{\Delta E}{\beta_a}\right) - \exp\left(-\frac{\Delta E}{\beta_c}\right)\right] \tag{3.2}$$

式中，I 为电流密度；I_{corr} 为腐蚀电流密度；ΔE 为极化值；β_a 为阳极极化的塔费尔斜率；β_c 为阴极极化的塔费尔斜率。

该公式的具体推导及弱极化测试的相关推导过程参照曹楚南编著的《腐蚀电化学原理》第 3 章和第 5 章内容。测定不同极化值下的电流密度，通过巴纳特的三点法、四点法或者单极化方向的三点法可以求出 I_{corr}、β_a 和 β_c。

在实际的测量中，很少单独进行弱极化测试，一般采用弱极化测试与线性极化测试相结合的方式确定 I_{corr} 的值。

（4）强极化测试

继续增大极化值，当一个极化方向上只反映一种腐蚀反应中一个电极反应的过程时，这时的测量就称为强极化测试。强极化测试能够较为准确地获得阳极或阴极反应的相关信息。在这里要注意强极化情况对介质或金属表面的影响，以及强极化通过电解液时产生的欧姆降会增大等问题。

当极化值 ΔE 超过某一数值时，就进入强极化区。ΔE 的数值可以根据式（3.3）进行确定。

$$|\Delta E| > \frac{4.605\beta_a\beta_c}{\beta_a + \beta_c} \tag{3.3}$$

一般认为当 $|\Delta E|$ 的数值达到 100mV 左右时，进入强极化区。

强极化测试的重要优点是，只反映一个电极反应的动力学特征。即如进入强阳极或强阴极极化区后，阴极反应或阳极反应的电流密度可以忽略不计。

当阳极极化进入强极化区时，阳极反应的电流密度为：

$$I_a = I_{corr} \exp\left(\frac{\Delta E}{\beta_a}\right) \tag{3.4}$$

或按塔费尔式常用对数表示为：$\Delta E = b_a \lg I_a - b_a \lg I_{corr}$，其中 $b_a = 2.303\beta_a$。

当阴极极化进入强极化区时，阴极反应的电流密度为：

$$|I_c| = I_{corr} \exp\left(-\frac{\Delta E}{\beta_c}\right) \tag{3.5}$$

或按塔费尔式常用对数表示为：$\Delta E = -b_c \lg |I_c| + b_c \lg I_{corr}$，其中 $b_c = 2.303\beta_c$。

所以，如果不考虑传质影响，极化值与电流密度绝对值的对数之间呈线性关系。可以求出相应的阳极塔费尔斜率和阴极塔费尔斜率，而且延长塔费尔直线至与 $\Delta E = 0$ 的交点，即可求得 I_{corr} 的值。在这里注意将常用对数 $\lg I_{corr}$ 进行变换。

强极化区的测量通常选用控制电位的方法，这主要和塔费尔式中横纵坐标的指数关系有关。因为控制电流时电流的微小偏差所引起的电位的敏感性较小。

强极化区应用较为广泛，在目前查阅到的相关文献中，很多都是研究在酸性体系下对金属的腐蚀防护性能，且酸性条件下测得的塔费尔曲线能够提供关于电极反应的较多信息，故大多数的研究者都是通过强极化区的分析对酸性体系中缓蚀剂的性能进行评价。

如果测出的强极化区的曲线不遵循塔费尔公式，那也可以根据强极化区的测量结果研究电极过程的一些变化。此外，由于大多数有机缓蚀剂都遵循塔费尔公式，所以关于在强极化区的阳极极化对电极表面状态的影响，或涉及钝化膜的强极化测量在这里就不再说明。

从上面的介绍可知，对于极化曲线及测量的方式，可以根据不同的极化值区域得到相关的动力学信息，根据这些动力学信息可以判断出在介质中添加缓蚀剂后对电极过程的影响，进一步推断缓蚀剂的缓蚀效率和缓蚀剂的类型。在这里提到了缓蚀剂效率，依据极化曲线测试的信息评价缓蚀剂效率主要依据式

（3.6）：

$$\eta = \frac{I_{0(\text{corr})} - I_{\text{corr}}}{I_{0(\text{corr})}} \times 100\% \qquad (3.6)$$

式中，$I_{0(\text{corr})}$ 和 I_{corr} 分别表示金属在空白试验和添加缓蚀剂后试验时测得的腐蚀电流密度。

在重量法中也对缓蚀效率进行了计算，但这两种计算缓蚀效率的结果并不完全一致，主要是因为金属腐蚀速率随着时间的延长会发生变化，而且改变的幅度随着体系的变化都有所不同。

长期以来，对于酸性介质中缓蚀效率的评价，习惯用本节中强极化区通过塔费尔直线与极化值为零时的交点求解电流密度的方式计算缓蚀效率，即用塔费尔直线外推法计算缓蚀效率。

3.2.2　交流阻抗分析

交流阻抗分析是评价缓蚀剂或腐蚀体系的另一种主要的方法。阻抗的测试是基于用一个正弦波电流信号对线性系统进行激励，然后线性系统输出一个正弦波的电压信号响应，如图 3.11 所示。由于是小振幅的电信号对体系进行扰动，所以电极表面极化程度很小，近似处于可逆状态，这个时候就认为扰动信号和电极的响应二者之间是线性关系。阻抗测试法相比一些常规的电化学测试方法，能够得到更丰富的电极性质及电极动力学信息。比如，在某个带宽下，通过对电化学阻抗谱的解析可以得到双电层电容、溶液以及电极本身的物理电阻、溶液中活性物质在电极上电荷转移电阻等与电极过程密切相关的信息。

图 3.11　信号输入/输出示意图

此时，阻抗的表示方式为：

$$Z = \frac{\Delta E}{\Delta I} \qquad (3.7)$$

由于输入和输出的信号为正弦波信号，正弦波具有矢量的性质，所以可以将输入和输出信号表示为矢量的表达方式。即在复数平面中，输出信号可以表示为：

$$\Delta E = |\Delta E| \cos(\omega t) + j |\Delta E| \sin(\omega t) \tag{3.8}$$

根据欧拉公式，可以将式（3.8）表示为指数形式：

$$\Delta E = |\Delta E| \exp(j\omega t) \tag{3.9}$$

式中，$|\Delta E|$ 为幅值；ωt 为幅角；j 为复数平面中的虚部。

输入信号可以表示为：

$$I = |I| \exp[j(\omega t + \phi)] \tag{3.10}$$

式中，ϕ 为相位差；I 为流过电路的电流。

则阻抗 Z 就可以表示为：

$$Z = \frac{\Delta E}{I} = |Z| \exp(-j\phi) = Z_{Re} - jZ_{Im} \tag{3.11}$$

式中，$|Z|$ 为阻抗的模值；Z_{Re} 为阻抗的实部；Z_{Im} 为阻抗的虚部。

那么在一个常见的测试出来的阻抗谱图上就是以实部为横坐标、虚部为纵坐标的关系图。在一些仪器测试导出数据时阻抗谱虚部的正负号与表达式中的定义相反，所以结果需要做一下处理。

对于一个阻抗谱图进行分析时，首先要了解谱图中对应位置的意义。以图3.12 为例说明。

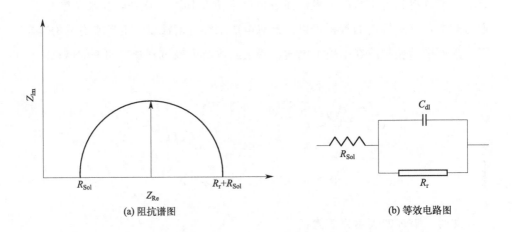

(a) 阻抗谱图　　　　　　　　　　　　(b) 等效电路图

图 3.12　阻抗谱图（a）及其等效电路图（b）

图 3.12 中的圆弧是由等效元件 C_{dl} 引起的阻抗的虚部，常称为容抗弧；容抗弧的左端与横轴的交点标记为 R_{Sol}，R_{Sol} 与原点的距离表示溶液的等效电阻，即溶液内阻；R_r 为反应电阻，即电极反应的电荷转移电阻，通过判断缓蚀剂添加前后反应电阻的大小，就可以判断缓蚀剂的缓蚀效果。

下面讨论几种在实验中常遇到的阻抗谱图。

（1）半圆容抗弧

尽管容抗弧依然在横轴上方，但容抗弧的弧度并不是一个完美的半圆，也即非法拉第的等效元件不是 C_{dl}，而是常相位角元件 Q，这当中涉及了弥散指数，如图 3.13 所示。具体原因可参考相关书籍。但是这种元件代替 C_{dl} 并不影响对缓蚀剂缓蚀性能的分析。

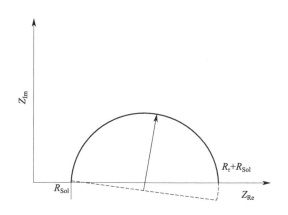

图 3.13　常相位角元件 Q 为等效元件时的阻抗谱图

（2）容抗弧＋感抗弧

在阻抗谱测试的过程中，经常会遇到另外一种测试结果，如图 3.14(a) 所示。曲线由横轴上方的一个半圆弧或类似于半圆弧的圆弧和横轴下方的一段圆弧组成，横轴下方的圆弧是由等效电感引起的，这种图形的拟合电路图见图 3.14(b)。

这种情况与（3）两个半圆弧的情况主要是由于电极反应过程中除了状态变量电位以外，还有其他的状态变量对电流密度有影响。具体的数学表达式及推导过程可参考其他著作，这里只表达出该种情况的拟合电路。在实际电化学测量过程中拟合的前提是设计好相应的电路图，进而可较准确地计算反应电阻 R_r。

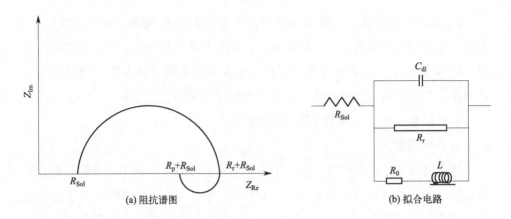

图 3.14 涉及等效电感的阻抗谱图 (a) 及其拟合电路 (b)

（3）两个半圆弧

另外一种情况是在横轴上方有两个半圆弧，这种情况并不多见。此处依然是只表达出该种情况的拟合电路（图 3.15），以此作为涉及拟合电路的参考。

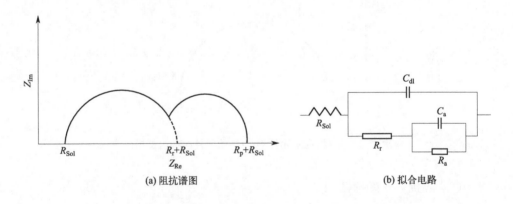

图 3.15 涉及的影响法拉第电阻的阻抗谱图 (a) 及其拟合电路

（4）Bode 图分析

在文献中，还有一种阻抗谱图的表达方式，即以 $\lg f$ 或 $\lg \omega$ 为横坐标，以 $|Z|$ 为纵坐标，同时以 $\lg f$ 或 $\lg \omega$ 为横坐标，以相位角 ϕ 为纵坐标的 Bode 图。对应于上述几种情况的 Bode 图如图 3.16 所示。

从 Bode 图分析也可以了解到，在 $|Z|$ 和 $\lg f$ 的曲线图中，可以通过不同

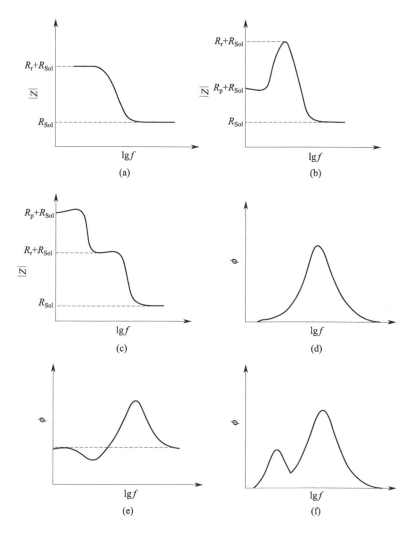

图 3.16　相应于不同等效电路图的 Bode 图

(a)、(d) 对应于图 3.13；(b)、(e) 对应于图 3.14；(c)、(f) 对应于图 3.15

的平台读出不同的电阻值。在图 3.16(d) 中，ϕ-lg$f$ 图中的曲线有一个极大值，即波峰位置，该值对应的频率为特征频率；当在 ϕ-lg$f$ 图 3-16(e) 中出现波谷，且出现的频率比波峰更低，则可以认为波谷涉及感抗弧；而在 ϕ-lg$f$ 图 3.16(f) 中出现两个波峰，频率高的是由 C_{dl} 引起的，而频率低的是由 C_a 引起的。

对于阻抗图，除了评价缓蚀剂的性能优劣外，还可以根据由阻抗谱图得到

的 R_r 值计算出缓蚀剂的缓蚀效率，具体表达式如式(3.12) 所示：

$$\eta = \frac{R'_r - R_r}{R'_r} \times 100\%$$ (3.12)

式中，R_r 和 R'_r 分别表示金属在空白试验和添加缓蚀剂后试验时测得的反应电阻。

(5) 阻抗法测试的特点

优点：

① 阻抗法的适用介质范围较广，不受腐蚀界面的限制，在气、液相中均适用。

② 阻抗法可以直接在介质中进行测试，不需要对介质或试片进行太多处理。

③ 阻抗法可以在生产中直接、连续地进行测量。

④ 阻抗法灵敏、快捷，可以监控腐蚀速率大的生产设备。

缺点：

① 阻抗法不适用于局部腐蚀的情况。

② 阻抗法对于腐蚀速率较低的情况，测试所需时间较长。

③ 腐蚀产物如果导电，则会影响阻抗法测试结果。

④ 阻抗法的灵敏度与试片的横截面积有关，试片的横截面积越大，则灵敏度越低。

3.2.3 微分电容法

在金属/溶液的界面，由于静电吸引力的作用剩余电荷在界面两侧形成紧密的双电层，这种双电层可以近似地当作一个平板电容器来处理，但是其电容值随着双电层两侧端面上的电位而变化，所以采用微分电容的形式来表示这种双电层电容，也即微分电容法。所以，微分电容法在电化学测试法中主要是测量以电压为基础的非线性电容器的电容。微分电容是用于描述电极表面双电层的一个参数，是电荷量关于电位的导数，或表面电荷变化率与电位变化率的比值。其表达式如式(3.13) 所示：

$$C_{dl} = \frac{dq}{d\phi}$$ (3.13)

　　通过实验测出电容随电位变化的曲线，则可以从微分电容曲线上找到最小值的电容点，这个点为电极的表面剩余电荷密度为零的电位点，即零电荷电位。零电荷电位的定义引用曹楚南《腐蚀电化学原理》中的描述：在改变电极电位的过程中，总会找到一个电位值，在这一电位值下，金属的表面既不带有过剩的正电荷，也不带有过剩的负电荷，这个电极电位值叫作该电极系统的零电荷电位。在实际的腐蚀电极研究中，如果知道了零电荷电位，那么可以通过该值与平衡电位的偏离方向和程度，判别电极表面所带的电荷是正电荷还是负电荷并估算过剩的电荷量。通过上述判断可以选择对于腐蚀电极有效的缓蚀剂类型，如果电极表面带负电荷，则容易吸附缓蚀剂的正端或容易吸附带正电荷的缓蚀剂；如果电极表面不带电荷的情况下，电极表面的水分子容易脱附，可选择中性的有机分子作为缓蚀剂。所以，零电荷电位对于缓蚀剂类型的筛选具有重要的作用。

　　下面以屈钧娥的博士论文中第五章"在氯化钠溶液中十二胺在铜镍合金表面的吸附机理"中提到的微分电容测试为例进行说明。

　　屈钧娥选择空白的氯化钠溶液和含有 0.001mol/L、0.005mol/L 十二胺作为添加剂的氯化钠溶液进行了铜镍合金与溶液界面的微分电容测试，结果如图 3.17 所示。

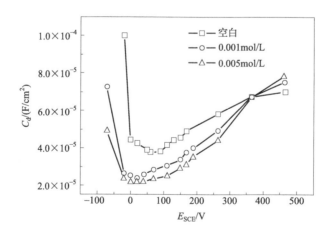

图 3.17　铜镍合金在空白及含不同浓度十二胺添加剂时在
0.2mol/L 的氯化钠溶液中测得的微分电容曲线

在空白和含 0.001mol/L、0.005mol/L 十二胺的氯化钠溶液中测得的零电荷电位分别为 −60mV、−20mV 和 0mV，均比屈钧娥通过极化曲线测出的自腐蚀电位，分别为 −273mV、−226mV、−178mV 更正。说明在自腐蚀状态下，电极表面都带有过剩的负电荷，这促进了带正电的十二胺的物理吸附，使得电极表面的净负电荷数量少，零电荷电位向正方向移动。且缓蚀剂的浓度越大，其在合金表面的覆盖程度越大，使得负电荷减少的数量越多，中和效应越明显。

3.2.4 电化学噪声技术

电化学噪声是电化学动力系统演化过程中，其电学状态参量的随机非平衡波动。这些电学状态参量有电极电位、外测电流密度等。B. A. ТЯГаЙ 等 1967 年首先注意到了这个现象，之后，电化学噪声技术作为一种腐蚀与防护科学领域中的评价手段得到了长期的发展。国内外诸多相关领域的研究人员都在利用电化学噪声技术，研究金属材料的局部腐蚀热力学与动力学行为、评估金属材料耐蚀性、评价缓蚀剂和表面涂层的防护性能等。

电化学噪声技术是一种原位、无损的金属腐蚀探测技术，在测量过程中无须对被测电极施加可能改变腐蚀过程的外界扰动，也无须预先建立被测体系的电极过程模型。电化学噪声的分析方法主要包括频域分析、时域分析和小波分析。

电化学噪声电阻通常正比于极化电阻或电荷转移电阻，可用来评价缓蚀体系的腐蚀速率。频域分析的功率密度谱与自腐蚀电流以及缓蚀剂分子在金属材料基底表面的吸附度的波动现象存在着直接联系；时域分析可以预测局部腐蚀的发生，定性地说明腐蚀发生的类型；小波分析的能量参数可用于定性表征缓蚀剂的缓蚀效率，并用于进一步区分缓蚀剂分子在金属材料基底表面的缓蚀吸附机制。但小波分析中位于高频区的能量（其主要反映点蚀的生成和成长）不能用于研究缓蚀剂的保护性能的分析。

下面以陈鑫卉的硕士论文《电化学噪声技术原位监检测缓蚀剂对金属材料的保护性能研究》中的相关内容进行简单说明。

陈鑫卉主要对铜浸泡在不同浓度苯并三氮唑的盐溶液中的电位噪声时域谱进行了研究和分析。如图 3.18 所示。

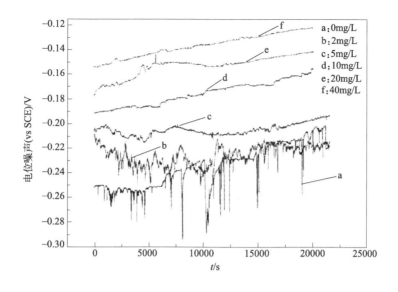

图 3.18　铜浸泡在不同浓度苯并三氮唑的盐溶液中的电位噪声时域谱（6h）

　　在未添加缓蚀剂苯并三氮唑前，从电位噪声时域谱中可以看到，电位噪声幅度最大，这主要是由金属铜的腐蚀反应所导致。而又由于腐蚀产物-铜的羟基氧化物或氧化物的标准电极电位比铜标准电极电位更正，所以铜的电极电位随着时间的延长而逐渐向正方向移动。在添加缓蚀剂后，如果添加剂量不足，如图 3.18 所示的 b 曲线，噪声幅度尽管有所变小，但因为离子半径较小的侵蚀性粒子 Cl^- 对电极表面活性点的竞争吸附及腐蚀作用导致铜的表面腐蚀，测出的电位噪声谱还是接近于其在空白试验中测得的谱。继续增加缓蚀剂的用量，由于缓蚀剂的剂量增加，缓蚀剂在金属表面形成的吸附膜逐渐完整，进而使得电位噪声幅度减小，电极电位随着时间的延长而正移。这也可以理解为，缓蚀剂吸附在铜的表面，其吸附速率与铜的溶解速率相互竞争，导致了腐蚀电位的波动。随着缓蚀剂在铜表面的吸附量的增加，铜电极表面的腐蚀活性位点逐渐被缓蚀剂分子占据，增加了铜溶解的活化能，进而阻碍了介质中侵蚀性的粒子，如 Cl^- 的渗入，并防止了铜的溶解。

3.2.5　电化学频率调制技术

　　电化学频率调制（EFM）技术是一种新型的腐蚀速率测量技术，与下一节要介绍的电化学发射谱测试技术是由比利时的 J. Hurbrecht 研究小组报道的两种新型电化学腐蚀检测技术，主要用于现场检测金属材料的局部腐蚀和均匀腐蚀状态。

EFM 技术是一种非破坏性腐蚀测量技术，可以直接给出腐蚀电流值。EFM 技术与交流阻抗测试法都是一种通过小信号干扰进行测试的技术，但与交流阻抗法不同的是，EFM 技术为频率不同的两个正弦波同时施加到腐蚀电池上。因为电流是电位的非线性函数，系统以非线性方式响应电位的激励，所以电流的响应不仅包含基底频率，还包含两个正弦波的线性耦合，如两个正弦波的和、差和倍数等。经过线性耦合的响应再经傅里叶变换后，电流的谱峰比外加线性信号时高，从而提高了测试的灵敏度。

利用 EFM 技术无须提前知道塔费尔斜率，极化信号弱、测试时间短也可获得腐蚀速率和腐蚀动力学的相关参数，可以瞬时测定正在受到电化学腐蚀的金属或合金的腐蚀速率和极化电阻，这都使得该方法成为应用于腐蚀检测的理想技术，目前已应用于低碳钢在稀硫酸溶液中的腐蚀检测。使用 EFM 技术获得的结果与重量法和前面提到的电化学方法（塔费尔外推法和电化学阻抗谱法）测量缓蚀效率的结果一致。EFM 技术已成功地用于在酸性和中性环境中测量低碳钢的缓蚀速率。

在金属腐蚀过程的研究中，已知腐蚀过程本质上是非线性的，一个或多个正弦波的潜在失真将在比施加信号的频率更高的频率下产生响应。这种非线性响应包含了关于腐蚀系统的较多且足够的信息，从而可以直接计算出腐蚀电流，进而计算缓蚀剂的缓蚀效率。

具体涉及的计算公式如式(3.14)～式(3.16)所示：

$$i_{\mathrm{corr}} = \frac{i_\omega^2}{\sqrt{48(2i_\omega i_{3\omega} - i_{2\omega})}} \tag{3.14}$$

$$\beta_{\mathrm{a}} = \frac{i_\omega U_0}{2i_{2\omega} + 2\sqrt{3}\sqrt{2i_{3\omega}i_\omega - i_{2\omega}^2}} \tag{3.15}$$

$$\beta_{\mathrm{c}} = \frac{i_\omega U_0}{2\sqrt{3}\sqrt{2i_{3\omega}i_\omega - i_{2\omega}^2} - 2i_{2\omega}} \tag{3.16}$$

式中，i_{corr} 为腐蚀电流密度；β_{a} 为阳极极化的塔费尔斜率；β_{c} 为阴极极

化的塔费尔斜率；ω 为频率；U_0 为振幅；i 是在频率为 ω 和振幅为 U_0 下计算得到的待测电极的瞬态电流密度。具体的数学推导及相关的物理意义等可参考 I. B. Obot 等于 2017 年发表的《电化学频率调制（EFM）技术：在腐蚀研究中的理论和应用》(*Electrochemical frequency modulation（EFM）technique：Theory and recent practical applications in corrosion research*) 一文。

下面以 K. F. Khaled 报道的 EFM 图为例进行说明，如图 3.19 所示。

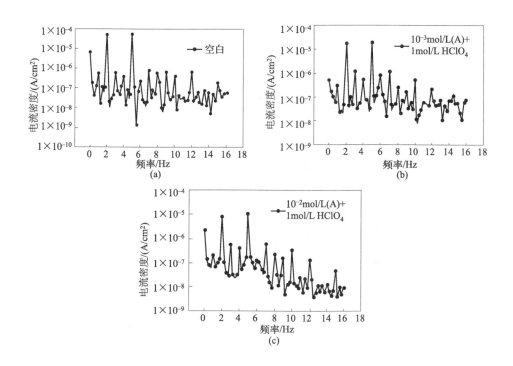

图 3.19　碳钢在添加或不添加硫代二酰肼缓蚀剂的 1mol/L 高氯酸溶液中的 EFM 图

首先说明一下图中的信号，图中最大振幅约为 60μA 的两个峰为频率 2Hz 和 5Hz 的激励信号的响应，振幅为 1～20μA 之间的峰为这两个激励信号的谐波以及和差分量。EFM 技术常常采用软件包进行相关参数的计算，而并不用人为代入计算，如计算电流密度的值以及塔费尔斜率等。

EFM 技术的应用受到腐蚀体系的限制，对于腐蚀速率低或时间常数高的体系，应用该技术得到的腐蚀速率偏大。

3.2.6 电化学发射谱测试技术

电化学发射谱测试的基础是记录腐蚀系统自发的电流和电位波动。电化学发射谱技术要求测量仪器具有足够高的灵敏度和分辨率,利用高灵敏度电流、电位测量仪器,测量瞬时腐蚀倾向随时间的变化曲线。

通过电化学发射谱测试技术可以获得如下几个参数的信息。

(1) 界定瞬时腐蚀倾向参数——A_c

$$A_{c,k+1} = \frac{\Delta I_{k+1}}{\Delta V_{k+1}} = 2.303 I_{corr,k} \left(\frac{1}{b_a} + \frac{1}{b_c} \right) \tag{3.17}$$

式中,ΔI 和 ΔV 分别为某时刻电极电流和电极电位变化;k 为腐蚀过程的某一瞬时态;b_a 为阳极极化塔费尔斜率($b_a = 2.303\beta_a$);b_c 为阴极极化塔费尔斜率($b_c = 2.303\beta_c$)。当 $A_c > 0$ 时,金属材料发生了均匀腐蚀;当 $A_c = 0$ 时,金属材料处于再钝化状态;而当 $A_c < 0$ 时,金属材料的钝化膜被破坏,腐蚀行为发生。所以根据 A_c 值的正负,可以判断金属材料的腐蚀类型是均匀腐蚀还是局部腐蚀。而且对于均匀腐蚀,还可以根据 A_c 值的大小,计算出金属材料均匀腐蚀的线性极化电阻,进而确定金属被介质腐蚀的难易程度。

(2) 界定局部腐蚀事件平均密度参数——E_1

局部腐蚀事件平均密度即腐蚀速率,可根据式(3.18)计算 E_1 的值。

$$E_1 = \frac{N}{T(f)} \times 100\% \tag{3.18}$$

式中,N 为电化学发射谱中某一时间段 $A_c < 0$ 时测量点占总测量点的百分数;T 为一个测量时间间隔;f 为采样频率。以 E_1 对时间作图可以获得另外一种形式的电化学发射谱。由于钝化的金属如果处于点蚀或者缝隙腐蚀的不同阶段时,它们各自具有不同的 E_1-t 谱图,所以可以根据该谱图作出相应的判断。

(3) 界定局部腐蚀严重性参数——S_L

局部腐蚀严重性参数——S_L 是整个电化学发射谱中 $A_c < 0$ 的值的密度,可定量表示局部腐蚀密度。

(4) 界定局部腐蚀时间参数——T_L

局部腐蚀时间参数——T_L 是在一定时间段内 A_c 维持负值的最长时间。不同的腐蚀类型和金属腐蚀的不同阶段,上面提到的参数与时间的关系,即

A_c-t、E_1-t、S_L-t、T_L-t 各自的谱图的特征不同。如果在金属腐蚀的过程中瞬时腐蚀倾向参数 A_c 的值始终大于零，则金属材料发生均匀腐蚀；若 A_c 的值小于零，则金属材料发生局部腐蚀。还可以根据 E_1、S_L 和 T_L 这三个参数随时间变化曲线的特点，区分金属材料发生的是缝隙腐蚀还是点蚀，以及可以判断腐蚀所处的是开始腐蚀的初始阶段还是正发生腐蚀的发展阶段。

3.2.7　光电化学法

光电化学法是指通过测量光电响应获得有关电极表面层组成和结构信息的一种方法。该法利用电极表面具有半导体性质的物质，如氧化物、硫化物及钝化膜层在适宜能量的光照射下产生光电效应，进而获得电极表面层组成和结构信息。光电化学法不仅可以表征钝化膜的光学和电子性质、分析金属或合金表面层的组成和结构，而且可以研究金属在不同介质中的腐蚀行为、添加不同缓蚀剂后的缓蚀行为等。

徐群杰报道了《Cu 的腐蚀与缓蚀的光电化学研究》，他采用光电化学法研究了 Cu 在不同浓度氯化钠的硼酸-硼砂溶液中的腐蚀以及聚天冬氨酸缓蚀剂对 Cu 的缓蚀作用。图 3.20 为 Cu 在含 2g/L 氯化钠的硼酸-硼砂溶液中，添加聚天冬氨酸缓蚀剂下的光电流 i_{ph} 随电位 E 变化的关系图。

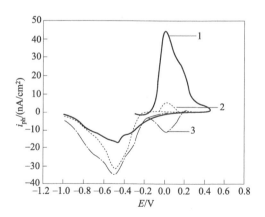

图 3.20　Cu 在含 2g/L 氯化钠的硼酸-硼砂溶液中在添加聚天冬氨酸缓蚀剂下的 i_{ph}-E 曲线

曲线 1 代表不添加聚天冬氨酸缓蚀剂；曲线 2 代表聚天冬氨酸

缓蚀剂的浓度为 3mg/L；曲线 3 代表聚天冬氨酸缓蚀剂的浓度为 10mg/L

从图 3.20 中可知，当聚天冬氨酸缓蚀剂的浓度为 3mg/L 时，i_{ph}-E 曲线中在电位向正方向扫描时，曲线 2 的阳极光电流相较曲线 1 大幅度降低；在向负方向扫描时，出现了阴极光电流，且此时的阴极光电流更大。当聚天冬氨酸缓蚀剂的浓度为 10mg/L 时，i_{ph}-E 曲线中在电位向正方向扫描时，产生了阴极光电流，而并不是阳极光电流；在向负方向扫描时，出现的阴极光电流更大，而且此时的光电流曲线与未添加腐蚀介质氯离子时的情况相似，所以，此时 Cu 表面的 Cu_2O 膜受到聚天冬氨酸缓蚀剂的保护而降低了金属的腐蚀。

3.2.8 Mott-Schottky 法

Mott-Schottky 方程是一个数学方程［式(3.19)］，其主要描述半导体的空间电荷层微分电容 C_{sc} 与半导体表面对于本体的电势 $\Delta\varphi$ 的关系。在腐蚀电化学中，应用 Mott-Schottky 方程进行研究的方法即称为 Mott-Schottky 法，该方法也能够评价缓蚀剂的加入对腐蚀速率的影响。

Mott-Schottky 法其实也是一种光电研究方法，目前在光催化领域得到了广泛的应用，在腐蚀电化学中也有相关文献报道。

$$\frac{1}{C^2} = \frac{1}{\varepsilon\varepsilon_0 eNA}\left(E - E_{fb} - \frac{kT}{e}\right) \tag{3.19}$$

式中，C 为空间电荷层电容；N 为空间电荷层的电荷密度；e 为电子电荷；ε 为介电常数；ε_0 为真空电容率；A 为电极表面积；E 为平衡电位；E_{fb} 为测量出的电位，k 为玻尔兹曼常数；T 为热力学温度。

下面依然采用徐群杰报道的相关内容为例进行说明。图 3.21 为 Cu 在含 2g/L 氯化钠的硼酸-硼砂溶液中，添加聚天冬氨酸缓蚀剂下的 Mott-Schottky 图。

Mott-Schottky 图中，C^{-2}-E 曲线在金属钝化电位范围内呈直线，斜率为正表示钝化膜呈 n 型半导体特征，斜率为负则表示钝化膜呈 p 型半导体特征。

曲线 1 中直线斜率为正的电位范围宽，斜率的值也大，说明 Cu_2O 膜中 n 型结构所存在的电位区间宽，n 型结构特征明显。曲线 2 斜率为正的范围从曲线 1 的 $-0.2\sim0.4V$ 缩小为 $-0.2\sim0V$，说明添加 3mg/L 的聚天冬氨酸缓蚀剂后 Cl^- 对 Cu_2O 的侵蚀被削弱，Cu_2O 膜中 n 型结构的比例减小。曲线 3 中

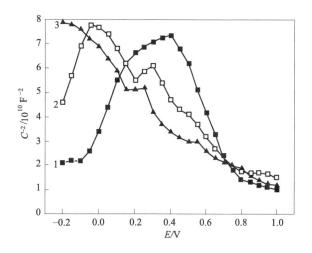

图 3.21　Cu 在含 2g/L 氯化钠的硼酸-硼砂溶液中在添加
聚天冬氨酸缓蚀剂下的 Mott-Schottky 图

曲线 1 代表不添加聚天冬氨酸缓蚀剂；曲线 2 代表聚天冬氨酸

缓蚀剂的浓度为 3mg/L；曲线 3 代表聚天冬氨酸缓蚀剂的浓度为 10mg/L

直线的斜率在电位为 $-0.2 \sim 0.2$V 范围内始终为负值，说明 Cu 表面的 Cu_2O 膜受到聚天冬氨酸缓蚀剂的保护，Cl^- 不能够侵蚀金属表面而使其维持了 p 型结构。

3.2.9　恒电位-恒电流法

恒电位-恒电流法是一种用来研究钝化膜的快速、稳定的电化学研究法，利用恒电位-恒电流响应曲线可以分析有机缓蚀剂在钝化金属表面的吸附特征，以及有机缓蚀剂对钝化膜的局部破坏、孔蚀发生和发展的有效缓解或抑制作用。

宋诗哲对添加哌啶缓蚀剂的氯化钠溶液中 304 不锈钢的孔蚀行为进行了研究。图 3.22 为添加 5mmol/L 哌啶的 0.5mol/L 氯化钠溶液中当 $E_p = 0.1$V (vs. SCE) 时的恒电位-恒电流响应特征曲线。具体数学模型参照相关参考文献。

通过恒电位-恒电流响应数据计算得到电化学参数随恒电位保持时间的变化关系，分析数据即可得到缓蚀剂对孔蚀发生和发展的有效抑制作用。

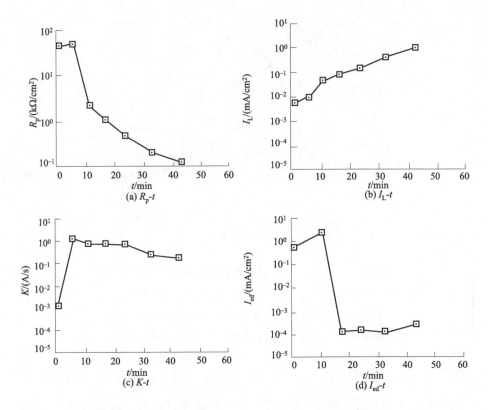

图 3.22　添加 5mmol/L 哌啶的 0.5mol/L 氯化钠溶液中
当 $E_p = 0.1V$ （vs SCE） 时的恒电位-恒电流响应特征曲线

3.3　其他辅助表征测试

3.3.1　原子力显微镜探针刮擦技术

原子力显微镜可在溶液中工作，在金属腐蚀与防护技术领域也被用来原位研究金属表面腐蚀发生、发展的过程，并以此推断腐蚀发生的机理和有缓蚀剂存在情况下的缓蚀机理等。在恒力模式下工作的原子力显微镜是通过控制针尖和样品之间的作用力恒定，从而获得样品的表面信息。原子力显微镜探针刮擦技术是一种破坏性的实验技术，在探针针尖上施加一个很小的力时，对样品表面特别是硬度较高的表面没有损伤，而施加较大的作用力时，可能严重地影响样品的表面状态。所以可利用原子力显微镜探针刮擦技术研究在不同作用力下金属表面微区的腐蚀行为。

下面以屈钧娥报道的内容为例进行说明，文中通过原子力显微镜探针刮擦技术研究了在较小负载下（5nN）铜镍合金表面有机缓蚀剂（十二胺）的吸附作用对针尖和样品之间相互作用力的影响。图 3.23 为在 0.2mol/L 氯化钠溶液中加入 0.005mol/L 的十二胺并采用原子力显微镜探针刮擦技术获得的实验结果。

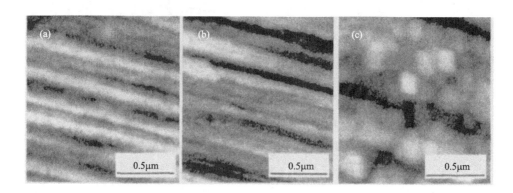

图 3.23　在 0.2mol/L 氯化钠溶液中铜镍合金的表面形貌图

（a）浸泡 30min 后的形貌图；（b）加入十二胺缓蚀剂

浸泡 30min 后经原子力显微镜探针刮擦 90min 后的形貌图；

（c）未加缓蚀剂浸泡 30min 后经原子力显微镜探针刮擦 90min 后的形貌图

从图中可以看出，图 3.23(a) 和图 3.23(b) 形貌差别不大，但未加十二胺有机缓蚀剂浸泡后的金属试样表面发生了快速地溶解[图 3.23(c)]，说明十二胺对铜镍合金的腐蚀起到了防护作用。

3.3.2　划痕实验

划痕实验是一种破坏性实验，主要为了评价缓蚀剂的加入对金属的防护效果。

下面以武亚琪报道的关于划痕实验的内容为例进行说明。作者将钢板浸泡在添加缓蚀剂和未添加缓蚀剂的 3％氯化钠溶液中，用碳化物尖端在试片表层进行划痕实验。

从图 3.24 中可以看出，未添加缓蚀剂的试片浸泡 7 天后试片的划痕处形成某些产物并出现起泡现象，说明腐蚀发生，试片原表面的涂层从钢板上剥落，腐蚀介质通过缝隙侵入，加速了起泡现象。而添加缓蚀剂并经修饰后，试片浸泡7天后划痕处几乎没有腐蚀，这说明缓蚀剂对金属有优异的防护效果。

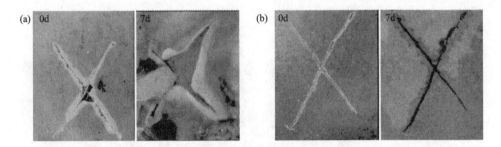

图 3.24　钢板浸泡在添加邻菲咯啉缓蚀剂和未添加

缓蚀剂的3％氯化钠溶液中的划痕实验结果

（a）未添加缓蚀剂的实验结果；（b）添加缓蚀剂并经修饰后的实验结果

3.3.3　电阻探针技术

电阻探针技术主要是通过测量金属试片在腐蚀过程中的电阻变化来获得腐蚀损耗和腐蚀速率的相关数据。金属在腐蚀过程中产生的腐蚀产物与原始金属在导电性方面有很大区别，一般腐蚀产物多为导电性较差的物质。如果对一金属片施加电流，那么随着金属腐蚀程度的增大，其通电电阻将增大。

电阻探针技术灵敏方便，其适用性很强，能够适用各种环境，对材料的腐蚀检测工作起到了重要的作用。

四川天然气研究院采用电阻探针技术评价了川天5-1酸胺型有机缓蚀剂的后效性，郝兰锁也采用该技术检测油轮管交汇处及管交线生产分离器水出口处的腐蚀情况。

3.3.4　磁阻法

磁阻法是一种金属腐蚀原位检测技术，其基本原理是根据电磁场强度的变化来测试由腐蚀造成的金属试片尺寸的细微变化。磁阻法与电阻探针技术类似，都是以测量金属的损失为依据。

　　磁阻法灵敏度比电阻探针技术高，检测速度快，能够反映全面腐蚀的信息，适应于多相体系，可用来研究缓蚀剂的吸附对金属材料的影响。

　　下面通过李言涛等采用磁阻法评价二氧化碳缓蚀剂的缓蚀性能的研究工作进行说明。作者采用咪唑啉酰胺和有机胺类化合物等的复配物（HGY-9）作为缓蚀剂，模拟某气田腐蚀介质添加 HGY-9 前后的探头寿命单元（PLU）随时间的变化曲线，结果如图 3.25 所示。

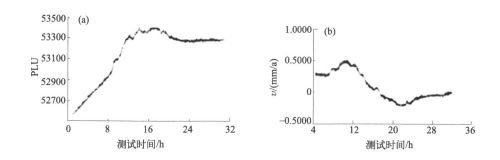

图 3.25　1018 钢在添加 50mg/L HGY-9 缓蚀剂前后饱和 CO_2 腐蚀介质中的测定曲线

　　由图 3.25(a) 可以看出，添加 HGY-9（加注时间为测试开始后 10h 处）后，开始时，缓蚀剂尚未达到稳定吸附，钢的腐蚀速率较快，缓蚀剂的缓蚀作用不明显。随着时间的延长，缓蚀剂在钢表面形成吸附膜后，曲线趋于平稳，说明缓蚀剂在此时已经发挥了缓蚀作用。以时间间隔 $\Delta t = 300\text{min}$ 绘制的腐蚀速率曲线见图 3.25(b)。在图 3.25(b) 中看到，在添加 HGY-9 后，钢的腐蚀速率呈现先升高后下降，最后平稳的状态，说明缓蚀剂有效地降低了钢的腐蚀速率。

3.3.5　电子自旋共振技术

　　电子自旋共振（ESR）技术是观察自由基等顺磁物质的一种最直接、最灵敏的方法。该方法主要是研究电子塞曼能级之间的直接跃迁，研究对象为具有未成对电子的顺磁性物质。将被研究的物质放在几千或上万高斯的恒定外磁场中，由于被研究物质的磁性产生的能级分裂受到外磁场的控制，通过观察试样对射频能量的吸收来探索物质的结构。

ESR 技术一般不需要对样品进行复杂的处理，可直接检测而不破坏样品，因此被广泛地应用在很多领域。但由于很多物质都不具顺磁性，所以 ESR 技术受到很大的限制。自旋标记方法的应用突破了上述限制，目前自旋标记的 ESR 技术已应用于研究高聚物在固/液界面上的吸附等。

一般自旋标记的化合物的分子量很小，而缓蚀剂一般为高分子聚合物，所以标记物对聚合物的影响不大，自旋标记的化合物对缓蚀剂在金属表面的影响也较小。固定于金属表面的片段与指向溶液的片段在动态特征上的差别以及吸附层结构，均可由 ESR 波谱中的相关时间及线型变化反映出来，能够从分子水平研究缓蚀剂。ESR 波谱的线型、方向性与分子运动的性质密切相关，波谱参数随分子运动速度而变化，且利用波谱图可获得附着于固体表面的链节分数（p）。

下面以旷亚非等报道的聚丙烯酸钠在腐蚀产物羟基氧化铁上的吸附行为为例进行说明。

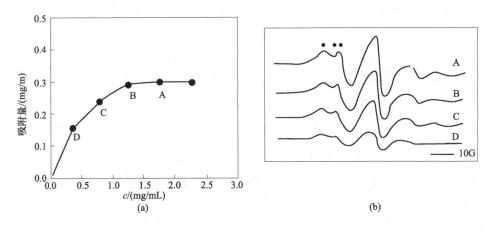

(a)   (b)

图 3.26　聚丙烯酸钠在 β-FeOOH 上的吸附等温线（a）及不同浓度的
聚丙烯酸钠在 β-FeOOH 上的 ESR 谱（b）

A—过饱和覆盖；B—覆盖度最大，达到饱和吸附；C、D—未达到饱和吸附时不同的覆盖度

从图 3.26 可以看出，随着聚丙烯酸钠在基底上的覆盖度增加，ESR 谱线发生明显改变，ESR 谱左侧最外边缘峰相对其相邻内侧峰的峰高随着覆盖度的增加而降低。这是因为聚丙烯酸钠的吸附形态发生改变，吸附分子中能自由

运动的链节数增加，标记在聚合物中的氮氧自由基的运动受阻程度减小，ESR
谱中的窄三线谱的成分增加。

3.4　理论计算研究及分析

3.4.1　量子化学计算

　　量子化学是基于量子力学原理，通过分析分子或原子的电子结构、化学键
以及分子间的作用力等，揭示物质的内在反应规律。这对于研究其构效关系、
指导实验的进行并推测物质的实际应用具有重要的意义。目前量子化学作为一
种有效的基础研究手段，在化学、化工、物理、生物以及生命科学等领域有了
较广泛的应用。量子化学已经成为研究缓蚀剂分子结构和缓蚀性能关系的有效
方法，采用量子化学计算得到的电荷分布特征可以进一步研究缓蚀剂的作用机
制，使得缓蚀机制的研究和认识达到分子结构和微观层面。

　　量子化学计算的算法研究主要是对薛定谔方程进行近似求解，目前主要发
展的有基于复杂的多电子波函数的 Hartree-Fock、post-HF 算法，以及用电子
密度取代波函数作为研究的基本量的密度泛函理论（DFT），研究的体系也从
最初的小分子体系开始逐渐转变为大分子体系。

　　近年来，密度泛函理论（DFT）的研究、发展以及应用较为迅速。DFT
是 20 世纪 60 年代在 Thomas-Fermi 理论的基础上发展起来的量子理论的一种
表达方式，主要是采用电子密度代替单电子波函数来描述体系的状态。DFT
所采用的泛函主要包括局域密度近似（LDA）、广义梯度近似（GGA）、meta-
GGA（在 GGA 的基础上增加了动能密度或是局域自旋密度的二阶导数）、杂
化泛函（此泛函综合了 Hartree-Fock 和 DFT）以及 vdW-DFT 等。其中杂化
泛函在缓蚀剂的研究中应用较多。

　　量子化学计算研究涉及常用的量子化学参数前线分子轨道能的计算。前线
分子轨道理论，主要是根据能量将分子四周的电子云划分为具有不同能级的分
子轨道。而且该理论说明在这些不同能级的分子轨道中，最高占据分子轨道
（HOMO）和最低未占分子轨道（LUMO）是一个化学反应是否能够发生的关
键所在。HOMO 和 LUMO 统称为分子的前线轨道。在量子化学计算研究中，
分子中其他轨道能量对化学反应的影响可以忽略不计。E_{HOMO} 反映给电子能

力的大小，E_{LUMO} 反映分子接受电子能力的大小。E_{HOMO} 越大，分子越容易将电子给予轨道能量较低或者有空轨道的分子；E_{LEMO} 越小，该分子接受电子的能力越强，电子进入该轨道后体系能量降低得越多。E_{HOMO} 与 E_{LUMO} 的差值 ΔE 表示分子稳定性，ΔE 越大，分子越稳定；ΔE 越小，分子越不稳定，越易参与反应。其他的相关参数有偶极矩、静电势（ESP）、Fukui 指数等。

下面以 Lei Guo 等报道的一种绿色缓蚀剂在 0.5mol/L 硫酸溶液中对 Q235 钢的缓蚀性能研究中涉及的量子化学计算研究为例进行说明。

图 3.27 为刺槐豆胶缓蚀剂的分子结构、静电势以及 HOMO、LUMO 图。

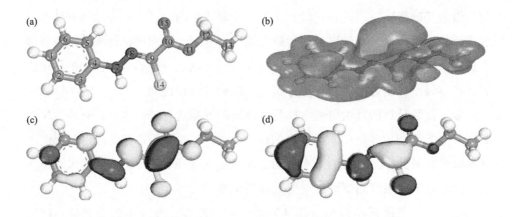

图 3.27　刺槐豆胶缓蚀剂的分子结构（a）、静电势（b）
以及 HOMO（c）、LUMO（d）图（见封三）

从图 3.27(b) 可知，缓蚀剂分子的静电势（ESP）图由蓝色和红色两部分组成，红色区域具有亲核性，蓝色区域具有亲电性。红色区域主要分布在氧原子、氮原子和苯环中，而缓蚀剂中的这些基团容易与铁原子形成配位键。

偶极矩（μ）是判断缓蚀剂分子性能的重要指标，μ 值越大，防腐性能越高。刺槐豆胶缓蚀剂分子的偶极矩为 2.1D，能够表现出优异的防腐性能。

缓蚀剂分子的 HOMO［图 3.27(c)］和 LUMO［图 3.27(d)］轨道分布中，电子云主要集中在氮原子、氧原子和苯环上，所以缓蚀剂分子中的这些杂原子或具有 π 键的分子位点优先吸附在 Q235 钢的表面。

此外，作者也对 Fukui 指数进行了分析，如图 3.28 所示。

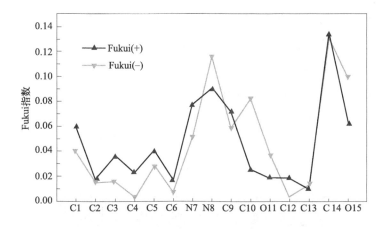

图 3.28　刺槐豆胶缓蚀剂分子中原子 Fukui 指数

Fukui 指数可以识别缓蚀剂分子中更可能与铁原子结合形成配位键的原子。Fukui 指数可以通过式(3.20)和式(3.21)两个方程来描述：

$$f_k^+ = q_k(N+1) - q_k(N) \tag{3.20}$$

$$f_k^- = q_k(N) - q_k(N-1) \tag{3.21}$$

式中，f_k^+ 和 f_k^- 分别代表原子的亲核性和亲电性；q_k 表示原子的电荷；N 表示原子的中性状态。f_k^+ 值越大，更容易被富含电子的物种进攻；f_k^- 值越大，更容易被缺电子的物种进攻。图 3.28 中所示的缓蚀剂分子中的 C1、N7、N8、C10、C14 和 O15 具有更大的 f_k^+ 和 f_k^- 值，这表明这些原子更有可能与铁原子形成配位键。

然而，量子化学计算也有一定的缺陷。因为该算法只考虑了缓蚀剂分子本身的性质，忽略了腐蚀介质和金属材料基底对缓蚀性能的影响。因此，量子化学计算参数和实验结果会存在一定的偏差。

3.4.2　分子动力学模拟

分子动力学是一门结合了物理、化学、数学以及生物等多门学科的前沿技术，这种模拟方法作为计算科学的研究手段之一，在研究缓蚀剂与金属材料基底的相互作用方面起到了重要的作用。分子动力学模拟主要是通过模拟随着时间的演变缓蚀剂分子在所研究的体系中的运动状态，在统计学的统计系统下可以获得研究体系的一些相关的物理和化学性质。分子动力学在计算过程中进一步充分考虑了腐蚀介质，相对于量子化学计算而言，更能够体现缓蚀剂分子和金属材料基底之间的相互作用。

所以，通过分子动力学模拟不仅可以获得缓蚀剂分子在金属材料表面稳定的吸附构型，而且能够获得缓蚀剂分子和金属材料基底表面的结合能。

下面依然引用 Lei Guo 报道的相关内容为例进行说明。作者研究了缓蚀剂分子和 Fe（110）面的吸附构型，如图 3.29 所示。

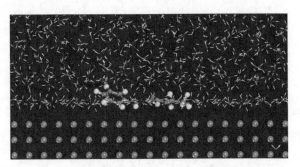

图 3.29　缓蚀剂分子和 Fe（110）面的吸附构型

从图 3.29 中可以看出，缓蚀剂分子平行吸附在 Fe（110）面，苯环与 Fe（110）面有一定的夹角，主要是由于经优化后缓蚀剂分子中的所有原子并不在一个平面上。吸附能的计算可以依据式（3.22）和式（3.23）：

$$E_{\text{interact}} = E_{\text{total}} - (E_{\text{subs}} + E_{\text{inh}}) \tag{3.22}$$

$$E_{\text{binding}} = -E_{\text{interact}} \tag{3.23}$$

式中，E_{interact} 为缓蚀剂与基底间的吸附能；E_{binding} 为缓蚀剂分子与 Fe（110）面的结合能；E_{total} 为系统的总能量，包含了缓蚀剂、介质以及 Fe（110）；E_{subs} 为缓蚀剂分子和介质的总能量；E_{inh} 为缓蚀剂分子的能量。经计算缓蚀剂分子在 Fe（110）面上的结合能为 528.3kJ/mol，说明了缓蚀剂分子在 Fe（110）面上有强的吸附能力。

动力学模拟能够直观地看出缓蚀剂分子在金属材料基底表面的吸附状态，且考虑了介质的影响。然而，分子动力学模拟也存在自身的缺陷，由于它只考虑了分子之间的相互作用，因此无法得到关于有机分子中杂原子和金属原子的成键作用。

3.4.3 吸附等温模型

对于缓蚀剂的吸附机制来说，缓蚀剂分子对金属的防护作用主要是通过在金属表面形成一层屏障，阻止腐蚀介质对金属基底的侵蚀，进而达到金属腐蚀与防护的目的。

吸附等温模型的建立能够更深层次地研究缓蚀剂分子在金属表面的作用机制。对于吸附等温模型来说，主要包括经典的 Langmuir、Temkin、El-Awady、Flory-Huggins、Freundlich 和 Frumkin 等模型，这些吸附等温模型分别适用于不同的条件。其中，Langmuir 吸附等温模型是一种理想吸附模型，它适用于固体表面相对均匀、单分子层吸附、吸附的分子之间没有相互作用力，并且在一定条件下吸附和解吸可以建立动态平衡的吸附；Temkin 吸附等温模型适用于吸附质在基底表面的吸附热随着覆盖度的增大而线性降低的吸附；El-Awady 和 Flory-Huggins 吸附等温模型适用于几何覆盖效应的单分子层吸附；Freundlich 吸附等温模型适用于吸附能力很强的吸附质；Frumkin 吸附等温模型适用于在表面饱和情况下，吸附或解吸时表面活性剂之间非理想作用的吸附。具体涉及的计算公式如下。

Langmuir 吸附等温模型：$\theta = \dfrac{K_{abs}C}{1 + K_{abs}C}$

Temkin 吸附等温模型：$\exp^{-2a\theta} = KC$

El-Awady 吸附等温模型：$\lg\left(\dfrac{\theta}{1-\theta}\right) = \lg K' + y\lg C$

Flory-Huggins 吸附等温模型：$\ln\dfrac{\theta}{c} = x\ln(1-\theta) + \ln(xK_{ads})$

Freundlich 吸附等温模型：$\lg\theta = n\lg C_{inh} + \lg K_{ads}$

Frumkin 吸附等温模型：$\ln\left[\dfrac{\theta}{(1-\theta)c}\right] = 2a\theta + \ln K$

下面依然引用 Lei Guo 报道的相关内容为例进行说明（图 3.30）。

通过线性拟合后，可知缓蚀剂在 Q235 钢表面的吸附符合 Langmuir 吸附等温模型。经计算可知，K_{ads} 的值为 46728.9L/mol。而当 K_{ads} 的值越大，说明缓蚀剂在金属基底表面的吸附性能越好，缓蚀效率也就越高。进一步地，可以通过吸附等温模型的数据对缓蚀剂在金属基底表面的吸附类型进行推导。

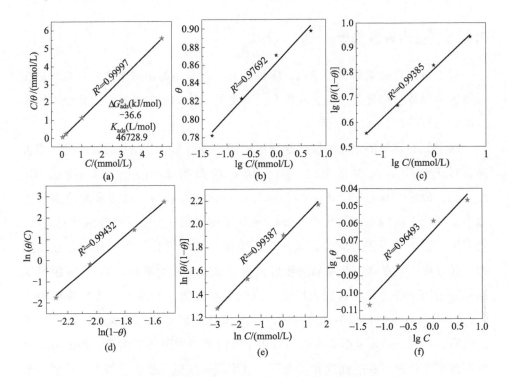

图 3.30　不同等温吸附曲线与极化曲线数据进行拟合的结果

（a）Langmuir 吸附；（b）Temkin 吸附；（c）Frumkin 吸附；

（d）Flory-Huggins 吸附；（e）El-Awady 吸附；（f）Freundlich 吸附

关于吸附热力学的参数可以通过式（3.24）进行计算：

$$K_{ads} = \frac{1}{1000} \exp\left(-\frac{\Delta G_{ads}^{\ominus}}{RT}\right) \qquad (3.24)$$

　　式中，K_{ads} 为吸附平衡常数；$\Delta G_{ads}^{\ominus}$ 为标准吉布斯自由能；T 为热力学温度；R 为理想气体常数。$\Delta G_{ads}^{\ominus}$ 值的大小与缓蚀剂在金属基底表面的吸附类型有着非常密切的关系，通过 $\Delta G_{ads}^{\ominus}$ 值的计算可以判断缓蚀剂在金属基底表面的吸附类型。当 $\Delta G_{ads}^{\ominus}$ 的绝对值大于 40kJ/mol 时，表明缓蚀剂分子和金属基底之间可以通过电荷的共享或转移形成配位键；当 $\Delta G_{ads}^{\ominus}$ 的绝对值小于 20kJ/mol 时，则表明缓蚀剂分子和金属基底之间主要通过静电作用力或范德瓦尔斯力产生物理吸附；当 $\Delta G_{ads}^{\ominus}$ 的值处于 $-20 \sim -40$kJ/mol 之间时，表明缓蚀剂分子和金属基底之间同时存在物理吸附和化学吸附。经计算后，作者得到 $\Delta G_{ads}^{\ominus}$ 的值为 -36.6kJ/mol，说明缓蚀剂在金属基底表面同时存在物理吸附和化学吸附。

3.5　缓蚀剂现场性能监测与评价

　　缓蚀剂的现场性能监测是指对工业设备的腐蚀状态、腐蚀速率和一些相关参数及缓蚀剂的用量、投放情况、缓蚀效果进行系统测量，进而通过所监测的信息对生产过程有关的参量实行自动控制或报警。现场监测技术是从实验室缓蚀剂的测试方法和工厂设备无损检测技术发展而来的。

　　现场监测的主要方法是挂片法，而这种方法只能在停车期间使用，根据整段时间内总腐蚀情况评价缓蚀剂的缓蚀效果。一般这种评价方法选择的时间取决于工业上生产或维修所导致的停车时间，一旦工业需求就得开车运行，所以停车时间与缓蚀剂的缓蚀试验周期并不一定相符，且条件变化也会影响缓蚀剂的评价效果。尽管如此，挂片法仍是一种可靠的方法。

　　近年来，随着电化学和电子学的发展，通过程序控制、探头检测等方式就可以得到生产装置各部分腐蚀数据的瞬间反映，通过反映信号汇总的信息可以实时调节工艺参数，进而控制腐蚀速率。电化学法作为一种主要的腐蚀监测方法，在工业腐蚀监测中发挥了重要的作用，可以快速、灵敏地测定金属的瞬间腐蚀速度，可以非常简单地监测和控制设备的腐蚀状态，进而调节缓蚀剂的加入和加入的量，并评价缓蚀效果。不过，对于腐蚀的监测，单纯的一种技术或方法难以获得更多或较为完整的信息，所以需要多种技术联用才能获得所需的一些数据或信息。

　　在电化学法中，常常采用的方法是电阻法和线性极化法。前者采用电阻探针监测缓蚀剂的缓蚀效果，后者可以实时地测量瞬时腐蚀速率。对于选择的监测方法取决于实际要评价的指标，如果仅仅看腐蚀情况，那么选择电阻法；如果看腐蚀速率的话，线性极化法比较适宜。除了上述两种方法外，电位监测也较常使用，电位监测已在阴极保护、阳极保护、致使系统的活化和钝化行为、探测腐蚀的初期过程以及探测局部腐蚀等方面获得了应用。

　　除了上述常用方法外，化学分析法也能够监测腐蚀的一些情况。化学分析法在腐蚀监测中的应用包括工艺物料中腐蚀性组分的分析，尤其在加工工业和石油化工工业中，工艺物料的分析实际上是一种监测生产装置腐蚀的有效手段，通过定期对工艺物料进行化学分析，监测设备运行，保证各项技术符合要求。化学分析法有较多的局限性，主要有以下几个方面：①由于采样点有限，无法确定腐蚀的确切部位；②无法解释金属离子含量的增加是由大面积的均匀腐蚀还是局部腐蚀造成的；③无法解释腐蚀速率变化的原因等。尽管如此，但经过长期的化学分析，仍能够找出设备的一些腐蚀行为或腐蚀规律。

此外，无损检测技术，如光学法、磁粉法、涡流技术、射线照相技术、超声波技术、热像显示技术、薄层活化技术、激光技术等，对于确定局部腐蚀的位置和腐蚀扩展速度等具有较好的效果。

参考文献

[1] Guo L, Zhang R, Tan B, et al. Locust bean gum as a green and novel corrosion inhibitor for Q235 steel in 0.5M H_2SO_4 medium [J]. Journal of Molecular Liquids, 2020, 310: 113239.

[2] Saranya J, Sounthari P, Parameswari K, et al. Acenaphtho[1,2-*b*]quinoxaline and acenaphtho [1,2-*b*]pyrazine as corrosion inhibitors for mild steel in acid medium [J]. Measurement, 2016, 77: 175-186.

[3] Obot I B, Onyeachu Ikenna B. Electrochemical frequency modulation (EFM) technique: Theory and recent practical applications in corrosion research [J]. Journal of Molecular Liquids, 2018, 249: 83-96.

[4] Khaled K F. Evaluation of electrochemical frequency modulation as a new technique for monitoring corrosion and corrosion inhibition of carbon steel in perchloric acid using hydrazine carbodithioic acid derivatives [J]. Journal of Applied Electrochemistry, 2009, 39: 429-438.

[5] Nnaji N, Nwaji N, Fomo G, et al. Inhibition of aluminium corrosion using benzothiazole and its phthalocyanine derivative [J]. Electrocatalysis, 2019, 10: 445-458.

[6] Obot I B, Umoren S A, Ankah N K. Pyrazine derivatives as green oil field corrosion inhibitors for steel [J]. 2019, 277: 749-761.

[7] Outiritea M, Lagrenéea M, Lebrini M, et al. AC-impedance, X-ray photoelectron spectroscopy and density functional theory studies of 3,5-bis(*n*-pyridyl)-1,2,4-oxadiazoles as efficient corrosion inhibitors for carbon steel surface in hydrochloric acid solution [J]. Electrochimica Acta, 2010, 55: 1670-1681.

［8］　Pan X，Lu L，Zhang Q，et al. Corrosion inhibition and performance evaluation on 2，5-diaryl-1，3，4-thiadiazole and its derivatives ［J］. Surface and Interface Analysis，2016，48：373-382.

［9］　四川石油管理局天然气研究所. 川天 5-1 油溶性炼油厂缓蚀剂的研究 ［J］. 石油炼制，1986（3）：63-72.

［10］　陈鑫卉. 电化学噪声技术原位监检测缓蚀剂对金属材料的保护性能研究 ［D］. 杭州：浙江大学，2017.

［11］　陈凤琴，付冬梅，周珂，等. 电阻探针腐蚀监测技术的发展与应用 ［J］. 腐蚀科学与防护技术，2017，29（6）：669-674.

［12］　柯伟. 腐蚀控制研究的若干动向 ［J］. 腐蚀与防护，2000，21（1）：5-11.

［13］　徐群杰，齐航，丁斯婧，等. 光电化学技术在金属腐蚀研究中应用新进展 ［J］. 上海电力学院学报，2008，24（1）：73-76.

［14］　夏笑虹. 聚丙烯酸钠的阻垢、缓蚀机理研究 ［D］. 长沙：湖南大学，2001.

［15］　黄陟峰，任斌，胡文云，等. 利用拉曼光谱和电化学技术研究碱性条件下苯骈三氮唑对 Co 的缓蚀作用 ［J］. 光散射学报，2002，14（2）：101-105.

［16］　谭伯川. 硫酸介质中基于含硫有机分子对铜的缓蚀性能及其机理研究 ［D］. 重庆：重庆大学，2021.

［17］　屈钧娥，郭兴蓬. 十二胺对原子力显微镜探针刮擦加速铜镍合金表面溶解作用的影响 ［J］. 腐蚀科学与防护技术，2005，17（5）：297-300.

［18］　卢爽. 铜表面自组装膜的制备及缓蚀性能研究 ［D］. 锦州：渤海大学，2021.

［19］　屈钧娥. 缓蚀剂界面行为与缓蚀机理的电化学及 AFM 研究 ［D］. 武汉：华中科技大学，2005.

［20］　李言涛，张玲玲，杜敏. 用磁阻法评价二氧化碳缓蚀剂的缓蚀性能 ［J］. 材料保护，2008，41（2）：63-65.

第 4 章

有机缓蚀剂的
复配技术及缓蚀机理

缓蚀剂种类多样，单一成分的缓蚀剂在实验室测试或评价中都取得了良好的结果，但很多在实验室测试中缓蚀性能优异的缓蚀剂在实际工业生产中却不能够得到很好的应用。这主要是由于单一组分的缓蚀剂所应用的场合并不具有普遍性，且经济成本高、性价比较低，最主要的原因是用成本较低的缓蚀剂和其他物质复配后的复合物所获得的缓蚀效果也能满足需求。

在这里提到了缓蚀剂的复配，那么，什么是复配技术？复配技术能解决什么样的问题？复配技术在实际工业生产应用中的作用如何？在下面的内容中将针对这些问题进行分别阐述。

4.1 复配技术的基本概念

复配技术是指为了满足应用对象的特殊要求或多种需求，为了适应各种专门用途的需要，针对单一化合物难以解决这些需求和需要而提出的，研究缓蚀剂配方理论和技术的一门综合性应用技术，一般称为"1+1＞2"的技术。

复配可以是不同用途的不同物质之间为了达到某一用途的复合，也可以是同一种用途的不同物质之间为了增效而进行的复合。如精细化学品金属清洗剂中包含了溶剂、防锈剂、缓蚀剂等不同用途的不同物质，洗涤剂中包含了表面活性剂、金属离子螯合剂、漂白剂、香精、酶、碳酸钠等不同用途的不同物质，这些都属于复配的前一种情况。而本章中涉及的复配主要是指为了同一个用途或更细化地是为了达到同一个指标而采用的复配技术。再进一步地讲，本章中只是介绍以有机缓蚀剂为主剂的复配型缓蚀剂的相关内容。采用复配技术可以解决以下几个问题：

① 复配技术可以解决采用单一缓蚀剂难以满足应用对象的特殊需要或多种要求的问题。由于单一化合物常常不能满足实际应用需求，故需采用复配技术来进行缓蚀剂的增效。

② 通过复配技术可以使产品增效，获得更大的使用范围。

③ 通过复配技术制备的缓蚀剂，可以具备更强的市场竞争力。

④ 通过复配技术可以扩大缓蚀剂的品种，提高经济效益。

对于缓蚀剂的复配效果，很大程度上来源于经验的积累。但缓蚀剂配方的复配存在科学性，所以不仅要有理论的指导，而且要通过大量实验数据对其进行研究，最终获得符合生产以及市场需求的复配型缓蚀剂。

对于复配后的缓蚀剂来说，尽管经评价后获得的是一种优异的缓蚀剂或缓蚀剂配方，但是对于缓蚀剂的实际应用来说，降低成本以及市场推广也是至关重要的。

4.2　有机缓蚀剂的复配机理

复配技术本质上是利用各种化合物的协同效应进行增效。增效是针对具体的腐蚀介质来说的，在不同的介质中，同一种复配缓蚀剂具有不同的缓蚀效果。尽管现在已经报道了大量协同增效的文献，但并没有明确的协同增效的缓蚀机理，直至目前，人们依然在不断探索缓蚀的协同作用和增效机制。

缓蚀剂的缓蚀机理一般可从两个方面来进行描述：一种是缓蚀剂缓蚀的电化学机理；另外一种是缓蚀剂缓蚀的物理化学机理。在第 1 章缓蚀剂的分类中已经简单涉及了部分缓蚀机理的知识；在这里，针对有机缓蚀剂的缓蚀机理再进行较为详细的叙述。

4.2.1　有机缓蚀剂的缓蚀机理

有机缓蚀剂主要是由含有电负性大的 O、N、S、P 等原子的极性基团和非极性基团组成的有机化合物。极性基团中的 O、N、S、P 原子含有孤对电子，能够与金属，尤其是过渡金属的空轨道发生配位作用，吸附在金属的表面，而且这些杂原子的缓蚀效率相关顺序为 O＜N＜S＜P。非极性基团在腐蚀介质，尤其是水基体系介质中能够指向介质体系，可以隔离腐蚀介质与金属基底接触，对金属起到防护的作用。有机化合物对金属的防护过程主要是改变界面双电层的结构，提高腐蚀反应的活化能，进而抑制或减缓腐蚀反应的发生。在第 3 章的分子动力学模拟的内容中，提到了吸附类型，那么不同的有机化合物在金属基底表面的吸附类型有可能不同，或为物理吸附，或为化学吸附，或为同时发生两种吸附的混合吸附过程。

（1）物理吸附过程

物理吸附指的是有机缓蚀剂以范德瓦尔斯力的作用吸附在金属基底上，物理吸附过程吸附速度快、产生的热小、受温度的影响小。物理吸附是可逆吸附，在金属表层，既有吸附，也有脱附，吸附和脱附竞争性地在金属表面进行，金属和缓蚀剂之间非选择性吸附。物理吸附受到金属表面的过剩电荷的影响较大，所以零电荷电位的确定和测试成为重要的环节。大多数有机缓蚀剂在酸性介质中都以阳离子形式存在，如吡啶、烷基胺、硫醇、三烷基膦等。如果金属表面有过剩的负电荷，则阴阳离子间静电吸引的作用使得有机缓蚀剂能够更容易地吸附在金属的表面，吸引力越强，吸附越牢固。反之，如果金属表面有过剩的正电荷，则阴阳离子间静电吸引的作用使得带有阴离子的有机缓蚀剂能够更容易地吸附在金属的表面。当然，这时候酸性介质中的阳离子有机缓蚀剂就容易在静电排斥的作用下从金属表面脱附，缓蚀性能就较差。第 3 章中也提到过，如果金属表面呈中性状态，则比较适合吸附不带电的缓蚀剂分子。

在具体的测试中，通过微分电容法可以确定零电荷电位。当开路电位大于零电荷电位时，金属表面带有过剩的正电荷；当开路电位小于零电荷电位时，金属表面带有过剩的负电荷。在实际应用缓蚀剂的过程中，可以通过实验对金属表面的电荷状态进行调节。如在酸性体系中，在加入缓蚀剂之前加入碘化物改变金属表面电荷，可以将金属表面带有的过剩的正电荷变成过剩的负电荷，这样阳离子有机缓蚀剂就能更容易地吸附在金属的表面。如 Ahmed Y. Musa 报道的《碘化钾与邻苯二甲氮酮在 1.0M 盐酸中对低碳钢的缓蚀协同作用》中就对碘化钾的协同效应进行了说明，其他相关的文献报道也较多。这些报道都充分说明了通过改变金属表面的过剩电荷不仅可以调节缓蚀剂的缓蚀效果，而且对于缓蚀剂的筛选具有重要的作用。

（2）化学吸附过程

大多数的有机缓蚀剂在金属表面都存在化学吸附过程，这主要和有机缓蚀剂分子结构中的杂原子或 π 键有关。

有机缓蚀剂的化学吸附过程其实就是缓蚀剂与金属发生化学反应，即配位的过程。由于其为化学反应，所以吸附具有选择性。金属的类别、缓蚀剂中取代基的给电子能力、π 键等与化学吸附的程度有关。有机缓蚀剂的给电子能力越强，与金属发生配位的作用就越强，缓蚀能力就越好。π 键中的双键或者三键也可以与金属的空轨道配位结合，形成配位键。当有极性基团靠近 π 键时，由于共轭作用而形成大 π 键，能够增强有机缓蚀剂的吸附能力，进而增强缓蚀效果。所以，通过与金属的配位作用，有机缓蚀剂牢固地吸附在金属表面。

上述说明对于有机缓蚀剂的选择有指导作用。一般来说，有机缓蚀剂分子中如果同时含有 π 键基团和杂原子基团，能够显著提升缓蚀剂的缓蚀效果。

化学吸附的吸附速度较慢、受温度的影响较大，且为不可逆吸附、具有选择性。化学吸附膜一旦形成，其对金属的缓蚀效果要远远强于物理吸附膜。

目前报道的有机缓蚀剂多为带有 π 键的，同时含有杂原子的有机化合物类型的缓蚀剂，尤其在学术论文中，对于有机缓蚀剂的取代基的研究较多，主要是为了增强缓蚀剂的缓蚀效果。

（3）混合吸附过程

大部分的有机缓蚀剂在金属表面都存在化学吸附过程，在实际应用过程中，有机缓蚀剂在金属表面的吸附不仅包括化学吸附，还有物理吸附，属于混合吸附过程。如在酸性介质中，碳钢表面带有过剩的负电荷，有机胺在这种体系下以阳离子形式存在。首先，有机胺通过物理吸附过程接触金属，在金属表面形成物理吸附膜；然后，氮原子上的孤对电子与金属的 d 轨道形成配位键，最终使得有机缓蚀剂牢固地吸附在碳钢的表面。目前报道的大部分关于酸性体系下有机缓蚀剂的文献中，经测试表征后发现，金属表面的吸附基本上都属于混合吸附过程，缓蚀剂也属于混合型缓蚀剂，但也不排除有例外的情况。

4.2.2　有机缓蚀剂为主剂的协同增效作用

有机缓蚀剂作为主剂的复配缓蚀剂主要包括两种：一种为两种或两种以上

的有机缓蚀剂作为主剂的复配缓蚀剂；另一种为有机缓蚀剂与无机缓蚀剂协同增效的复配缓蚀剂。其实，在实际应用的缓蚀剂配方中，还有以两种或两种以上的无机缓蚀剂作为主剂的复配缓蚀剂，在这里不进行无机缓蚀剂作为主剂的相关内容介绍。

（1）有机缓蚀剂作为主剂的复配缓蚀剂

有机缓蚀剂作为目前最常用的一类缓蚀剂，具有低毒、环保的特点，同时缓蚀效率也比较高。大部分的有机缓蚀剂属于界面吸附型缓蚀剂，通过"几何覆盖效应"减少金属基体表面的活性空间来降低反应活性，或是直接参与电极反应来抑制金属表面的阴极和阳极的反应过程。

有机缓蚀剂的复配也主要按照相同极性基团复配和不同极性基团复配两种方式。其中，相同极性基团的有机物复配主要有胺类之间、杂环化合物之间的复配等；不同极性基团的有机物复配主要有醛类与胺类与杂环化合物、表面活性剂与聚合物、表面活性剂与杂环化合物、表面活性剂与酰胺类等。

不同的有机缓蚀剂复配后，在金属表面起到协同增效作用的缓蚀机理主要有三种：一是不同的有机缓蚀剂分子之间通过发生反应而连接在一块，增加分子之间的结合强度，使缓蚀膜更牢固，或者不同的有机缓蚀剂分子之间通过发生反应而形成新的更高效的、与金属基底结合更牢固的缓蚀膜层，进而达到协同增效的目的；二是不同的有机缓蚀剂复配后，其中一种缓蚀剂增强了另一种缓蚀剂的吸附强度，使得在金属表面形成的缓蚀膜更稳固地吸附在金属表面；三是不同的几种缓蚀剂相互促进，使它们都能更好地吸附在金属表面，从而达到稳定缓蚀膜的目的。下面对这三种不同的缓蚀机理进行论述。

① 对于不同的有机缓蚀剂分子之间通过发生反应增效缓蚀剂性能的研究，如郭英报道的聚丙烯酸和聚丙烯酰胺的复配物对工业纯铁腐蚀的缓蚀协同作用，其缓蚀机理主要是聚丙烯酸和聚丙烯酰胺首先在酸性溶液中发生缩合反应，经质子化后形成酰胺基铵离子，之后铵离子再通过氧原子化学吸附于金属的表面，增强对金属的防腐蚀性能。而且腐蚀时溶解下来的 Fe^{2+} 可能会与吸附在金属表面的复合物进行配位，形成配合物后覆盖于金属的表面，进一步阻止了金属的溶解，达到了优异的防护效果。Zhiyong Liu 等报道了二甲基乙醇胺与羧酸的复配物对碳钢的缓蚀协同作用，当二甲基乙醇胺与羧酸复配后，二甲基乙醇胺中的氨基和羧酸中的质子首先反应形成季铵盐，并且季铵盐和金属

Fe 会形成环状配合物进而增强了其缓蚀作用。此外，二甲基乙醇胺与羧酸之间可能形成的氢键也增强了缓蚀剂的缓蚀作用。

不同的有机缓蚀剂分子之间通过发生反应可提升复配后缓蚀剂的缓蚀性能的事例较多，但也有有机缓蚀剂自身发生反应再进行协同增效的例子。如较为典型炔醇类缓蚀剂和含氮杂环化合物的协同增效作用，是由于炔醇三键断裂后发生聚合并与含氮杂环化合物在金属表面形成了致密性高的聚合物膜，进而保护金属不受腐蚀介质的侵蚀。

② 对于一种缓蚀剂增强了另一种缓蚀剂的吸附强度，进而增效缓蚀剂的缓蚀作用的报道有，Peng Han 等研究了咪唑啉盐和辛基酚乙氧基化物复配物的缓蚀机理，通过电子转移行研究发现，当咪唑啉盐和辛基酚乙氧基化物共同吸附在 Fe 表面时，由于 Fe 的费米能级接近咪唑啉盐分子的 E_{LUMO} 和辛基酚乙氧基化物分子的 E_{HOMO}，更多的电子可能从辛基酚乙氧基化物分子的 HOMO 轨道转移到 Fe 表面，再进一步地从 Fe 表面转移到咪唑啉盐分子的 LUMO 轨道，因此，咪唑啉盐和辛基酚乙氧基化物分子与 Fe 表面的结合强度增加。这样不仅有利于将金属界面层中的水分子挤掉，而且有助于减少致密层中水分子的数量。上述结果将导致电化学腐蚀中的电荷转移电阻增加，金属的腐蚀速率将显著降低。Peng Han 通过缓蚀剂分子的前线轨道能量和相应的金属费米能级来判断缓蚀剂复配物的协同效应，并称其为"前线轨道匹配原理"的协同效应的作用机制。

③ 对于两种或两种以上缓蚀剂共同吸附在金属基底表面进而协同增效的研究较多，如 Q. H. Zhang 等报道了在饱和 CO_2 环境中 L-组氨酸和 1-苯基硫脲复配型缓蚀剂对碳钢缓蚀的协同增效作用，Q. H. Zhang 等解释这种增效主要是通过分子间弱的氢键相互作用结合在一起，共同吸附在碳钢的表面。同时，L-组氨酸和 1-苯基硫脲分子可以相互填充各自吸附过程中产生的空位，形成更紧密的吸附缓蚀剂膜，以防止碳钢受到腐蚀性物质的侵蚀。刘畅等报道了油酸咪唑啉与油酸在饱和 CO_2 盐溶液中的缓蚀协同效应，当油酸咪唑啉与油酸复配后，油酸进入油酸咪唑啉离子的聚集结构中并形成酸碱离子对，使油酸咪唑啉烷基链间的离子静电排斥力减小，排列更紧密，吸附膜更致密，从而达到更好的保护效果。

（2）有机缓蚀剂与无机缓蚀剂协同增效的复配缓蚀剂

① 有机物与无机阴离子的协同效应　无机阴离子中的活性阴离子能够与金属阳离子之间相互吸引，反应形成共价键，形成双电层结构，但是相互作用构型不能达到缓蚀剂的缓蚀要求，故无机阴离子很少单独作为缓蚀剂使用。通常将它们添加到有机缓蚀剂中，利用它们与缓蚀剂之间的协同增效作用来提高缓蚀效率。有机缓蚀剂与无机阴离子协同后的缓蚀机理随着两种缓蚀剂的种类的不同而不同。国内外在这方面的研究比较多，一些缓蚀剂的吸附模型和缓蚀理论先后被提出来。

如村川等研究了胺类化合物在过氯酸溶液中与卤素离子产生的协同效应，并提出了三种吸附模型。第一种吸附模型为重叠吸附模型，即村川认为有机胺——第一脂肪胺在酸性介质中形成有机胺阳离子，吸附在被无机活性阴离子——卤素离子覆盖的铁的表面；第二种吸附模型为共吸附模型，作者认为第三脂肪胺通过它的中心 N 原子上的孤对电子与铁的空轨道形成共价键，与卤素离子一起对金属作用，即所谓的共吸附模型；第三种吸附模型为静电吸附模型，作者认为某些有机酸与胺类化合物复配后呈现出的协同效应，是通过 $RCOO^-$ 与（NRH）$^+$ 阳离子在金属表面发生静电共吸附而起到增效的作用。

A. K. Mindyuk 等研究了氯化物与有机缓蚀剂的协同作用，通过研究缓蚀剂对硫酸介质中钢的缓蚀效果，对缓蚀机理进行了描述。Cl^- 能显著提高缓蚀剂的缓蚀效率，而缓蚀效效率的增幅取决于缓蚀剂分子中取代基的类别以及链段的长度等。如氮原子上的取代基为长链烃基，则协同阴离子 Cl^- 后的缓蚀效果显著。

汪的华等也对阴离子的协同效应进行了研究，认为吸附模式与加入缓蚀剂的浓度有关。当 β-苯胺基苯丙酮（PAP）在低浓度时，氯离子能先特性吸附在铁表面的活性位点上，在酸性体系中，质子化的 $PAPH^+$ 能够通过静电作用靠近吸附了 Cl^- 的界面而发生静电吸引式吸附；当 PAP 在较高浓度时，铁原子能与 PAP 形成配位键，在铁表面 PAP 或 $PAPH^+$ 直接吸附在上面，同时与 Cl^- 以交错模式吸附。

一般来说，有机缓蚀剂分子结构中如果含有硫基与氨基则更容易与活性阴离子协同增效，主要是此类有机缓蚀剂能够与 H^+ 作用形成带正电镓离子，使得活性阴离子具有了特性吸附的特性，这样促使了质子化的有机缓蚀剂静电吸附。这种重叠吸附的观点已被大多数人认同。对于活性阴离子协同效果的大小排列顺序，卤族离子一般是按照 $I^->Br^->Cl^-$ 排列。E. E. Oguzie 等研究了靛青在硫酸溶液中与 KCl/KBr/KI 之间的协同作用原理，认为金属表面有卤离子强烈地吸附，其双电层有化学吸附的离子，离子电荷转变成为金属表面电荷，从而得出缓蚀剂并不是直接吸附于金属表面，而是通过库仑引力吸附在已有卤离子吸附的金属基体表面的结论。

阴离子协同效应的具体缓蚀过程和缓蚀机制通过 S. Syed Azim 报道的研究内容进行说明。作者研究了二环己胺与碘离子在 0.5mol/L 硫酸溶液中对碳钢的协同效应，通过电化学方法研究了复合缓蚀剂的缓蚀效果，通过阳离子和阴离子在金属表层的覆盖率和双电层电容等研究了缓蚀机制。相关过程如下所述。

在不添加碘离子的情况下，二环己胺在酸性体系下质子化为二环己胺阳离子，二环己胺阳离子通过吸附作用沉积在金属表面，在低浓度下缓蚀效果较好，随着缓蚀剂浓度的增加，缓蚀效率反而有所下降。作者表明，这主要是因为二环己胺阳离子在金属表面形成了不溶性的中间配合物，这种不溶性的配合物在一定程度上阻碍了腐蚀介质侵蚀金属基底。但是随着配合物在金属表层的积累，形成的配合物的溶解度增大，导致金属表层的缓蚀剂进入腐蚀介质而降低了缓蚀效率。当添加碘离子后，碘离子通过化学吸附沉积在金属表层，然后二环己胺阳离子通过库仑力的作用重叠吸附在碘离子上面，这种协同作用使得缓蚀能力增强。同不加碘离子时单独的二环己胺阳离子作为缓蚀剂的情况类似，在低浓度下缓蚀剂的缓蚀效果明显。作者通过双电层电容及阳离子和阴离子在金属表层的覆盖率研究了这种协同作用。一般来说，如果缓蚀剂浓度增加，缓蚀效率增高，那么电极表面的双电层电容 C_{dl} 值会随着缓蚀剂浓度的增加而降低。但是作者通过实验结果表明，二环己胺阳离子与碘离子协同缓蚀后的 C_{dl} 值却随着二环己胺阳离子浓度的增加而增加。通过电荷转移电阻的值也证明了二环己胺阳离子与碘离子协同效应的缓蚀趋势；此外，作者通过阴、阳离子在金属表层的覆盖率研究也证明了上述观点。首先缓蚀剂在金属表层的吸附符合 Langmuir 吸附模式。Aramaki 和 Hackermann 关系式［式(4.1) 和式(4.2)］可以说明吸附的覆盖率或缓蚀剂与协同效应的关系。

$$S_I = \left(\frac{1 - I_{1+2}}{1 - I'_{1+2}}\right) \quad\quad (4.1)$$

$$S_\theta = \left(\frac{1 - \theta_{1+2}}{1 - \theta'_{1+2}}\right) \qu\quad (4.2)$$

式中，$I_{1+2} = (I_1 + I_2) - (I_1 I_2)$；$\theta_{1+2} = (\theta_1 + \theta_2) - (\theta_1 \theta_2)$；$I_1$ 为阴离子的缓蚀效率；I_2 为阳离子的缓蚀效率；I'_{1+2} 为阴、阳离子协同缓蚀效率；θ_1 阴离子的覆盖率；θ_2 阳离子的覆盖率；θ'_{1+2} 为阴、阳离子协同后的覆盖率；S_I 和 S_θ 分别为协同效应相关参数。

通过实验和计算得到表 4.1 所示的结果。

表 4.1　S_I 和 S_θ 参数随二环己胺浓度的变化情况

二环己胺的浓度/(mol/L)	S_I	S_θ
1×10^{-3}	1.95	2.08
4×10^{-3}	2.80	2.60
6×10^{-3}	1.18	1.18
8×10^{-3}	1.21	1.22
1×10^{-2}	1.16	0.99

表 4.1 中的 S_I 值均大于 1，说明加入碘离子后的协同效应使得缓蚀剂的缓蚀效率增大（如 S_I 值小于 1，说明缓蚀剂之间的拮抗作用明显，即存在竞争性吸附过程）。

对于这种协同缓蚀效应也可以通过测定电极的双电层微分电容变化来进行证实，如在酸性体系下，测定季铵盐阳离子与 I^- 的协同增效作用。当在体系中加入季铵盐后，电极的微分电容变化不大，但是当加入 I^- 后，电容值大幅度降低。这说明了加入 I^- 后增强了缓蚀剂的缓蚀效果，协同增效作用明显。对于缓蚀剂的增效作用也可以采用零电荷电位时的电位移动来解释。

② 有机物与无机阳离子的协同效应　金属阳离子在金属腐蚀中的作用很早就被报道。Buck 等认为几乎所有的Ⅷ族过渡金属元素都能够促进金属的腐蚀，而Ⅲ族与Ⅳ族元素则是金属的弱缓蚀剂。阳离子的缓蚀作用被解释为由于形成了不溶化合物，从而改变了金属表面氧化膜的性质。

而对于有机物与无机阳离子复配后的协同增效作用说法不一，有不同的解释。不过大部分人认同下述观点，即有机物与无机阳离子通过相互作用形成了配合物，使相互之间的作用力更大，占据了金属基体表面的活性空间，形成稳定的保护膜，进而阻止了腐蚀物质与金属活性区的接触，有效地提高了缓蚀剂的缓蚀效果。不同的金属阳离子与有机缓蚀剂的协同缓蚀效应不同。

在早期的抗腐蚀协同作用研究中，研究者们发现 Cr^{6+}、Cu^{2+} 和 Zn^{2+} 具有良好的协同性能。1992 年 Singh 等报道了丙炔醇与 Cr^{6+}、As^{3+}、Sn^{2+}、Cu^{2+}、Ni^{2+} 和 Hg^{2+} 在盐酸介质中对低碳钢的抗腐蚀协同效应，其强弱顺序为：$Cr^{6+}>As^{3+}>Ni^{2+}>Cu^{2+}>Sn^{2+}>Hg^{2+}$。但是，由于 Cr^{6+} 有一定的毒性而没被广泛推广。

Mostafa H. Wahdan 等研究发现，硫脲与阳离子 Na^+、Al^{3+}、Zn^{2+} 在硫酸溶液中具有较好的缓蚀协同增效作用，其中 Zn^{2+} 与硫脲产生的协同增效作用要大于 Na^+、Al^{3+}，这主要是由于 Zn^{2+} 与硫脲形成金属配合物的能力要大于 Na^+ 和 Al^{3+}，同时它们形成的金属配合物优先吸附于阳极反应区，且为单分子层的物理吸附。Sathiyanarayanan 等发现 Zn^{2+}、Mn^{2+} 与聚苯胺在硫酸介质中对铁的抗腐蚀具有协同效应，Zn^{2+} 和 Mn^{2+} 能够与聚苯胺中亚胺上的 N 相互作用，从而诱导聚苯胺形成富电子苯基团，提高了聚苯胺（PANI）在基材表面的覆盖度。Al-Sarawy 等也发现 Cu^{2+}、Ni^{2+}、Co^{2+} 等金属离子与噻唑的衍生物在盐酸介质中能够形成高自旋八面体配合物，这种配合物能够在基材表面发生强烈吸附，从而提高防腐蚀性能。木冠南等对稀土元素与有机物的协同作用做了一系列研究，并推测出了它们之间的缓蚀增效作用机理。稀土钇（Ⅲ）离子与铈离子为镧系元素，有较多空轨道可以与聚乙二醇辛基苯基醚分子中醚氧基的孤对电子配位成键，形成分子量较大的配合物。形成的配合物可以通过范德瓦尔斯引力吸附于金属表面，并能进一步在金属表面生成表面化合物或致密的氧化膜，从而使金属的耐蚀性大大增加。刘瑕等也研究了铈离子和丝氨酸的协同增效作用，认为铈离子和丝氨酸在钢表面形成了配合物膜，延缓了金属腐蚀反应的阴极过程，有效地防止了腐蚀介质对金属的侵蚀。

但也有相关报道为有机物与无机阳离子的协同效应为各自形成相应的保护膜而增效，共同作用提高对金属的缓蚀作用。如周斌儿研究了稀土和十二烷基苯磺酸钠有机缓蚀剂复配后对铝合金的缓蚀作用，结果表明，稀土和十二烷基苯磺酸钠有机缓蚀剂复配后抑制了 2024-T3 铝合金的均匀腐蚀，减缓了点蚀。

作者认为，在实验初期，十二烷基苯磺酸离子通过静电作用吸附在铝合金表面形成保护膜，并促使铝合金表面生成结合能更高的 $Al(OH)_3$ 而导致铝合金的钝化，与此同时，在铝合金表面沉积了稀土氧化物或其氢氧化物，二者共同保护了铝合金不被腐蚀。

应当指出的是，以吸附理论来解释缓蚀剂的协同效应时，应该知道，金属表面覆盖有吸附物时，在所吸附的阳离子之间存在库仑排斥力。但是，当同时吸附两种带不同电荷的阳离子和阴离子时，则存在两种粒子之间的静电吸引力，这种作用会使得缓蚀剂的吸附膜更加致密，缓蚀性能更好。

上面提到的缓蚀剂的复配主要是从学术角度进行分析，而且提到的复配物为两种物质的复配，但是在实际应用中，缓蚀剂配方成分较多，为三种或高于三种成分的配方。但这种多组分配方一般为通过大量实验获得的数据，在理论方面的研究较少且协同作用机制不详。所以，在研究两种缓蚀剂协同作用机理的基础上，还应加强对实际应用的缓蚀剂配方作用机制的研究。

4.2.3　有机缓蚀剂的协同稳定性

目前对有机缓蚀剂的研究还主要集中在提升缓蚀剂的缓蚀效率，但是判断一种有机缓蚀剂性能的好坏，或评价这个有机缓蚀剂是否能够实际应用，还要看其他的一些相关指标，如有机缓蚀剂在电极表面形成的吸附保护膜能否保持高的稳定性等。所以，有机缓蚀剂的协同稳定性研究也具有重要的意义，也就是说在研究有机缓蚀剂协同机制的同时，也要评价有机缓蚀剂的相互协同作用是否提高了吸附层的稳定性，或者说有机缓蚀剂复配后不影响吸附层的稳定性。如在 Heusler 的研究中，脱附电位值代表了吸附粒子开始脱附时的电位，假如吸附粒子的组成和性质改变将导致该值的变化；王佳等也认为体系的缓蚀作用越强，脱附电位越正，吸附越稳定。因此，脱附电位在一定程度上可作为缓蚀剂吸附稳定性的量度。Y. Feng 等利用脱附电位的相关机理研究了六次甲基四胺与碘化钾的协同机制，认为碘化钾的加入使复合缓蚀剂的脱附电位明显正移，六次甲基四胺可以稳定地吸附于金属表面，从而产生了协同缓蚀作用。

4.3　有机缓蚀剂复配技术及缓蚀协同效应

关于缓蚀剂复配技术的研究较多，相关报道有：有机物之间的复配技术、有机物与无机物之间的复配技术以及无机物之间的复配技术。有机物对于金属缓蚀行为的高效性及其有效的几何覆盖效应或其他相关方面的原因，使得以有机物为主的复配型缓蚀剂的研究和应用成为缓蚀剂发展的主流。

国内外的相关文献中报道的复配型缓蚀剂的研究较多，下面只针对国内近年来主要的几种以有机缓蚀剂为主剂的复配型缓蚀剂的相关研究进行阐述和归纳总结，以便相关研究者参考，其他国外相关报道资料可自行查阅。

4.3.1　咪唑啉类缓蚀剂的复配技术及缓蚀协同效应

关于咪唑啉类缓蚀剂复配技术的研究较多，咪唑啉类缓蚀剂是油气田现用最普遍的缓蚀剂。而单一的咪唑啉类缓蚀剂的缓蚀效果尽管较好，但经济成本较高，所以，对咪唑啉类缓蚀剂的缓蚀协同效应的研究就显得十分必要。

目前关于咪唑啉复配型缓蚀剂的报道如下。

① 咪唑啉类缓蚀剂为主剂，与含有杂原子的有机物之间的协同缓蚀。将其应用在不同腐蚀体系中，对金属起到良好的缓蚀作用。

如报道的咪唑啉与硫脲的协同缓蚀作用，经实验证明，咪唑啉与硫脲单独使用时为阳极型缓蚀剂，吸附在阳极反应活性位点，增加腐蚀过程的阻力，抑制金属的阳极溶解，但二者的缓蚀效率均不高于 90%。而复配后的缓蚀剂缓蚀效果显著，在低浓度下，均能超过缓蚀剂单独使用时的缓蚀效率。赵景茂等人研究了咪唑啉缓蚀剂和硫脲之间的缓蚀协同作用，并推测了复配物的缓蚀作用机制，结果表明，咪唑啉与硫脲分子在金属表面形成了一种以硫脲分子吸附在下、咪唑啉分子吸附在上的双层缓蚀剂膜，硫脲分子呈螺旋状排列，形成一个直径约为 0.5nm 的通道，咪唑啉分子可以通过这个通道，并与硫脲分子形成更致密的缓蚀剂膜，二者的协同效应增强了对金属的缓蚀性能。此外，这种致密的双层吸附膜不仅可以隔离腐蚀介质与金属的接触，还可以抑制吸附在金属表面的下层硫脲分子的脱附。高歌等也对咪唑啉与硫脲的协同缓蚀机制进行了研究，也证明了上述两种有机缓蚀剂的协同机制，即硫脲分子首先吸附在金属表面形成第一层吸附膜，接着油酸咪唑啉的头基吸附在硫脲上、尾链深入溶液中，形成第二层缓蚀剂膜。这不仅增加了缓蚀剂膜的厚度，同时增加了被缓蚀剂分子置换的水分子数量，减缓了水分子在缓蚀剂膜中的扩散，提高了缓蚀剂膜的吸附强度及稳定性，对金属起到协同缓蚀作用。复配使用的油酸咪唑啉与硫脲形成的缓蚀剂膜对金属的吸附强度，以及缓蚀剂膜自身的稳定性均优于油酸咪唑啉与硫脲单独使用。

王新刚等研究了咪唑啉类缓蚀剂与丙炔醇、丁炔二醇之间的缓蚀协同效应，结果表明，炔醇复配在很大程度上改善了咪唑啉缓蚀剂的缓蚀性能，且丙炔醇比丁炔二醇的复配效果更好，丙炔醇复配后的缓蚀剂在金属表面形成了更为均匀、致密的吸附膜。

万家瑰等在70℃盐水体系中对咪唑啉缓蚀剂与十六烷基三甲基溴化胺之间的缓蚀协同效应作了研究，结果表明，当二者复配比例在2：1条件下，缓蚀协同效应最明显；十六烷基三甲基溴化铵作为阳离子型表面活性剂，能够填补咪唑啉吸附膜在金属表面的空隙，从而使得缓蚀剂膜更致密，缓蚀效果更好。

冯丽娟等研究了混凝土模拟液［含3.5% NaCl 饱和的 $Ca(OH)_2$ 溶液］中咪唑啉与四乙烯五胺的协同缓蚀作用，结果表明，缓蚀剂对碱性溶液中 Cl^- 诱导的局部腐蚀具有很好的抑制作用，其缓蚀效果主要源自其对钢筋腐蚀阴极氧还原过程的抑制；咪唑啉与四乙烯五胺同时在金属表面发生吸附，并形成较为致密的吸附保护膜，且吸附强度随咪唑啉含量的增加而增强。王元研究了咪唑啉与巯基乙醇的协同缓蚀作用，结果表明，咪唑啉作为主缓蚀剂，优先在金属表面吸附成膜，巯基乙醇分子通过插空的方式填补其中的空隙，使得金属表面的缓蚀剂膜更致密；但咪唑啉应具有合适的加入量和适宜的取代基长度，过多的量或过长的取代基链长都不能增加其缓蚀效果，且缓蚀效果有明显的差别。张晨峰也报道了咪唑啉与巯基乙醇的协同缓蚀作用，所选择的咪唑啉为双咪唑啉，他研究了其在 CO_2/O_2 环境中的缓蚀行为，结果表明，咪唑啉与巯基乙醇复配后形成的缓蚀剂膜更加致密，其自由体积分数减小，缓蚀效率提高。

刘畅等人对油酸咪唑啉与油酸的协同缓蚀作用进行了研究，选择某油田地层水模拟溶液作为测试液，结果表明，油酸进入咪唑啉离子的聚集结构中并形成酸碱离子对，使咪唑啉烷基链间的离子静电排斥力减小，且聚集胶束外曲面减少，排列更紧密，吸附混合膜更致密，从而更有效地阻隔介质中的腐蚀性离子到达金属表面。Zhang 等研究了咪唑啉衍生物和半胱氨酸对于 CO_2 饱和溶液中碳钢腐蚀的缓蚀行为，发现这两种缓蚀剂间有明显的协同作用，复配使用时在碳钢表面形成一层疏水膜，且由于 S 原子比 N 原子更易失去电子，因此半胱氨酸会先吸附于金属表面，再吸附油酸咪唑啉分子形成双层吸附。

② 咪唑啉类阳离子缓蚀剂与无机阴离子的协同缓蚀。将其应用在酸性体系或 CO_2 体系中，对金属起到良好的缓蚀作用。此类与咪唑啉复配的无机阴离子主要包括卤素离子、HS^-、SCN^-、CN^-、NO_3^- 等活性阴离子。一般认为，咪唑啉类缓蚀剂与无机物的协同缓蚀作用机制为活性阴离子首先在金属基体表面发生吸附，活性阴离子-金属偶极的负端朝向溶液起架桥作用，有利于有机阳离子的吸附，从而显著减弱金属基体的腐蚀速度。

如于会华等研究了咪唑啉磷酸酯盐阳离子与碘化钾复配后对金属的缓蚀性能，结果表明，添加活性阴离子后，活性阴离子可优先吸附在金属的表面，而使金属表面带有负电荷，改变金属表面的电荷状态，更加有利于咪唑啉类阳离子缓蚀剂向金属表面转移、吸附。当缓蚀剂分子与金属表面接近时，咪唑啉磷酸酯盐中的 C=N 双键以及 N、P 原子的孤对电子进入金属的 d 空轨道，同时咪唑啉环的反 π 轨道也可以接受金属 d 轨道中的电子形成反馈键，进而削弱了金属表面活性中心的活性，从而降低腐蚀速率。此外，咪唑啉磷酸酯盐中的长链烷基形成疏水层，也能有效地抑制介质中 H^+ 的扩散，从而降低了阴极过程的反应速率。

其他咪唑啉相关缓蚀剂的研究也较多，尤其是咪唑啉季铵盐作为复配型缓蚀剂的主剂，此类研究相对较为成熟，相关内容将在之后季铵盐类的小节中进行介绍。

4.3.2　苯并三氮唑类缓蚀剂的复配技术及缓蚀协同效应

苯并三氮唑作为铜的有效缓蚀剂已被广泛使用，而对于苯并三氮唑的复配技术研究也很多。目前复配的形式主要分为苯并三氮唑与有机缓蚀剂之间的复配和以苯并三氮唑为主剂的与无机化合物复配。

苯并三氮唑与有机缓蚀剂复配的报道有，常春芳等人研究的苯并三氮唑与聚天冬氨酸复配缓蚀剂分别在 5％盐酸溶液、5％氢氧化钠溶液、3.5％氯化钠溶液以及 60％溴化锂溶液中对碳钢和铜的协同缓蚀作用，认为两种物质的协同缓蚀作用可用下面两种解释来说明：一为聚天冬氨酸降低了碳钢表面的亲水性，进而提高苯并三氮唑在金属表面的吸附性能；二为聚天冬氨酸和苯并三氮唑分子形成了共用离子对，在碳钢表面上形成了双电层，从而提高了缓蚀效率，但是在不同的腐蚀介质中，缓蚀行为有所差别。卢爽等人研究了苯并三氮唑与2-氨基苯并噻唑复配缓蚀剂对铜的缓蚀性能，通过协同参数的比较验证了二者复配后的协同作用以及各组分的最佳加入量，结果表明，苯并三氮唑与2-氨基苯并噻唑在铜片表面形成致密且有序的保护膜，复配后的缓蚀剂具有明显的协同作用。孟凡浩等人研究了苯并三氮唑与平平加复配对铜的缓蚀行为，一方面，当苯并三氮唑与平平加表面活性剂复配后，在铜表面形成更致密的保护层，抑制了铜的腐蚀溶解；另一方面，表面活性剂的润湿作用有利于将溶液中污染物的吸附状态由化学吸附转变为物理吸附，有利于污染物的清洗和脱除。周建华研究了1-羟甲基苯并三氮唑与异丙胺复配后在酸性体系中对铜的协同缓蚀作用，实验证明，异丙胺本身在此体系下对铜无明显的缓蚀作用，但将其与1-羟甲基苯并三氮唑复配后，复配物相比1-羟甲基苯并三氮唑对铜的缓蚀性能有了明显提高。作者认为，一个原因是异丙胺可以与1-羟甲基苯并三氮唑结合，或与铜的强配合能力可以促进1-羟甲基苯并三氮唑在铜表面的吸附；另一个原因可能是1-羟甲基苯并三氮唑覆盖于铜表面会形成空隙，而异丙胺刚好可以将其填补，对铜起到全面的保护作用。董泉玉等人研究了苯并三氮唑与羧酸类缓蚀剂复配后在海水介质中对铜的协同缓蚀作用，作者解释缓蚀增效原因为，羧酸类缓蚀剂中的极性基团吸附在金属表面改变了双电层的结构，提高了金属离子的活化性，便于金属与苯并三氮唑形成螯合物膜。羧酸具有较长的烷基支链，起到了结构屏蔽作用，在天然海水介质中，在很大的温度范围内，与苯并三氮唑复配后都显示了比两种缓蚀剂单独使用时更好的缓蚀性能。当单独使用苯并三氮唑时，海水中高的含氧量及含盐量能够破坏苯并三氮唑在海水介质中形成的螯合物膜，使其缓蚀性能下降；加入羧酸类缓蚀剂后，其中的苯环及 OH^- 基团易与铜形成配位键配合物，从而有效增加了膜的致密性，阻止了氧及 Cl^- 的扩散，减缓了腐蚀。

苯并三氮唑与无机化合物的复配主要有与卤化物、钼酸盐、磷酸盐、硅酸盐、钨酸盐、硝酸盐、高锰酸钾等的复配。如芮玉兰等人研究了天然海水中苯并三氮唑与碘化钾对黄铜的协同缓蚀作用，结果表明，复合型缓蚀剂分子在金属表面成膜更为致密，电荷转移电阻增大，电极/溶液界面层的厚度增加，金属的耐蚀性能提高。而且，作者对碘化钾的添加顺序进行了研究，当在体系中先加入苯并三氮唑再加入碘化钾、同时加入两种物质及先加入碘化钾后加苯并三氮唑显示的缓蚀效率有明显差别，先加入苯并三氮唑再加入碘化钾对金属的缓蚀效率更高。推测原因为先加入苯并三氮唑后加入碘化钾时，作为主剂的化学吸附慢的苯并三氮唑优先吸附，形成较为稳定的化学吸附膜，然后再加入碘化钾进行补膜，这不仅避免了两种物质的竞争吸附也使得碘化钾的补膜作用更加充分。周云研究了苯并三氮唑与钼酸钠复配对碳钢的缓蚀作用，结果表明，复配后的缓蚀剂能够明显增强碳钢在含氯的碳酸氢钠溶液中的耐蚀性，而且随着金属在缓蚀体系中浸泡时间的延长，缓蚀膜层增厚，缓蚀效果增强。在对缓蚀膜的成分分析中发现，缓蚀膜中主要存在钼酸铁、苯并三氮唑与铁的配合物，这种复合结构的存在提高了缓蚀膜的致密性，同时该缓蚀体系促进了碳钢表面钝化膜中 $FeOOH$ 向 Fe_2O_3 的转化，进一步促进了钝化膜的稳定性。柳松等人研究了苯并三氮唑与磷酸钠对锌的协同缓蚀作用，结果表明，复配后缓蚀剂的缓蚀效果比单剂使用时明显，两种物质的协同效应可能是由于磷酸钠在锌的表面形成含有 ZnO、$Zn(OH)_2$ 和 $Zn_3(PO_4)_2$ 的保护层，而苯并三氮唑可以吸附在该保护层的表面或者镶嵌在保护层的内部，保护层的稳定性增强，从而增加了对锌的保护能力。陈文江等人研究了苯并三氮唑和硅酸钠对铜的协同缓蚀作用，结果表明，苯并三氮唑和硅酸钠复配使用时，苯并三氮唑的铜配合物网状结构保护膜不连续，膜本身存在许多小孔和缺陷，而硅酸盐在膜层缺陷处与铜离子结合生成的不溶性沉淀沉积在电极表面，阻碍了介质对铜的腐蚀作用，提高了保护膜的致密性和稳定性，产生良好的协同缓蚀作用。刘翠研究了 3-吡啶-4-氨基-1,2,4-三唑-5-硫醇及其复配物对铝合金的缓蚀作用，选用的无机化合物为硝酸铈和高锰酸钾。研究结果表明，3-吡啶-4-氨基-1,2,4-三唑-5-硫醇与硝酸铈具有协同缓蚀作用，缓蚀效果的增强是它们彼此促进的结果，Ce^{3+} 能够在 1060 纯铝表面和 3-吡啶-4-氨基-1,2,4-三唑-5-硫醇之间形成中间桥来改善溶液中 3-吡啶-4-氨基-1,2,4-三唑-5-硫醇的吸附。与高锰酸钾的协同缓蚀作用表明，3-吡啶-4-氨基-1,2,4-三唑-5-硫醇与高锰酸钾对 1060 纯铝表现为简单加和缓蚀作用。徐群杰等人研究了 3-氨基-1,2,4-三氮唑和钨酸钠复合缓蚀剂对黄铜的缓蚀协同作用，结果也显示，复配后的缓蚀剂具有优异的缓蚀性能。

其他关于苯并三氮唑与无机化合物复配后缓蚀性能的研究也较多，如胡钢等研究了苯并三氮唑和钼酸钠复配后对青铜在 0.5mol/L 氯化钠介质中的缓蚀效果，结果显示，青铜表面出现［Cu(Ⅰ)BTA］聚合物膜，而 MoO_3 等氧化物覆盖于基体上，增加了膜的致密性，保护基体不被腐蚀。洪全等人研究了在 25％氯化钙溶液中苯并三氮唑浓度、介质温度以及苯并三氮唑与其他无机盐［$NaNO_2$、Na_2MoO_4、$(NH_4)_2MoO_4$］复配对铜的缓蚀作用，结果表明，$NaNO_2$、Na_2MoO_4 以及 $(NH_4)_2MoO_4$ 加入缓蚀体系中后，缓蚀效果均高于单剂的使用效果。诸如此类示例较多，可自行查阅。

4.3.3 有机酸及盐类缓蚀剂的复配技术及缓蚀协同效应

如第 2 章所述，有机酸或盐作为典型的表面活性剂型缓蚀剂已被广泛报道。在复配型缓蚀剂的研究中，有机酸的报道也较多，除了有机酸及其盐与有机物的复配外，也有有机酸及其盐与无机缓蚀剂的复配。而在相关的研究中，将氨基酸也作为有机酸的一种，在这里一起叙述。由于氨基酸引入了氨基基团，增加了其与金属基底的吸附性能，在缓蚀增效中起到重要的作用。下面对相关的研究进行阐述。

有机酸及其盐与有机物之间的复配如下所述。如常佳宇等人研究了葡萄糖酸钠与二甲氨基丙基甲基丙烯酰胺复配对碳钢缓蚀性能的影响，结果表明，葡萄糖酸钠在碳钢表面的吸附能力要强于二甲氨基丙基甲基丙烯酰胺，所以葡萄糖酸钠优先吸附于碳钢表面，形成具有一定缺陷的吸附膜。基于补强理论，引入二甲氨基丙基甲基丙烯酰胺后，能够促使葡萄糖酸钠进一步吸附在碳钢表面，填充原有的缺陷，使得吸附膜更加致密。同时，葡萄糖酸钠分子中具有羧基，能够与二甲氨基丙基甲基丙烯酰胺中的酰胺基相互作用，形成双层吸附膜，实现对金属的双层保护，进而达到缓蚀增效的目的。张卫鹏研究了氨基酸与三聚氰胺复配缓蚀剂对不锈钢和碳钢的缓蚀增效作用，选用半胱氨酸和三聚氰胺进行相关研究，结果表明半胱氨酸和三聚氰胺复配后表现出竞争吸附，二者均能通过化学吸附的方式吸附在金属表面，其中半胱氨酸的吸附活性位点为羧基、氨基和硫原子，三聚氰胺的吸附活性位点为异氰基和氨基基团，半胱氨酸表现出更强的吸附能力。文佳新等人研究了蛋氨酸与羧甲基纤维素钠复配缓蚀剂在盐酸介质中对 2024 铝合金的协同缓蚀作用，结果表明，复配型缓蚀剂显著增大了腐蚀反应的表观活化能，有效抑制了腐蚀反应的进行，是一种以控制阴极析氢过程为主的混合型缓蚀剂。任晓光等人研究了二乙基二硫代氨基甲酸钠与丙炔醇复配后对 A106B 碳钢缓蚀性能的影响，结果表明，两者复配主要控制阳极反应，当二乙基二硫代氨基甲酸钠与丙炔醇复配后可以改变金属表面介电性质，重新排列电荷分布，抑制 Fe^{3+} 的扩散，弥补二乙基二硫代氨基甲酸钠在金属表面吸附时在连续性和致密性上存在的缺陷，提高碳钢的抗腐蚀能力。

　　有机酸及其盐与无机缓蚀剂的复配以下面几种相关报道为例来说明。如黄琳等人研究了月桂酰肌氨酸钠和钨酸钠复配后在模拟海水中对碳钢的缓蚀性能，二者属于混合型缓蚀剂，推测其缓蚀增效原因为：月桂酰肌氨酸钠中氮原子上的孤对电子能与铁原子上的空轨道形成配位键，产生化学吸附，与钨酸钠在碳钢表面形成的物理、化学混合吸附膜共同作用，加强了碳钢表面吸附膜的牢固性，使金属表面与 Cl^- 及其他微粒完全隔开，从而使得金属得到保护。陈淑青等人研究了油酸钠和钒酸钠在含 Cl^- 介质中对铝阳极的缓蚀作用，结果表明，复配后的缓蚀剂在铝阳极表面形成一层保护膜。缓蚀增效的解释为：油酸钠作为吸附型缓蚀剂，吸附活化能很低，能够很快地被铝表面活性位点吸附，形成一层疏水性保护膜；而钒酸钠是一种氧化钝化型保护膜，两者共同使用时，两种缓蚀剂会根据作用的活化能及作用部位不同，达到协同缓蚀作用。方涛等人研究了单宁酸与钼酸钠复配型缓蚀剂在硫酸钠溶液中对碳钢的缓蚀性能，复配后缓蚀增效原因为：当添加钼酸钠后，钼酸盐或其氧化物会进入单宁酸膜层的孔隙中，形成更为致密的转化膜层，这层膜层有着一定阻隔腐蚀溶液的作用，从而提高对碳钢基体的保护能力。张薇研究了山梨酸钾与 Ce^{3+} 复配后对 Q235 钢在含有 NaCl 溶液中的协同缓蚀作用，推测其缓蚀增效原因为：山梨酸钾吸附在 Q235 钢表面阳极活性位点形成吸附膜，控制阳极反应；Ce^{3+} 在阴极区反应形成 $Ce(OH)_3$ 沉淀覆盖膜，进一步抑制碳钢的腐蚀，达到协同增效的作用。此外，还有其他研究，如杨俊等人研究的 D-葡萄糖酸钠与磷酸二氢钠在 50% 乙二醇冷却液中对 AZ91D 镁合金的协同缓蚀作用等。

　　二元以上复配型缓蚀剂的研究也有报道，如黄开宏等人研究了色氨酸和抗坏血酸及碘化钾复配型缓蚀剂对碳钢在硫酸中的协同缓蚀作用，黄文恒等人也对氨基酸和抗坏血酸及碘化钾复配型缓蚀剂进行了研究。两个报道对于复配型缓蚀剂的作用机制分析类似，即作者表明氨基酸分子上的 N 原子以及氨基—NH$_2$ 上的 N 原子皆含有孤对电子，孤对电子与金属铁上的空轨道进行配位结合，使得金属铁原子形成较稳定的电子层排布结构，从而使氨基酸吸附在金属铁表面形成致密的氧化膜，阻止了腐蚀介质和金属表面接触，保护了金属基体。同时，抗坏血酸作为强还原剂，使金属表面发生钝化，并且碘化钾中的活性 I$^-$ 起到了氨基酸与金属铁之间的过渡桥梁作用，所以氨基酸、碘化钾和抗坏血酸之间存在较好的协同作用。程正骏等人研究了有机膦酸盐、葡萄糖酸盐、锌盐及还原剂四种组分复配型缓蚀剂在中性氯化钠溶液中对碳钢的缓蚀增效作用，结果表明，有机膦酸盐所含 P 原子作为缓蚀剂分子的活性中心，其净电荷为正值，呈缺电子状态，而 Fe 的 d 轨道中已有的电子受到原子核的吸引力相对较弱，易摆脱核吸引的电子与 P 原子形成 d-π 反馈键，自发吸附于 Fe 表面，随后分子之间缓慢重排直至形成稳定有序的吸附膜；并且分子中的 PO(OH)$_2$ 与锌盐中的 Zn^{2+} 形成配合物，同时 Zn^{2+} 还可以与阴极反应生成的 OH$^-$ 形成 Zn(OH)$_2$ 沉淀，在金属表面形成配合物沉淀膜；缓蚀剂组分中的葡萄糖酸盐离子在阳极区与 Fe^{2+} 形成螯合物，从而抑制腐蚀反应的阳极过程，而缓蚀剂中的还原剂可以降低、削弱阴极反应。四种复配组分之间相互协同，形成牢固的、吸附与沉淀混合的缓蚀剂膜，从而有效抑制了碳钢在盐水中的腐蚀。

4.3.4 有机磺酸类缓蚀剂的复配技术及缓蚀协同效应

在有机磺酸类复配型缓蚀剂中，研究最多的磺酸类缓蚀剂为阴离子型表面活性剂十二烷基苯磺酸钠，十二烷基苯磺酸钠毒性较低，为安全化工原料，且该原料价格低廉，易生物降解，所以在有机磺酸类缓蚀剂中研究较多。

相关研究报道如，黄小红研究了十二烷基苯磺酸钠与 4-吡啶甲酰肼复配型缓蚀剂对氯化钠溶液中黄铜的协同缓蚀作用，黄小红认为，添加 4-吡啶甲酰肼分子后，由于 4-吡啶甲酰肼的最低空轨道能级略低于十二烷基苯磺酸钠的最低空轨道能级，所以当 4-吡啶甲酰肼与十二烷基苯磺酸钠复配使用时，4-吡啶甲酰肼可部分承接来自 Cu 空 d 轨道的电子，从而加强了反馈键的结合强度。也就是说，当 4-吡啶甲酰肼达到一定的添加量时，可以嵌入十二烷基苯磺酸钠吸附层分子间的空隙，使能够抵御介质腐蚀的表面吸附层更为致密，从而有效地减缓了金属的腐蚀速率。黄小红也研究了十二烷基苯磺酸钠与泛昔洛韦复配后对氯化钠溶液中黄铜的协同缓蚀作用，同样得出了复配型缓蚀剂具有优良缓蚀性能的结论。胡松青等人研究了十二烷基苯磺酸钠与六亚甲基四胺复配型缓蚀剂在盐酸溶液中对 Q235 钢的协同缓蚀效应，胡松青等人认为，十二烷基苯磺酸钠与六亚甲基四胺复配后缓蚀剂膜体系中的自由空间明显减少，削弱了膜内缓蚀剂分子的自扩散能力，腐蚀粒子在缓蚀剂膜携带下的被动迁移也随之减弱。所以，十二烷基苯磺酸钠与六亚甲基四胺复配能更有效抑制腐蚀粒子在缓蚀剂膜中的扩散，即复配后的缓蚀剂具有更好的缓蚀性能。冯丽娟等人研究了十二烷基苯磺酸钠与含氧有机物复配后在 3.5% NaCl 饱和 $Ca(OH)_2$ 溶液中对钢筋的缓蚀与协同效应，作者选用的含氧有机物有山梨醇、葡萄糖和抗坏血酸，且计算表明山梨醇、葡萄糖、抗坏血酸、十二烷基苯磺酸根阴离子硬度依次增加。作者推测十二烷基苯磺酸钠与山梨醇协同缓蚀作用最强的原因为，作为硬碱的十二烷基苯磺酸钠很容易吸附在硬酸的 Fe 氧化物表面，进而与 Fe^{3+} 或 Fe^{2+} 发生配位键合，而软碱的山梨醇可吸附在裸露的钢筋表面形成共价键合。因此，山梨醇与十二烷基苯磺酸钠间的这种互补作用，使其复配物具有更高的缓蚀效率，最强的协同效应。尽管其他两种复配物的协同缓蚀作用较山梨醇与十二烷基苯磺酸钠复配后的缓蚀效果较差，但仍高于单剂使用时的缓蚀效果。

除了十二烷基苯磺酸钠与有机缓蚀剂的协同缓蚀作用外，将十二烷基苯磺酸钠与无机物复配后的缓蚀剂的协同作用也有相关报道。如王奎涛等人研究了十二烷基苯磺酸钠与硝酸钠在二氧化氯介质中对铝合金的协同缓蚀作用，王奎涛认为，铝合金在与二氧化氯的弱酸性介质接触中，金属带正电，对硝酸根离子和十二烷基苯磺酸根离子均具有静电吸附作用，二者在金属表面发生竞争性吸附。同时，二者之间存在相互作用力，从而提高了金属保护膜的覆盖度和稳定性，进一步有效阻止了二氧化氯溶液中微量氯离子与金属基体的接触，避免了金属点蚀的危害，使二者呈现出良好的协同缓蚀效应。

4.3.5　季铵盐类缓蚀剂的复配技术及缓蚀协同效应

季铵盐类缓蚀剂的研究很多，与其进行复配后的缓蚀剂种类也较多，目前季铵盐与前面所述的相关化合物都进行了复配后的缓蚀性能研究。

相关报道的与季铵盐复配的物质种类可大致分为以下几类：

① 阴离子。如 I^-、SCN^-、CN^- 等。司广锐等人研究了月桂酸咪唑啉季铵盐、油酸咪唑啉季铵盐和蓖麻油酸咪唑啉季铵盐分别与碘化钾复配后在10％硫酸中对 Q235 碳钢的协同缓蚀作用，作者解释其缓蚀增效原因为：二元复配缓蚀剂在碳钢表面形成高覆盖度的吸附膜，碳钢的电荷转移电阻增大，腐蚀速率降低；且由于咪唑啉季铵盐烷基链更长，疏水性更强，电荷密度更大，其与碘化钾复配后在碳钢表面的吸附膜更完整，对碳钢的缓蚀效果更好。崔梦雅研究了咪唑啉季铵盐与碘化钾复配后在酸性体系下对 A3 钢的协同缓蚀效应，同样得出复配后缓蚀剂具有缓蚀增效作用。

② 含有 N、S、O、P 等原子的有机物。肖雯雯等人研究了咪唑啉季铵盐和辛基酚聚氧乙烯醚复配后在饱和 CO_2 盐水体系中对 L245 钢的协同缓蚀性能，作者认为咪唑啉季铵盐和辛基酚聚氧乙烯醚复配后，咪唑啉季铵盐分子在金属表面吸附量增加，同时辛基酚聚氧乙烯醚分子的吸附提高了咪唑啉季铵盐分子在金属表面的吸附覆盖程度，形成更加致密的保护膜，减弱了周围水分子在金属表面的吸附作用，从而增大了溶液中腐蚀性粒子向金属基体扩散迁移的阻力，减缓了金属的腐蚀，起到协同缓蚀增效的作用。胡语芯研究了季铵盐类缓蚀剂与含硫化合物复配后在饱和 CO_2 的 3.5％氯化钠溶液中对 Q235 钢的协同缓蚀性能，胡语芯所选取的季铵盐为吡啶季铵盐和喹啉季铵盐，含硫化合物为硫脲和巯基乙醇。结果显示，两种季铵盐与含硫化合物之间均存在协同缓蚀作用，且由于喹啉分子结构比吡啶多了一个环，缓蚀性能显著提升，而对于结构相似的含硫化合物其缓蚀协同性能类似。胡语芯也研究了吡啶季铵盐、喹啉季铵盐与含硫化合物三元复配后对金属的缓蚀增效作用，发现缓蚀剂的分子结构和不同结构的缓蚀剂之间的协同作用对缓蚀性能影响很大，且加剂顺序、加剂量等都是影响缓蚀性能的因素，在碳钢表面同样遵循协同吸附机制。郑天宇研究了不同亲水基的季铵盐阳离子型缓蚀剂：十二烷基三甲基溴化铵、十二烷基二甲基苄基溴化铵、十二烷基氯化吡啶，与硫脲复配后对 Q235 钢在硫酸水溶液介质中的缓蚀性能，发现当在季铵盐阳离子型缓蚀剂中添加硫脲复配后，季铵盐阳离子型缓蚀剂的比例降低，因此其含量也下降，此时，具有强吸附能力的亲水基团会先吸附在金属表面；同时由于空间位阻效应的降低，较长的烷基碳链也会吸附在金属表面上，这样的作用方式极大地增强了保护膜在金属表

面的覆盖程度，有利于提高对金属的保护程度。但由于季铵盐阳离子型缓蚀剂分子属于长链状结构，形成的保护膜含有大量的孔隙，此时，具有较小空间位阻的硫脲分子，由于自身的较强吸附能力，会与腐蚀粒子产生竞争吸附，最终优先于腐蚀粒子吸附在金属表面，填补季铵盐阳离子型缓蚀剂所形成膜结构的孔隙，使金属表面的保护膜变得更致密，从而达到缓蚀增效的目的。

③ 稀土离子。贾帅等人研究了季铵盐与稀土离子复配后对 2024 Al-Cu-Mg 合金的协同缓蚀增效作用，选用的稀土盐为七水氯化铈，作者解释其协同增效机制为：稀土铈离子含有较丰富的空轨道，而季铵盐类缓蚀剂中的氧原子含有两对孤对电子，故二者容易结合形成配合物，此种配合物分子较大，故对 2024 Al-Cu-Mg 合金表面的范德华吸引力较强，更易吸附于金属表面；同时配合物可能会导致分子相互作用增强或取向变化，致使吸附分子层更紧密，缓蚀效率明显增加。

④ 表面活性剂。张晨等人研究了咪唑啉季铵盐与阴离子型表面活性剂十二烷基磺酸钠在 CO_2 饱和盐水溶液中对 Q235 钢的缓蚀协同效应，结果表明，表面活性剂分子的化学反应活性及其分子所组成的膜层的致密程度可能共同决定了表面活性剂分子的缓蚀性能，进而决定了其与咪唑啉季铵盐复配使用时所带来的缓蚀协同效果。王佳研究了咪唑啉季铵盐与松香基氨基酸表面活性剂复配型缓蚀剂在 10mol/L 甲醇/0.1mol/L 甲酸腐蚀溶液中对碳钢的协同缓蚀性能，结果表明，复配型缓蚀剂因为大小缓蚀剂分子相互填充缝隙，形成的吸附膜更加致密，所以达到缓蚀增效的目的。

4.3.6 植物提取物类缓蚀剂的复配技术及缓蚀协同效应

在缓蚀剂的实际应用中，常见的一些无机/有机缓蚀剂如铬酸盐、汞盐、有机膦酸盐、磷酸盐、多聚磷酸盐等，由于毒性或能引起水体的富营养化而逐渐被限制或禁止使用。随着国家和地区的环保意识增强，以及"绿色化学"的号召和响应，在金属腐蚀与防护方面，绿色缓蚀剂逐渐成为应用较广泛的防腐蚀技术之一，采用天然植物提取物或其改性产物作为绿色缓蚀剂受到广泛关注。如第 2 章所述，天然植物的提取物作为有机缓蚀剂主要是利用了天然高分子中存在大量的活性基团，这些基团可在金属表面发生吸附作用。本节中将介绍以天然植物提取物作为缓蚀剂主要活性成分进行复配的相关报道。

植物提取物与有机物的复配及协同缓蚀作用研究，如徐昕等研究了核桃青皮提取物和十二烷基硫酸钠（SDS）复配型缓蚀剂在磷酸溶液中对冷轧钢的协同缓蚀效应，结果表明，两者的协同作用为：一方面，十二烷基硫酸钠作为一种表面活性剂可提升核桃青皮提取物中所含有机化合物的稳定性和分散性，同时十二烷基硫酸钠在水溶液中发生电离作用，生成 Na^+ 和 SDS^-，SDS^- 的极性头基与质子化的核桃青皮提取物发生静电引力作用，生成相互作用中间体，而后整个中间体可能会整体吸附覆盖在钢表面。此外，十二烷基硫酸钠会吸附在核桃青皮提取物缓蚀膜层的空缺处，提高膜层的致密性和耐蚀性。另一方面，依据有机小分子化合物对溶液相中的表面活性剂分子的影响作用，核桃青皮提取物中的有机化合物可能会屏蔽缓蚀协同体系中十二烷基硫酸钠中的极性亲水基之间的静电排斥作用，且能增强十二烷基硫酸钠中疏水烷基链之间的相互作用，从而使十二烷基硫酸钠具有更高的表面活性。两者复配后的相互作用提升了核桃青皮提取物的吸附及十二烷基硫酸钠的表面活性，从而产生了显著的协同缓蚀效应。基于表面活性的作用，王丽姿等研究了核桃青皮提取物和聚乙二醇辛基苯基醚复配物在二氯乙酸溶液中对钢的协同缓蚀效应，选用的聚乙二醇辛基苯基醚具有良好的表面活性，得到了与上述相似的协同增效机制。张自海研究了土酸大蒜浸取液与氨基酸的复配型缓蚀剂对 N80 钢和 304 钢的缓蚀性能，结果显示，复配后缓蚀剂的缓蚀性能较单一缓蚀剂有了明显的提升，达到 95％左右。岳帅等研究了樟树籽提取物与季铵盐复配型缓蚀剂在硫酸体系下对碳钢的缓蚀性能，岳帅等推测，樟树籽提取物与季铵盐复配物之间形成的协同作用主要以加和效应为主，即两类物质通过相同的吸附机理作用于碳钢表明提高提取物的缓蚀效率。

植物提取物与无机物的复配及协同缓蚀作用的研究，主要报道为其与卤化物尤其是碘化物的协同作用。如吴浩等研究了菟丝子提取物与碘化钾在盐酸介质中对冷轧钢的协同缓蚀效应，结果表明，菟丝子提取物中黄酮类、多糖类、生物碱类等的 O 原子会结合盐酸溶液中的 H^+ 形成质子化产物，该过程不仅会降低冷轧钢表面 H^+ 浓度，减缓阴极反应，同时质子化产物也会与钢表面特性吸附的 Cl^- 发生静电吸附。当菟丝子提取物与碘化钾复配后，I^- 的易极化性使其特性吸附能力强于 Cl^-，可优先吸附在钢表面，从而进一步增强了质子化产物在钢表面的吸附强度。而且，菟丝子提取物中 O 原子的孤对电子也可以和 Fe 原子的空轨道形成配位键，产生化学吸附，使吸附的缓蚀膜层更加致密牢固。郑兴文等研究了樟树叶提取液与碘化钾复配型缓蚀剂在硫酸体系下对 Q235 钢的协同缓蚀效应，作者解释协同增效机制为：樟树叶提取液与碘化钾在 Q235 钢表面的吸附为重叠吸附，增加了樟树叶提取液中有效缓蚀成分吸附层的厚度和致密性，提高了樟树叶提取液中有效缓蚀成分吸附的稳定性，进而表现出了协同缓蚀效应。郭勇等研究了烟柴秆提取物与碘化钾复配型缓蚀剂在盐酸介质中对 N80 钢的协同缓蚀效应，推测的协同增效机制同上所述，均为复配物的重叠吸附作用，即增加了在金属表面的覆盖度。其他相关研究如黄文恒等研究的柑橘皮提取液与碘化钾复配型缓蚀剂在硫酸介质中缓蚀性能及其对碳钢的协同缓蚀效应等都说明了植物提取物与碘化物具有良好的协同增效作用。

参考文献

[1]　Mindyuk A K，Savitskaya O P，Gopanenko A N，et al. Chlorides in Combination with Inhibitors Protection of Steel from Corrosion and Absorption in Sulfuric Acid [J]. Materials Science，1975，11：189-193.

[2]　Zhang Q H，Jiang Z. N，Li Y Y，et al. In-depth Insight into the Inhibition Mechanism of the Modified and Combined Amino Acids Corrosion Inhibitors："Intramolecular Synergism" vs. "Intermolecular Synergism" [J]. Chemical Engineering Journal，2022，437：135439.

[3]　Oguzie E E，Unaegbu C，Ogukwe C N ，et al. Inhibition of Mild Steel Corrosion in Sulphuric Acid Using Indigo Dye and Synergistic Halide Additives [J]. Materials Chemistry and Physics，2004，84：363-368.

[4]　Han P，He Y，Chen C F，et al. Study on Synergistic Mechanism of Inhibitor Mixture Based on Electron Transfer Behavior [J]. Scientific Reports，2016，6：33252.

[5]　Liu Z Y，Yu L，Li Q Z. Synergic Mechanism of an Organic Corrosion Inhibitor for Preventing Carbon Steel Corrosion in Chloride Solution [J]. Journal of Wuhan University of Technology-Mater Sci. Ed，2015，30：325-330.

[6]　Musa A Y，Mohamad A B，Kadhum A A，et al. Synergistic Effect of Potassium Iodide with Phthalazone on the Corrosion Inhibition of Mild Steel in 1. 0 M HCl [J]. Corrosion Science，2011，53：3672-3677.

[7]　Wahdan M H. The Synergistic Inhibition Effect and Thermodynamic Properties of 2-Mercaptobenzimidazol and Some Selected Cations as a Mixed Inhibitor for Pickling of Mild Steel in Acid Solution [J]. Materials Chemistry and Physics，1997，49：135-140.

[8]　Sathiyanarayanan S, Jeyaprabha C，Venkatachari G. Influence of Metal Cations on the Inhibitive Effect of Polyaniline for Iron in 0.5 M H_2SO_4 [J]. Materials Chemistry & Physics，2008，107（2）：350-355.

[9]　Al-Sarawy A A，Fouda A S，El-Dein W A. Some Thiazole Derivatives as Corrosion Inhibitors for Carbon Steel in Acidic Medium [J]. Desalination，2008，229（1）：275-279.

[10]　Liu X，Yuan Y Z，Wu Z Y，et al. Synergistic Corrosion Inhibition Behavior of Rare-earth Cerium Ions and Serine on Carbon Steel in 3% NaCl Solutions [J]. Journal of Central South University，2018，25：1914-1919.

[11]　郭英. PAAC-PAA 的缓蚀协同作用机理 [J]. 中国民航学院学报，2003，21（3）：51-53，64.

[12]　汪的华，卜宪章，邹津耘，等. β-苯胺基苯丙酮在铁电极上吸附动力学的研究 [J]. 电化学，1998，4（1）：37-41.

[13]　梅其政. 两种环境友好型酸洗缓蚀剂的复配和性能研究 [D]. 长沙：长沙理工大学，2009.

[14]　木冠南. 铈（Ⅳ）离子和聚乙二醇辛基苯基醚（OP）对锌的缓蚀协同效应 [J]. 材料保护，199，32（10）：25-26.

[15]　王静，汤兵，陈欣义. 酸洗缓蚀协同机理研究与进展 [J]. 腐蚀与防护，2007，28（5）：217-220.

[16]　周斌儿. 稀土和有机缓蚀剂复配对铝合金的缓蚀作用研究 [D]. 北京：北京化工大学，2015.

[17]　邱立伟. 3-ATA 与 PASP 复配在 Fe 表面缓蚀机理的研究 [D]. 青岛：中国石油大学，2013.

[18]　木冠南，刘光恒. 稀土钇（Ⅲ）离子和非离子表面活性剂对锌的缓蚀协同效应 [J]. 腐蚀与防护，2002，23（2）：51-53.

[19]　刘畅，陈旭，杨江，等. 油酸咪唑啉与油酸在饱和 CO_2 盐溶液中的缓蚀协同效应 [J]. 表面技术，2022，51（6）：291-299.

[20]　张晨，赵景茂. CO_2 饱和盐水溶液中咪唑啉季铵盐与 3 种阴离子表面活性剂之间的缓蚀协同效应 [J]. 中国腐蚀与防护学报，2015，35（6）：496-504.

[21]　胡语芯. 含氮杂环化合物与含硫化合物缓蚀协同效应的研究 [D]. 成都：西南石油

大学，2019.

[22]　郑天宇. 硫脲与季铵盐型表面活性剂复配对碳钢表面的缓蚀作用 [D]. 包头：内蒙古科技大学，2021.

[23]　肖雯雯，徐孝轩，葛鹏莉，等. 咪唑啉季铵盐缓蚀剂的复配机理 [J]. 腐蚀与防护，2017，38（10）：777-784.

[24]　司广锐，芮玉兰，朱培杰，等. 三种咪唑啉季铵盐及其复配剂对 Q235 钢的缓蚀作用 [J]. 生产实践，2017，31（11）：81-86.

[25]　贾帅，杜娟，杨凡，等. 新型双子化季铵盐表面活性剂对铝合金复配缓蚀行为及机理研究 [J]. 有色金属工程，2019，9（8）：7-15.

[26]　黄小红. SDBS 与 4-吡啶甲酰肼对 3.0% NaCl 中黄铜的协同缓蚀效应研究 [D]. 重庆：重庆大学，2011.

[27]　胡松青，于立军，燕友果，等. SDBS 与 HA 缓蚀剂复配的实验与理论研究 [J]. 物理化学学报，2011，27（2）：275-280.

[28]　黄小红，张胜涛，胡莲跃，等. 泛昔洛韦与十二烷基苯磺酸钠对盐水中黄铜的协同缓蚀效应研究 [J]. 世界科技研究与发展，2011，33（3）：369-372.

[29]　冯丽娟，赵康文，唐囡，等. 含氧有机物与十二烷基苯磺酸钠复配物在 3.5% NaCl 饱和 Ca(OH)$_2$ 溶液中对钢筋的缓蚀与协同效应 [J]. 中国腐蚀与防护学报，2013，33（6）：441-448.

[30]　王奎涛，鲁楠，高金龙，等. 硝酸钠与十二烷基苯磺酸钠在二氧化氯介质中对铝合金的协同缓蚀作用研究 [J]. 河北科技大学学报，2012，33（3）：215-219.

[31]　张卫鹏. 氨基酸及三聚氰胺缓蚀剂对不锈钢和碳钢的缓蚀性能研究 [D]. 桂林：桂林理工大学，2019.

[32]　方涛，张博威，张展，等. 单宁酸复配缓蚀剂的成膜特性及缓蚀性 [J]. 工程科学学报，2019，41（12）：1527-1535.

[33]　文家新，张欣，刘云霞，等. 蛋氨酸与羧甲基纤维素钠复配缓蚀剂在盐酸介质中对 2024 铝合金的协同缓蚀作用 [J]. 材料保护，2018，51（9）：49-53.

[34]　任晓光，侯伟，赵映璐，等. 二乙基二硫代氨基甲酸钠与复配缓蚀剂对 A106B 碳钢缓蚀性影响 [J]. 石油化工高等学校学报，2014，27（5）：62-68.

[35]　杨俊，龚敏，郑兴文，等. 复配缓蚀剂在 50% 乙二醇冷却液中对 AZ91D 镁合金的缓蚀作用 [J]. 腐蚀与防护，2017，38（3）：193-198.

[36]　黄文恒，黄茜，刘勇，等. 硫酸介质中精氨酸复合缓蚀剂缓蚀效果的研究 [J]. 电镀与精饰，2018，40（8）：6-10.

[37]　常佳宇，陆原，赵景茂. 葡萄糖酸钠与二甲氨基丙基甲基丙烯酰胺复配对碳钢缓蚀

性能的影响 [J]. 北京化工大学学报（自然科学版），2021，48（4）：33-39.

[38] 黄开宏，周坤，芮玉兰，等. 色氨酸复配缓蚀剂对碳钢在硫酸中的缓蚀性能 [J]. 表面技术，2012，41（5）：25-29.

[39] 张薇. 山梨酸钾复配对 Q235 钢在 NaCl 溶液中的缓蚀阻垢行为及机理 [D]. 大连：辽宁师范大学，2021.

[40] 程正骏，段立东，池伸，等. 四元复合型缓蚀剂在中性 NaCl 溶液中对碳钢的缓蚀作用 [J]. 腐蚀与防护，2021，42（1）：7-12.

[41] 黄琳，徐想娥，汪万强. 钨酸钠及其复配缓蚀剂在模拟海水中对碳钢的缓蚀性能 [J]. 表面技术，2014，43（1）：25-29.

[42] 陈淑青，周育红，蒋智斌. 油酸钠和钒酸钠在含 Cl-介质中对铝阳极的缓蚀作用 [J]. 腐蚀与防护，2012，33（1）：18-21.

[43] 周建华，李景宁，罗志勇. 1-羟甲基苯并三氮唑与异丙胺复配物的缓蚀性能研究 [J]. 化工时刊，2008，22（5）：14-16.

[44] 卢爽，任正博，谢锦印，等. 2-氨基苯并噻唑与苯并三氮唑复配体系对 Cu 的缓蚀性能 [J]. 中国腐蚀与防护学报，2020，40（6）：577-584.

[45] 徐群杰，李春香，倪钰宏，等. 3-氨基-1,2,4-三氮唑和 Na_2WO_4 复合缓蚀剂对黄铜的缓蚀协同作用 [J]. 电化学，2009，15（2）：190-193.

[46] 刘翠. 3-吡啶-4-氨基-1,2,4-三唑-5-硫醇其复配物对铝合金的缓蚀作用 [D]. 沈阳：沈阳工业大学，2019.

[47] 孟凡浩，孙鸣，周婉睛，等. BTA 与表面活性剂 O-20 复配对铜 CMP 缓蚀行为的研究 [J]. 应用化工，2021，50（11）：2968-2973.

[48] 胡钢. 奥氏体 304 不锈钢马氏体相变与孔蚀敏感性的相关性研究 [D]. 北京：北京化工大学，2002.

[49] 陈文江，何强，叶艳君，等. 苯并三氮唑和硅酸钠对铜的协同缓蚀作用 [J]. 现代化工，2016，36（3）：117-120.

[50] 柳松，钟燕，蒋荣英，等. 苯并三氮唑和磷酸钠对锌的协同缓蚀 [J]. 华南理工大学学报（自然科学版），2011，39（1）：36-41.

[51] 洪全，王艳波，侯保荣. 高浓度氯离子环境中铜合金缓蚀的电化学研究 [J]. 应用化工，2005，34（10）：618-624.

[52] 周云. 钼酸钠和苯并三氮唑复配缓蚀剂对 Q235 碳钢的缓蚀作用 [D]. 北京：北京化工大学，2016.

[53] 董泉玉，张强，李自托，等. 羧酸类铜缓蚀剂与苯并三氮唑在海水中协同效应的研究 [J]. 腐蚀与防护，2004，25（10）：426-428.

[54] 芮玉兰，谭翊，付占达，等．天然海水中 BTA 与 KI 对黄铜的协同缓蚀作用 [J]．腐蚀与防护，2009，30（4）：223-226.

[55] 常春芳．新型复配缓蚀剂对碳钢、铜的缓蚀性能及其作用机理的研究 [D]．上海：华东理工大学，2011.

[56] 冯丽娟，赵康文，杨怀玉，等．混凝土模拟液中咪唑啉衍生物与四乙烯五胺间缓蚀协同效应 [J]．中国腐蚀与防护学报，2015，35（4）：297-304.

[57] 赵起锋，徐慧，尚跃再，等．咪唑啉类缓蚀剂缓蚀协同效应的研究现状及展望 [J]．生产实践，2016，30（11）：81-85.

[58] 高歌．咪唑啉与硫脲协同缓蚀机制的实验与分子动力学模拟研究 [D]．青岛：中国石油大学，2020.

[59] 赵景茂，陈国浩．咪唑啉与硫脲在 CO_2 腐蚀体系中的缓蚀协同作用机理 [J]．中国腐蚀与防护学报，2013，33（3）：226-230.

[60] 张晨峰，扈俊颖，钟显康，等．双咪唑啉在 CO_2/O_2 环境中的缓蚀行为及其与巯基乙醇的复配性能 [J]．表面技术，2020，49（11）：66-74.

[61] 刘晓．油酸基咪唑啉与巯基乙醇缓蚀剂的协同效应的理论研究 [D]．成都：西南石油大学，2018.

[62] 王元．油酸咪唑啉与 L-半胱氨酸缓蚀协同作用的理论研究 [D]．成都：西南石油大学，2019.

[63] 岳帅，周鹏，魏国升，等．樟树籽提取物与季铵盐复配后的缓蚀性能 [J]．腐蚀与防护，2014，35（11）：1102-1107.

[64] 黄文恒．柑橘皮提取液在硫酸介质中缓蚀性能及复配研究 [J]．电镀与涂饰，2016，38（9）：7-12.

[65] 王丽姿，黄苗，李向红．核桃青皮及其复配物在二氯乙酸溶液中对钢的缓蚀协同效应 [J]．西南林业大学学报，2021，41（1）：100-109.

[66] 徐昕，李向红，邓书端．核桃青皮提取物和十二烷基硫酸钠对冷轧钢在 H_3PO_4 溶液中的缓蚀协同效应 [J]．表面技术，2019，48（12）：281-288.

[67] 吴浩，邓书端，李向红．菟丝子提取物与碘化钾对冷轧钢在盐酸中的缓蚀协同效应 [J]．中国腐蚀与防护学报，2023，43（1）：77-86.

[68] 张自海．新型绿色酸洗缓蚀剂及复配性能研究 [D]．兰州：兰州理工大学，2018.

[69] 郭勇，高美丹，王艳，等．烟柴杆提取物与碘化钾的缓蚀协同效应 [J]．工业水处理，2015，35（12）：57-60.

[70] 郑兴文，龚敏，曾宪光，等．樟树叶提取液与碘化钾的缓蚀协同效应 [J]．表面技术，2011，40（4）：41-44.

第 5 章

有机缓蚀剂典型
应用实例

大部分的缓蚀剂一般都为多种物质的复配配方，现对具有代表性的几种金属或缓蚀剂类型进行简要说明。

5.1 Lan-826 缓蚀剂

Lan-826 缓蚀剂是多用型酸洗缓蚀剂，其外观为淡黄色或茶色液体，相对密度为 0.96~1.06，pH 值大于 7，不燃烧。Lan-826 缓蚀剂为复配型缓蚀剂，主要成分是有机含氮化合物、醇类异构体等。

Lan-826 缓蚀剂为兰州（格瑞）缓蚀技术研究所所长——姜少华教授于 1984 年发明的一种多用酸洗缓蚀剂，该缓蚀剂于 1987 年荣获国家发明奖，之后由兰州（格瑞）缓蚀技术研究所和蓝星公司进行全国推广，成为应用最广泛的酸性缓蚀剂之一。Lan-826 缓蚀剂发展至今已有近 40 年的时间，迄今为止仍是世界上最先进的酸洗缓蚀剂之一。

Lan-826 缓蚀剂应用范围较广，具有以下特性：如既适用于氧化性酸，也适用于非氧化性酸；既适用于多种无机酸，又适用于多种有机酸。下面列举的多种酸体系，如加氨柠檬酸、加氨柠檬酸-氟化氢铵、氢氟酸、盐酸、硝酸、硝酸-氢氟酸、氨基磺酸、羟基乙酸、羟基乙酸-甲酸-氟化氢铵、乙二胺四乙酸（EDTA）、草酸、磷酸、醋酸、硫酸等，Lan-826 缓蚀剂都可以使用。具体的使用性能如表 5.1 所示。

表 5.1　性能列表

序号	清洗剂类别	酸浓度/%	温度/℃	Lan-826浓度/‰	腐蚀率/(mm/a)	缓蚀率/%
1	加氨柠檬酸	3	90	5	0.31	99.6
2	加氨柠檬酸-氟化氢氨	1.8~0.24	90	5	0.39	99.3
3	氢氟酸	2	60	5	0.69	99.4
4	盐酸	10	50	20	0.74	99.4
5	硝酸	10	25	25	0.13	99.9
6	硝酸-氢氟酸(8∶2)	10	25	25	0.24	99.9
7	氨基磺酸	10	60	25	0.46	99.7
8	羟基乙酸	10	85	25	0.38	99.4
9	羟基乙酸-甲酸-氟化氢氨	2-1-0.25	90	25	0.74	99.2
10	EDTA	10	65	25	0.16	99.2
11	草酸	5	60	25	0.40	99.4
12	磷酸	10	85	25	0.93	99.9
13	醋酸	10	85	25	0.52	99.9
14	硫酸	10	65	25	0.67	99.9

　　Lan-826 缓蚀剂的适用范围有：①配合各种化学清洗用酸清洗碳酸盐型、氧化铁型、硫酸盐型、混合型及硅质型水垢；②适用于碳钢、低合金钢、不锈钢、铜、铝等金属设备及组合材质设备的酸洗；③适用于石油、化工、机械、冶金、电力、交通、制冷等行业使用的各种换热设备的清洗，如各种锅炉、冷却器、加热器、反应器、蒸发器、贮罐、上下水管道、冷冻机、压缩机等。

　　Lan-826 缓蚀剂的使用方法为：先在清洗槽中注入水，再以 3‰~5‰ 的比例加入 Lan-826 缓蚀剂混合均匀，然后加入酸即可配制成酸洗液。使用温度低于 50℃，单酸或混酸浓度≤20%。

　　Lan-826 缓蚀剂用量小、费用低、操作简便、使用安全，特别是能避免误用缓蚀剂造成的危险，在各种化学清洗用酸中都具有优良的缓蚀效果，常用条件下金属腐蚀率小于 $1g/(m^2 \cdot h)$，具有优良的抗酸洗渗氢和抑制 Fe^{3+} 腐蚀的能力，且酸洗时金属不产生孔蚀。

5.2　Lan-5 缓蚀剂

　　硝酸是一种强氧化性无机酸，低浓度的硝酸溶液对许多黑色和有色金属均有强烈的腐蚀作用，浓硝酸对有机缓蚀剂有破坏作用。因此，硝酸缓蚀剂研究较盐酸、硫酸少。较多的高效缓蚀剂可以防止盐酸酸洗时对碳钢的腐蚀破坏作用，但对于铜、铜合金及碳钢与不锈钢焊接设备的水垢，不能用盐酸酸洗，硝酸对水垢溶解性高，可作为适宜的酸洗剂。在此条件下，硝酸酸洗用缓蚀剂应运而生。Lan-5 缓蚀剂作为一种高效硝酸酸洗缓蚀剂，其具有溶解速度快、操作简单、缓蚀率高等特点，可解决硝酸酸洗条件下对缓蚀剂的需求。

Lan-5 缓蚀剂是较早研究的硝酸缓蚀剂，主要由乌洛托品、苯胺、硫氰化钾等组成，是一种复合型缓蚀剂。Lan-5 缓蚀剂成分中单独使用均无缓蚀效果，多种成分的协同效应提升了缓蚀剂的缓蚀性能。

Lan-5 缓蚀剂在 40℃的 7％硝酸溶液中，对钢、黄铜有良好的缓蚀效果，但在硝酸浓度超过 7％以后和温度超过 50℃以后，缓蚀作用明显降低。Lan-5 自 1980 年以来，广泛在石化轻工系统的锅炉和冷却设备硝酸酸洗中应用。

5.3 若丁

若丁是由硫脲衍生物、表面活性剂、酸洗抑雾剂等组成的混合物。若丁缓蚀剂适用于黑色金属及铜在硫酸、盐酸、磷酸、氢氟酸、柠檬酸中的清洗，在金属酸洗过程中能够将酸和酸性物质对金属的浸蚀减小到最小程度。同时，若丁缓蚀剂能够有效抑制如盐酸酸洗过程中酸雾的产生，且不影响各种氧化皮、锈、垢等的清洗。若丁缓蚀剂在正常使用下不仅能降低金属的腐蚀率，而且有优良的抑制钢铁在酸洗过程中吸氢的能力，避免钢铁发生"氢脆"，同时还能抑制酸洗过程中 Fe^{3+} 对金属的腐蚀，使金属不产生孔蚀。若丁缓蚀剂适用于各种型号的钢铁、不锈钢、铸钢、铜等各种金属及其合金件、组合件。

若丁缓蚀剂种类较多，现介绍目前比较常见的几种。

（1）天津若丁（旧）

天津若丁（旧）缓蚀剂为 1953 年天津市重工局化工试验所研究完成的一种酸洗缓蚀剂，并在天津钢厂硫酸酸洗应用中获得成功。天津若丁（旧）也称天津五四若丁，是我国最早的酸洗缓蚀剂品种。

天津若丁（旧）为淡黄褐色粉末，在水中呈乳状，振荡之后形成不易消散的气泡，静置后水底有白色沉积物，溶液的 pH 值约为 5。

天津若丁（旧）的有效成分主要为邻二甲苯硫脲，添加辅助剂复配后形成商品若丁。其具体成分为邻二甲苯硫脲 25％，氯化钠 50％，皂角粉 5％，糊精 20％。使用条件：缓蚀剂剂量一般选用 0.5％左右。缓蚀剂及酸洗介质可单

独配液后混合使用，也可以将缓蚀剂直接加入盐酸中，使用时直接兑水即可，但须保证工作液中缓蚀剂有效浓度不低于 0.5%。

（2）天津若丁（新）

天津若丁（新）又名工读——P 型若丁，是在天津若丁（旧）的基础上通过组分调整而获得的一种性能更加优越的酸洗缓蚀剂，由天津工学院化工厂研制，外观为淡黄色粉末，其缓蚀效率可达到 95% 以上，于 1964 年完成。天津若丁（新）与天津若丁（旧）的主要区别是采用了平平加为表面活性剂代替了原先的皂角粉，表面活性剂平平加的加入改善了邻二甲苯硫脲在酸液中的溶解分散性能，其本身也有一定的缓蚀作用，从而增强了若丁的缓蚀作用。天津若丁（新）是国内石油化工、钢铁、机械加工、造船等各个领域里应用最早、使用最广泛的一种缓蚀剂。

（3）抚顺若丁

抚顺若丁由长春应化所抚顺油页岩厂研制，主要包括两种缓蚀剂类型。

① 缓蚀剂一：该缓蚀剂主要由 30% 氯代吡啶，5% 硫脲，2% 平平加，1% 糊精以及 60% 氯化钠组成。

使用条件：一般酸洗介质采用盐酸浓度为 2%～5%，清洗液温度为 (50±5)℃，缓蚀剂剂量一般选用 0.2%～0.3%，清洗流速＜0.2m/s。抚顺若丁也可用硫酸作清洗介质的缓蚀剂，酸洗液温度也可高于为 60℃，使用时应先调成糊状。

② 缓蚀剂二：由硫脲、氯化钠、平平加等组成。

抚顺若丁的原料一般为煤焦油、页母油炼制过程中得到的副产物，此类缓蚀剂具有较好的缓蚀性能和溶解性能，但像吡啶或为了增效而制成的吡啶季铵盐类物质有较大的臭味。

（4）仿若丁

仿若丁是根据从美国哈利伯顿公司进口的若丁 31A 而进行仿制的若丁产品，该缓蚀剂可用于柠檬酸酸洗工艺中，如辽河化肥厂引进 30 万吨合成氨装置高压蒸汽发生系统柠檬酸酸洗用缓蚀剂。仿若丁由陕西省石油化工设计研究院进行研制，经兰州化学工业公司化工机械研究所室内静态和简易动态失重法进行评定后，于 1977 年完成并选定了两种仿制样品，37-3 与 23-2 仿若丁缓蚀剂。

若丁 31A 主要由均二乙基硫脲、特辛基苯酚聚氧乙烯醚、烷基吡啶硫酸盐等组成，这三种成分超过若丁 31A 含量的 65%，其他成分包含约 30% 的水等物质。若丁 31A 为暗褐色黏稠状液体，有吡啶臭味，溶于水，是一种复合

组分的酸洗缓蚀剂。

仿若丁 37-3 主要由吡啶碱硫酸盐、OП-15、硫脲及其他组分组成，仿若丁 23-2 主要由吡啶碱硫酸盐、二乙基硫脲、OП-15 及其他组分组成。仿若丁的缓蚀性能均与若丁 31A 相当。

5.4 SH 系列缓蚀剂

SH 系列缓蚀剂主要由化工、医药工业下脚料（含硫、氮高分子化合物）经过适当的处理而制成，主要品种有 SH-406、SH-415 和 SH-416 等。其中，SH-415 缓蚀剂适用于蒸汽机车锅炉水垢的清洗，在 7％～9％盐酸和 1％氢氟酸组成的清洗液中，加入量为 0.5％；SH-406 缓蚀剂适用于低压锅炉盐酸除垢及 20 碳钢盐酸酸洗，加入量为 0.5％；SH-416 缓蚀剂适用于大型直流锅炉及大、中、小汽包炉的酸洗，加入量为 0.3％。

5.5 IS-129 和 IS-156 缓蚀剂

IS-129 和 IS-156 缓蚀剂主要是在剖析日本缓蚀剂 IBIT-2S 的基础上，结合我国实际情况，由陕西化工研究所合成的一类电厂锅炉盐酸酸洗缓蚀剂，经水电部西安热工研究所进行了实验室性能评定，后由西北电力建设调试施工研究所等单位共同在山西永济电厂、甘肃连城电厂等单位进行现场考核后使用。

IS-129 和 IS-156 缓蚀剂主要由咪唑啉季铵盐、烷基醇聚氧乙烯醚等组分组成，适用于高、中、低压锅炉水垢的酸洗。IS-129 和 IS-156 两种缓蚀剂具有配制方便、低毒、剂量少、无恶臭、色度低、废液易处理等优点，其有效成分加入量仅为 300mg/L（酸液）时，缓蚀效率可达到 97％以上。

参考文献

[1] 任宾让. 工业酸洗用若丁缓蚀剂 [J]. 陕西化工，1982（4）：88-90.

[2] 张玉福，冯斌. 国内酸洗缓蚀剂研制及应用 [J]. 湖南电力，2000，20（1）：1-2，11.

[3] 郑家燊. 缓蚀剂的研究现状及其应用 [J]. 腐蚀与防护，1997，18（2）：36-40.

[4] 金聪玲. 酸洗缓蚀剂 IS-129IS-156 [J]. 陕西化工，1982（4）：1-9.

[5] 酸洗有机缓蚀剂 [J]. 陕西化工，1978（1）：26-51.